U0356215

建设工程质量检测人员岗位培训

建筑节能与环境检测

江苏省建设工程质量监督总站　编

中国建筑工业出版社

图书在版编目（CIP）数据

建设节能与环境检测/江苏省建设工程质量监督总站编，—北京：中国建筑工业出版社，2009（2024.3重印）

（建设工程质量检测人员岗位培训教材）

ISBN 978-7-112-11095-7

Ⅰ.建… Ⅱ.江… Ⅲ.①建筑—技术培训—教材 ②建筑工程—环境监测—技术培训—教材 Ⅳ.TU111.4 TU—023

中国版本图书馆CIP数据核字（2009）第112350号

本书为建设工程质量检测人员岗位培训教材之一。全书分两大部分，第一部分介绍了对节能材料、墙体保温系统、幕墙、门窗、设备系统、风机盘管、太阳能热水系统及热水设备等的检测方法和技术，第二部分对室内环境检测中需要检测的项目：室内空气有害物质、土壤有害物质、人造板材、胶粘剂有害物质、涂料有害物质、建筑材料放射性核素等的检测方法和技术进行了介绍。本书可作为工程检测站、检测中心、检测公司等机构技术人员和管理人员的培训教材，也可供科研人员和大中专院校相关专业师生学习参考。

责任编辑：郦锁林　范业庶
责任设计：郑秋菊
责任校对：陈　波　兰曼利

建设工程质量检测人员岗位培训教材
建筑节能与环境检测
江苏省建设工程质量监督总站 编
*
中国建筑工业出版社出版、发行（北京西郊百万庄）
各地新华书店、建筑书店经销
南京碧峰印务有限公司制版
北京凌奇印刷有限责任公司印刷
*
开本：850×1168 毫米　1/16　印张：13　字数：395千字
2010年4月第一版　　2024年3月第四次印刷
定价：49.00元
ISBN 978-7-112-11095-7
（42402）

《建设工程质量检测人员岗位培训教材》编写单位

主编单位：江苏省建设工程质量监督总站

参编单位：江苏省建筑工程质量检测中心有限公司

东南大学

南京市建筑安装工程质量检测中心

南京工业大学

江苏方建工程质量鉴定检测有限公司

昆山市建设工程质量检测中心

扬州市建伟建设工程检测中心有限公司

南通市建筑工程质量检测中心

常州市建筑科学研究院有限公司

南京市政公用工程质量检测中心站

镇江市建科工程质量检测中心

吴江市交通局

解放军理工大学

无锡市市政工程质量检测中心

南京科杰建设工程质量检测有限公司

徐州市建设工程检测中心

苏州市中信节能与环境检测研究发展中心有限公司

江苏祥瑞工程检测有限公司

苏州市建设工程质量检测中心有限公司

连云港市建设工程质量检测中心有限公司

江苏科永和检测中心

南京华建工业设备安装检测调试有限公司

《建设工程质量检测人员岗位培训教材》编写委员会

主　任：张大春

副主任：蔡　杰　金孝权　顾　颖

委　员：周明华　庄明耿　唐国才　牟晓芳　陆伟东
谭跃虎　王　源　韩晓健　吴小翔　唐祖萍
季玲龙　杨晓虹　方　平　韩　勤　周冬林
丁素兰　褚　炎　梅　菁　蒋其刚　胡建安
陈　波　朱晓旻　徐莅春　黄跃平　郎扣霞
邱草熙　张亚挺　沈东明　黄锡明　陆震宇
石平府　陆建民　张永乐　唐德高　季　鹏
许　斌　陈新杰　孙正华　汤东婴　王　瑞
胥　明　秦鸿根　杨会峰　金　元　史春乐
王小军　王鹏飞　张　蓓　詹　谦　钱培舒
王　伦　李　伟　徐向荣　张　慧　李天艳
姜美琴　陈福霞　钱奕技　陈新虎　杨新成
许　鸣　周剑峰　程　尧　赵雪磊　吴　尧
李书恒　吴成启　杜立春　朱　坚　董国强
刘咏梅　唐笋翀　龚延风　李正美　卜青青
李勇智

《建设工程质量检测人员岗位培训教材》审定委员会

主　任：刘伟庆

委　员：缪雪荣　毕　佳　伊　立　赵永利　姜永基
殷成波　田　新　陈　春　缪汉良　刘亚文
徐　宏　张培新　樊　军　罗　韧　董　军
陈新民　郑廷银　韩爱民

前　言

随着我国建设工程领域内各项法律、法规的不断完善与工程质量意识的普遍提高，作为其中一个不可或缺的组成部分，建设工程质量检测受到了全社会日益广泛的关注。建设工程质量检测的首要任务，是为工程材料及工程实体提供科学、准确、公正的检测报告，检测报告的重要性体现在它是工程竣工验收的重要依据，也是工程质量可追溯性的重要依据，宏观上讲，检测报告的科学性、公正性、准确性关乎国计民生，容不得丝毫轻忽。

《建设工程质量检测管理办法》（建设部第141号令）、《江苏省建设工程质量检测管理实施细则》、江苏省地方标准《建设工程质量检测规程》（DGJ 32/J21－2009）等的相继颁布实施，为规范建设工程质量检测行为提供了法律依据；对工程质量检测人员的技术素质提出了明确要求。在此基础上，江苏省建设工程质量监督总站组织编写了本套教材。

本套教材较全面系统地阐述了建设工程所使用的各种原材料、半成品、构配件及工程实体的检测要求、注意事项等。教材的编写以上述规范性文件为基本框架，依据相应的检测标准、规范、规程及相关的施工质量验收规范等，结合检测行业的特点，力求使读者通过本教材的学习，提高对工程质量检测特殊性的认识，掌握工程质量检测的基本理论、基本知识和基本方法。

本套教材以实用为原则，它既是工程质量检测人员的培训教材，也是建设、监理单位的工程质量见证人员、施工单位的技术人员和现场取样人员的工具书。本套教材共分九册，分别是《检测基础知识》、《建筑材料检测》、《建筑地基与基础检测》、《建筑主体结构工程检测》、《市政基础设施检测》、《建筑节能与环境检测》、《建筑安装工程与建筑智能检测》、《建设工程质量检测人员岗位培训考核大纲》、《建设工程质量检测人员岗位培训教材习题集》。

本套教材在编写过程中广泛征求了检测机构、科研院所和高等院校等方面有关专家的意见，经多次研讨和反复修改，最后审查定稿。

所有标准、规范、规程及相关法律、法规都有被修订的可能，使用本套教材时应关注所引用标准、规范、规程等的发布、变更，应使用现行有效版本。

本套教材的编写尽管参阅、学习了许多文献和有关资料，但错漏之处在所难免，敬请谅解。为不断完善本套教材，请读者随时将意见和建议反馈至江苏省建设工程质量监督总站（南京市鼓楼区草场门大街88号，邮编210036），以供今后修订时参考。

目　　录

第一章　建筑节能检测……………………………………………………………………………（1）
第一节　板类建筑材料……………………………………………………………………（1）
第二节　保温抗裂界面砂浆胶粘剂 ………………………………………………………（12）
第三节　绝热材料 …………………………………………………………………………（21）
第四节　电焊网 ……………………………………………………………………………（27）
第五节　网格布 ……………………………………………………………………………（28）
第六节　保温系统试验室检测 ……………………………………………………………（35）
第七节　热工性能现场检测——现场建筑围护结构（外墙、屋顶等）传热系数检测 ……（65）
第八节　围护结构实体外墙节能构造钻芯检验方法 ……………………………………（71）
第九节　幕墙玻璃节能检测方法 …………………………………………………………（73）
第十节　门窗检测 …………………………………………………………………………（97）
第十一节　设备系统节能性能检测………………………………………………………（103）
第十二节　风机盘管试验室检测…………………………………………………………（115）
第十三节　太阳能热水系统现场检测……………………………………………………（126）
第十四节　太阳能热水设备试验室检测…………………………………………………（135）
第二章　室内环境检测……………………………………………………………………（147）
第一节　室内空气有害物质………………………………………………………………（147）
第二节　土壤有害物质……………………………………………………………………（158）
第三节　人造木板…………………………………………………………………………（160）
第四节　胶粘剂有害物质…………………………………………………………………（166）
第五节　涂料有害物质……………………………………………………………………（175）
第六节　建筑材料中放射性核素镭、钍、钾……………………………………………（192）
附录一　发射率与气体特性的确定…………………………………………………………（196）
附录二　热流系数标定………………………………………………………………………（198）
附录三　铜—康铜热电偶的校验……………………………………………………………（199）
附录四　加权平均温度的计算………………………………………………………………（200）
参考文献………………………………………………………………………………………（201）

第一章　建筑节能检测

第一节　板类建筑材料

一、概述

建筑板材是建设节能建筑的主要材料，其中包含EPS板、XPS板、硬质泡沫聚氨酯、保温装饰板和水泥基复合保温砂浆，这些材料能够很好地改善建筑物的保温隔热效果，从而减少建筑能耗。

二、检测依据及技术指标

1. 常用标准名称及代号

《绝热用模塑聚苯乙烯泡沫塑料》GB/T 10801.1－2002
《绝热用挤塑聚苯乙烯泡沫塑料(XPS)》GB/T 10801.2－2002
《膨胀聚苯板薄抹灰外墙外保温系统》JG 149－2003
《胶粉聚苯颗粒外墙外保温系统》JG 158－2004
《水泥基复合保温砂浆建筑保温系统技术规程》DGJ32/J22－2006
《建筑节能工程施工质量验收规程》DGJ32/J19－2007
《外墙外保温工程技术规程》JGJ 144－2004
《建筑保温砂浆》GB/T 20473－2006
《泡沫塑料与橡胶 线性尺寸的测定》GB/T 6342－1996
《泡沫塑料和橡胶 表观(体积)密度的测定》GB/T 6343－1995
《硬质泡沫塑料吸水率的测定》GB/T 8810－2005
《硬质泡沫塑料 尺寸稳定性试验方法》GB/T 8811－2008
《硬质泡沫塑料压缩性能的测定》GB/T 8813－2008
《绝热材料稳态热阻及有关特性的测定 防护热板法》GB/T 10294－2008
《聚氨酯硬泡外墙外保温工程技术导则》
《硬泡聚氨酯保温防水工程技术规范》GB 50404－2007
《建筑物隔热用硬质聚氨酯泡沫塑料》QB/T 3806－1999

2. 技术指标

(1)EPS(绝热用模塑聚苯乙烯泡沫塑料)板

由可发性聚苯乙烯珠粒经加热预发泡后，在模具中加热成型而制得、具有闭孔结构、使用温度不超过75℃的聚苯乙烯泡沫塑料板材。其主要性能见表1－1。

EPS板主要性能　　　　表1－1

检测项目	计量单位	GB/T 10801.2		JG 149	DGJ 32/J19	JGJ 144
厚度(＜50mm)	mm	±2		±1.5	–	–
表观密度	kg/m^3	≥15.0	≥20.0	18.0～22.0		16～22
尺寸稳定性	%	≤4	≤3	≤0.30	≤0.30	≤0.3

续表

检测项目	计量单位	GB/T 10801.2		JG 149	DGJ 32/J19	JGJ 144
抗拉强度	MPa	-	-	≥0.10	≥0.10	≥0.10
导热系数	W/(m·K)	≤0.041				
压缩强度	kPa	≥60	≥100	≥100	-	-
	MPa	-	-	-	≥0.10	≥0.10
吸水率	%	≤6	≤4	≤4	≤4.0	-
燃烧性能	氧指数	≥30				
	燃烧分级	B_2				

(2)XPS(绝热用挤塑聚苯乙烯泡沫塑料)板

以聚乙烯树脂或其共聚物为主要成分,添加少量添加剂,通过加热挤塑成型而制得、具有闭孔结构、使用温度不超过75℃的硬质泡沫塑料。其主要性能见表1-2。

XPS板主要性能 **表1-2**

检测项目		计量单位	GB/T 10801.2							DGJ 32/J19
			带表皮					不带表皮		
			X150	X200	X250	X300	X350	W200	W300	
厚度(<50mm)		mm	±2							-
表观密度		kg/m^3	-							25~35
尺寸稳定性		%	≤2.0		≤1.5			≤2.0	≤1.5	≤0.3
抗拉强度		MPa	-							≥0.25
导热系数	25℃	W/(m·K)	≤0.030					≤0.035	≤0.032	≤0.030
	10℃		≤0.028					≤0.033	≤0.030	-
压缩强度		kPa	≥150	≥200	≥250	≥300	≥350	≥200	≥300	-
		MPa	-							≥0.15
吸水率		%	≤1.5		≤1.0			≤2.0	≤1.5	≤1.5
燃烧性能		燃烧分级	B_2							

(3)硬质泡沫聚氨酯

以A组分料(由组合多元醇及发泡剂等添加剂组成的组合料,俗称白料)和B组分料(以异氰酸酯为主要成分的原材料,俗称黑料)混合反应形成的具有防水和保温隔热等功能的硬质泡沫塑料。其主要性能见表1-3。

硬质泡沫聚氨酯主要性能 **表1-3**

检测项目	计量单位	QB/T 3806				《聚氨酯硬泡外墙保温工程技术导则》			GB 50404		DGJ 32/J19
		Ⅰ		Ⅱ		喷涂法	浇注法	粘贴法或干挂法	喷涂聚氨酯	聚氨酯板	
		A	B	A	B						
厚度(<50mm)	mm	±2				0~+1.5			±1.5		-

续表

检测项目	计量单位	QB/T 3806				《聚氨酯硬泡外墙保温工程技术导则》			GB 50404		DGJ 32/J19
		Ⅰ		Ⅱ		喷涂法	浇注法	粘贴法或干挂法	喷涂聚氨酯	聚氨酯板	
		A	B	A	B						
表观密度	kg/m^3	≥30				≥35	≥38	≥40	≥35		≥35
尺寸稳定性	%	≤5				≤2.0(80℃) ≤1.0(-30℃)			≤1.5		≤2.0(80℃) ≤1.0(-30℃)
抗拉强度	MPa	–								≥0.10	≥0.20
导热系数	W/(m·K)	≤0.022	≤0.027	≤0.022	≤0.027	≤0.023(23±2℃)			≤0.024		≤0.023
压缩强度	kPa	≥100		≥150		–			≥150		–
	MPa	–									≥0.15
吸水率	%	≤4		≤3		≤4			≤3		≤4.0
燃烧性能	氧指数								≥26		
	燃烧分级								–		B$_2$

(4)保温装饰板

保温装饰板就是在工厂预制成型的板状材料，由保温材料与装饰材料复合而成，用于贴挂在建筑外墙面，具有保温和装饰功能，也称为保温装饰一体化成品板。其主要性能见表1-4。

保温装饰板主要性能　**表1-4**

检测项目	计量单位	DGJ32/J19
表观密度	kg/m^2	≤20
尺寸稳定性	%	≤0.3
热阻	(m^2·K)/W	满足设计要求
燃烧性能	燃烧分级	B$_2$

(5)保温砂浆

由复合胶凝材料和具有一定粒径、级配的聚苯颗粒组成，并且聚苯颗粒的体积比不小于80%的干拌砂浆。其主要性能见表1-5。

保温砂浆主要性能　**表1-5**

检测项目	计量单位	JG 158	GB/T 20473		DGJ 32/J22			DGJ 32/J19			JGJ144
			Ⅰ	Ⅱ	无机	W	L	外保温		内保温	
表观密度	kg/m^3	180~250	240~300	301~400	≤450	≤400	≤250	≤400	≤250	≤450	180~250
抗拉强度	MPa	–			≥0.10	≥0.20	≥0.10	≥0.20	≥0.10		–
导热系数	W/(m·K)	≤0.060	≤0.070	≤0.085	≤0.085	≤0.08	≤0.06	≤0.080	≤0.060	≤0.085	≤0.060

续表

检测项目	计量单位	JG 158	GB/T 20473		DGJ 32/J22			DGJ 32/J19			JGJ 144
			Ⅰ	Ⅱ	无机	W	L	外保温		内保温	
抗压强度/压缩强度	kPa	≥200									
	MPa	–	≥0.20	≥0.40	≥0.80	≥0.60	≥0.25	≥0.60	≥0.25	≥0.60	≥0.25
吸水率	%	–				≤8	≤10	≤8.0	≤10	—	
燃烧性能	燃烧分级	B_1	A			B_1				A	B_1

三、建筑板材的试验方法

1. 取样方法

(1)EPS板按批进行检查试验，每批产品由同一种规格的产品组成，数量不超过2000m³。尺寸偏差及外观任取12块进行检查，从合格样品中抽取1块样品进行其他性能的测试。

(2)XPS板按批进行检查试验，同一种类别、同一种规格的产品每300m³组成一批，不足300m³按一批计。尺寸偏差和外观随机抽取6块样品进行检验，压缩强度取3块样品进行检验，绝热样品取2块样品进行检验，其余每项性能测试取1块样品进行检验。

(3)硬质泡沫聚氨酯按批进行检查试验，同一配方、同一工艺条件生产的产品不超过500m³组成一批。尺寸偏差及外观抽检20块，从合格样品中抽取2块样品进行其他性能的测试。

(4)保温砂浆分为粉状材料和液态剂类材料，粉状材料以同种产品、同一级别、同一规格每30t为一批，不足30t以一批计。从每批任抽10袋，从每袋中分别取试样不少于500g，混合均匀，按四分法缩取比试验所需量大1.5倍的试样为检验样；液态剂类材料以同种产品、同一级别、同一规格每10t为一批，不足10t以一批计，取样方法按GB3186的规定进行。

2. 环境要求

(1)EPS板所有试验样品应去掉表皮，并自生产之日起在自然条件下放置28d后进行测试。所有试验按《塑料试样状态调节和试验的标准环境》GB/T 2918—1998中23/50二级环境条件下进行，样品在温度23±2℃，相对湿度45%~55%的条件下进行16h状态调节。

(2)XPS板导热系数试验用样品应将样品自生产之日起在环境条件下放置90d进行测试，其他物理机械性能试验应将样品自生产之日起在环境条件下放置45d后进行。试验前应进行状态调节，除试验方法中有特殊规定外，试验环境和试样状态调节，按GB/T 2918—1998中23/50二级环境条件进行。

(3)硬质泡沫聚氨酯应在温度23±2℃、相对湿度45%~55%的环境中至少48h状态调节；要求进行陈化的试验，48h的状态调节期也可包含在28d的陈化期中。

3. 厚度测量

测量的位置取决于试样的形状和尺寸，但至少取5个点；为了得到一个可靠的平均值，测量点应尽可能分散些。取每一点上三个读数的中值，并用5个或5个以上的中值计算平均值。

使用游标卡尺进行测量时，应预先逐步地将游标卡尺调节至较小的尺寸，并将其测量面对准试样；当游标卡尺的测量面恰好接触到试样表面而又不压缩或损伤试样时，调节完成。

使用金属直尺或金属卷尺测量时，不应使泡沫材料变形或损伤。

4. 表观密度

(1)EPS板、XPS板、硬质泡沫聚氨酯的表观密度：

1)量具：为精度为0.1的游标卡尺。

2)试件尺寸:(100±1)mm×(100±1)mm×原厚,试样数量3个。

3)对试样进行状态调节,测量试样的长度、宽度和厚度,计算体积。

4)称量试样质量,精确至0.5%。

5)计算结果:

$$\rho_a=\frac{m}{V}(\mathrm{kg/m^3}) \tag{1-1}$$

取平均值,结果精确至0.1kg/m³。

6)对于密度低于30kg/m³闭孔型泡沫材料的表观密度可计算按下式进行:

$$\rho_a=\frac{m+m_0}{V}(\mathrm{kg/m^3}) \tag{1-2}$$

式中 m_a——排出空气的质量,是指在常压和一定温度下的空气密度(g/mm³)乘以试样的体积(mm³)。

空气密度压力为101325Pa(760mmHg),温度为23℃时,取1.220×10^{-6}g/mm³;温度为27℃时,取1.1955×10^{-6}g/mm³。

(2)保温装饰板的表观密度是指面密度,即单位面积材料的质量。

1)量具:为精度为0.1的游标卡尺。

2)试件尺寸:(100±1)mm×(100±1)mm,试样数量3个。

3)对试样进行状态调节,测量试样的长度和宽度,计算面积。

4)称量试样质量,精确至0.5%。

5)计算结果:

$$\rho_a=\frac{m}{S}(\mathrm{kg/m^2}) \tag{1-3}$$

取平均值,结果精确至0.1kg/m²。

(3)保温砂浆的干表观密度

1)仪器设备

烘箱:灵敏度±2℃;

天平:精度0.01g;

干燥器:直径大于300mm;

游标卡尺:精度0.02mm;

钢板尺:500mm,精度1mm;

组合式无底金属试模:300mm×300mm×30mm;

玻璃板:400mm×400mm×(3~5)mm。

2)标准浆料的制备:按客户提供的比例和方法,在胶砂搅拌机中加入水和胶粉料,搅拌均匀后加入聚苯颗粒继续搅拌至均匀。

3)试件制备:将3个组合式无底金属试模分别放在玻璃板上,用隔离剂涂刷试模内壁及玻璃板,用油灰刀将标准浆料逐层加满并略高出试模,为防止浆料留下孔隙,用油灰刀沿模壁插数次,然后抹平,制成3个试件。

4)试件养护:试件成型后用聚乙烯膜覆盖,在试验室温度条件下养护7d后拆模,在标准条件(室温23±2℃,相对湿度50%±10%)下养护21d,然后将试件放入65±2℃的烘箱中,烘至恒重,取出放入干燥器中冷却至室温待用。

5)称质量:将试件分别磨平并称量质量,精确至1g。

6)测量尺寸:按顺序用钢板尺在试件两端距边缘20 mm处和中间位置分别测量其长度和宽度,精确至1mm,取3个测量数据的平均值。用游标卡尺在试件任一边的两端距边缘20 mm处和中间位置分别测量厚度；在相对的另一边重复以上测量，精确至0.1mm，要求试件的厚度差小于2%，否则重新打磨，直到达到要求，取6个测量数据的平均值（长×宽×厚），求得试件的体积。

7）计算结果：干表观密度

$$\rho_g = \frac{m}{V}(\mathrm{kg/m^3}) \tag{1-4}$$

试验结果取三个试件试验结果的平均值，保留三位有效数字。

5. 抗拉强度

（1）仪器设备

拉力机，精度1%；

直尺，精度0.1mm；

固定试样的金属平板及合适的胶粘剂。

（2）试样准备

EPS板、XPS板、硬质泡沫聚氨酯：从保温板上切割100mm×100mm×原厚的试件5个，试样在试验环境条件下放置6h以上，然后将试样与试验用的金属板用合适的胶粘剂粘结在一起。

保温砂浆按前述方法成型100mm×100mm×50mm的试件5个，养护到龄期后将试样与试验用的金属板用合适的胶粘剂粘结在一起。

（3）拉伸速度：5±1mm/min。

（4）计算结果：抗拉强度

$$\sigma_{mt} = \frac{F_m}{A}(\mathrm{MPa}) \tag{1-5}$$

试验结果取五个试件试验结果的平均值，精确至0.01，并记录试验破坏形状和方式或表面状况。

破坏面如在试样与金属板之间的粘结层中，则该试样测试数据无效。

6. 导热系数/热阻

（1）仪器设备

导热系数测定仪；

游标卡尺，精度0.02mm；

仪器校准：用导热系数参比板进行校准。

（2）样品准备

EPS板、XPS板、硬质泡沫聚氨酯：从保温板上切割尺寸为300mm×300mm×（10～50）mm试件（厚度和数量根据仪器确定），保温砂浆利用表观密度测试试件。

对试件的要求：应为匀质材料，非均质材料要验证方法的适用性。

试件表面应平整，整个表面的不平度应在试件厚度的2%以内，试件应绝干、恒质。

（3）准确测量试件的厚度，计算试件的平均厚度。

（4）测试平均温度、冷热面温差的设定：根据产品标准要求定。无要求时，可设为20℃的温差，根据测试平均温度的要求来设定冷面温度。

冷面温度＝平均温度－温差/2。

（5）安装试件。对不同材料的试件，试件的夹紧力要控制得当。

（6）接通电源，操作设备，得到结果。

（7）导热系数与热阻的转换公式：

$$R = \frac{\delta}{\lambda} \tag{1-6}$$

式中 R——试件的热阻[（$\mathrm{m^2 \cdot K}$）/W]；

δ——试件的厚度（m）；

λ——试件的导热系数[W/(m·K)]。

7. 压缩试验/抗压强度

(1)压缩试验

1)试样

不同的产品所用的试样不同,应根据产品标准的要求来准备。EPS板、XPS板、硬质泡沫聚氨酯,从保温板上切割试件,试样尺寸为(100±1)mm×(100±1)mm×原厚,试样数量5个。对于厚度大于100mm的产品,试样的长度和宽度应不低于产品厚度。试样切割不应改变材料的原始结构;对于各向异性的非均质的产品,可用不同方向的两组试样进行试验;试样不允许由几个薄片叠加组成样品。试样在试验前应进行状态调节,然后再进行试验。保温砂浆按客户要求的比例加水搅拌浆料,成型100mm×100mm×100mm的试件5个,按产品规定的要求养护到一定的龄期后,烘干冷却再进行试验。

2)试验仪器

压缩试验机:测力精度为±1%,位移精度为±5%。仪器在使用前应预先校准。加荷速度为试件厚度的1/10/min。

3)试验步骤

①测量试样的初始尺寸,得到试样的横截面初始面积(mm^2);

②将试样置于压缩试验机两平板的中央,活动板以恒定的速率压缩试样,直到试样厚度变为初始厚度的85%,记录压缩过程的力值。

4)计算压缩强度:

$$\sigma_m = \frac{F_m}{A_0} \times 10^3 (kPa) \tag{1-7}$$

式中 F_m——相对变形 $\varepsilon<10\%$ 时的最大压力(N);

A_0——试样初始横截面积(mm^2)。

5)当材料在形变10%前未出现最大值,则以相对形变10%时的压缩应力表示:

$$\sigma_{10} = \frac{F_{10}}{A_0} \times 10^3 (kPa) \tag{1-8}$$

式中 F_{10}——使试样产生10%相对变形的力(N);

A_0——试样初始横截面积(mm^2)。

6)试验结果取5个试样试验结果的平均值,保留3位有效数字;如各个试验结果之间的偏差大于10%,则给出各个试验结果。

注:不同厚度试样的试验结果无可比性。

(2)抗压强度

对有些保温砂浆以抗压强度来表示保温砂浆的力学性能。

1)仪器设备

钢质有底试模:100mm×100mm×100mm;

压力试验机:精度为±2%,量程应选择在材料预期破坏荷载的20%~80%之间。

2)标准试件的制备

按客户提供的比例和方法,在胶砂搅拌机中加入水和胶粉料,搅拌均匀后加入聚苯颗粒继续搅拌至均匀。将5个金属试模用隔离剂涂刷试模内壁,用油灰刀将标准浆料逐层加满并略高出试模,用振捣棒均匀由外向里插捣25次,为防止浆料留下孔隙,用油灰刀沿模壁插数次,然后抹平,成型后用聚乙烯膜覆盖,在试验室温度条件下养护7d后拆模,然后在标准条件(室温23±2℃,相对湿度50%±10%)下养护21d,将试件放入65±2℃的烘箱中,烘至恒重,取出放入干燥器中冷却至室温待用。

3）试验步骤

①测试件承压面的尺寸，长、宽测量精确到1mm，计算承压面积；

②将试样置于压缩试验机两平板的中央，以加荷速度为0.5～1.5kN/s，记录破坏荷载。

4）计算结果：抗压强度

$$f_0 = \frac{N_0}{A}(\text{kPa}) \tag{1-9}$$

式中　N_0——破坏压力（kN）；

A——试样的承压面积（mm^2）。

取5个试件试验结果的平均值作为该组试件的抗压强度，保留3位有效数字；当5个试件的最大值或最小值与平均值之差超过20%时，以中间3个试件的平均值作为试件的抗压强度。

8. 吸水率

（1）EPS板、XPS板、硬质泡沫聚氨酯

1）仪器设备

静水力学天平：准确到0.1g；

投影仪：适用于50mm×50mm标准幻灯片的通用型35mm幻灯片投影仪，或者带有标准刻度线的投影显微镜；

电子天平：精确到0.1g。

2）样品制备

采用机械切割方式从保温板上切割试件，试样尺寸为150mm×150mm×试样的原厚，试样数量3个，试验表面应光滑、平整、无粉末，常温下放置于干燥器中，每隔12h称重一次，直至连续两次称重质量相差不大于平均值的1%。

3）对泡孔尺寸均匀对称的泡沫塑料，切取一片薄片，利用投影仪读出30mm范围内的泡孔或孔壁数目n。则

$$t_0 = \frac{30}{n} \tag{1-10}$$

式中　t_0——平均泡孔弦长（mm）。则

$$D = \frac{t_0}{0.616} \tag{1-11}$$

式中　D——平均泡孔直径（mm）。对具有明显各向异性的泡沫塑料，则需从3个主要方向各切取一片测量泡孔尺寸，以其平均值表示。

4）称量干燥后试样质量（m_1），精确至0.1g。

5）测量试件的体积V_0，精确至0.1cm^3。

6）在试验环境下将蒸馏水注入圆筒容器内，将网笼浸入水中，除去网笼表面气泡，挂在天平上，称其表观质量（m_2），精确到0.1g。

7）将试样装入网笼，重新浸入水中，并使试样顶面距水面约50mm，用软毛刷或搅动除去网笼和样品表面气泡。

8）用低渗透塑料薄膜覆盖在圆形容器上，96±1h后，移去塑料薄膜，称量浸在水中装有试样的网笼的表观质量（m_3），精确到0.1g。

9）目测试样溶胀情况，来确定溶胀和切割表面体积的校正。

①均匀溶胀（试样没有明显的非均匀溶胀）

从水中取出试样，立即重新测量其尺寸；为测量方便，在测量前用滤纸吸去表面水分。试样均匀溶胀体积校正系数S_0：

$$S_0=\frac{V_1-V_0}{V_0} \quad (1-12)$$

$$V_0=\frac{d\times l\times b}{1000} \quad (1-13)$$

$$V_1=\frac{d_1\times l_1\times b_1}{1000} \quad (1-14)$$

式中　V_1——试样浸泡后体积(cm^3)；

V_0——试样初始体积(cm^3)；

d——试样的初始厚度(mm)；

l——试样的初始长度(mm)；

b——试样的初始宽度(mm)；

d_1——试样的浸泡后厚度(mm)；

l_1——试样的浸泡后长度(mm)；

b_1——试样的浸泡后宽度(mm)。

切割表面泡孔的体积校正：

有自然表皮或份额和复合表皮的试样：

$$V_c=\frac{0.54D(l\times d+b\times d)}{500} \quad (1-15)$$

各表面均为切割面的试样：

$$V_c=\frac{0.54D(l\times d+b\times d+b\times l)}{500} \quad (1-16)$$

式中　V_c——试样切割表面泡孔体积(cm^3)；

D——平均泡孔直径(mm)。

若平均泡孔直径小于0.50mm，且试样体积不小于$500cm^3$，切割面泡孔体积校正较小(小于3.0%)可以被忽略。

吸水率按下式计算：

$$WA_v=\frac{m_3+V_1\times\rho-(m_1++m_2+V_c\times\rho)}{V_0\rho}\times 100 \quad (1-17)$$

式中　WA_v——吸水率(%)；

ρ——水的密度(取$1g/cm^3$)。

②非均匀溶胀(试样有明显的非均匀溶胀)

从原始容器中取出试样和网笼，淌干表面水分(约2min)，小心地将装有试样的网笼浸入盛满水的容器中，利用排水法测量出体积(V_2)，准确到$0.5cm^3$。重复上述过程，测量出网笼的体积(V_3)，准确到$0.5cm^3$。

溶胀和切割表面体积合并校正系数；

$$S_1=\frac{V_2-V_3-V_0}{V_0} \quad (1-18)$$

吸水率按下式计算：

$$WA_v=\frac{m_3+(V_2-V_3)\times\rho-(m_1+m_2)}{V_0\rho}\times 100 \quad (1-19)$$

式中　WA_v——吸水率(%)；

ρ——水的密度(取$1g/cm^3$)。

(2)保温砂浆

1)仪器设备:

天平:精确到 1g;

钢直尺:测量范围 0 ~ 300mm,分度值 1mm;

电热鼓风干燥箱,精确到 1℃。

2)制备样品

板状样品的试样尺寸为 150mm × 150mm × 原厚,样品数量不少于 6 块。

3)测量试样的尺寸,用钢直尺测量,长、宽精确至 1mm。厚度方向精确至 0.1mm,各测量 4 次,计算体积。

4)将试件放入干燥箱内,以合适的温度烘至恒重,称取试样的质量(m_1)。

5)用细金属丝按试样形状将其固定在刚性不锈筛网上,慢慢地将试样压入水面下 25mm 处,加上压块使之固定。试样间及试样与水箱壁应无接触。保持上述状态 1h,慢慢取出试样,提起试样的一角,让其沥干 5min,用拧干的湿毛巾擦去浮水,立即称取试样的质量(m_2)。

6)体积吸水率按下式计算:

$$W = \frac{V_1}{V} \times 100 = \frac{m_2 - m_1}{V \times \rho} \times 100 \quad (1-20)$$

式中 W——体积吸水率(%);

V_1——吸入试样中的水的体积(cm^3);

V——试样的体积(cm^3);

m_1——干燥试样的质量(g);

m_2——吸水后试样的质量(g);

ρ——水的密度(g/m^3)。

7)试验结果取所有结果的平均值,精确到整数。

9. 尺寸稳定性

(1)仪器设备

恒温或恒温恒湿箱;

游标准卡尺,精度 0.02mm。

(2)样品准备

用锯切或其他机械加工方法从样品上切取试样,保证试样表面平整而无裂纹,若无特殊规定,应去除泡沫塑料的表皮。试样最小尺寸:(100 ± 1)mm × (100 ± 1)mm × (25 ± 1)mm,数量至少 3 个。

试样的状态调节:试样应在温度 23 ± 2℃、相对湿度 50% ± 5% 的环境条件下进行调节。

(3)试件尺寸测量

按《泡沫塑料和橡胶 线性尺寸的测定》GB/T 6342—1996 的方法测量每个试件三个不同位置的长、宽和 5 个不同点的厚度。图 1-1 所示为测量示意图。

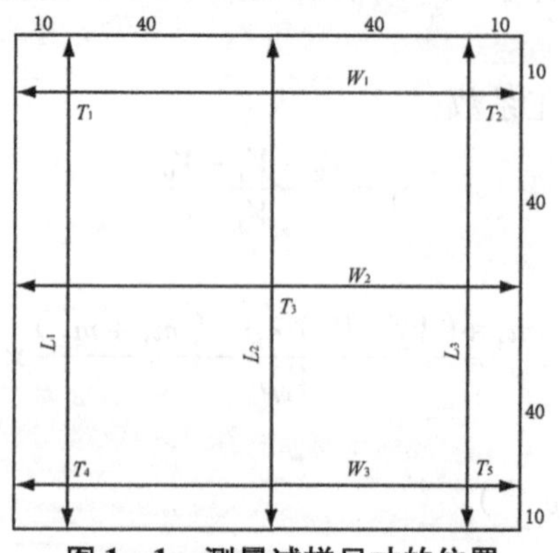

图 1-1 测量试样尺寸的位置

（4）试验条件:70±2℃、48h（其他条件根据标准要求而定）。

（5）步骤:调节试验箱内温度、湿度至选定的条件,将试样置于箱内金属网或多孔板,试样间隔25mm,鼓风以保持空气循环,试样不受加热元件的直接辐射。

（6）20±1h后,取出试样,在温度23±2℃、相对湿度50%±5%的环境条件下放置1h。

（7）按上述方法测量试样尺寸,并目测检查试样。

（8）再将试样置于选定的条件下,到放置时间48±2h后,再在温度23±2℃、相对湿度50%±5%的环境条件下放置1h,测量试样的尺寸。

（9）结果表示

试样的尺寸变化率:

$$\varepsilon_L = \frac{L_t - L_0}{L_0} \times 100 \tag{1-21}$$

$$\varepsilon_W = \frac{W_t - W_0}{W_0} \times 100 \tag{1-22}$$

$$\varepsilon_T = \frac{T_t - T_0}{T_0} \times 100 \tag{1-23}$$

式中　ε_L、ε_W、ε_T——分别为试样的长度、宽度及厚度尺寸的变化率（%）;

L_t、W_t、T_t——分别为试样试验后的长度、宽度及厚度（mm）;

L_0、W_0、T_0——分别为试样试验前的长度、宽度及厚度（mm）。

结果以样品长度、宽度和厚度的尺寸变化率的绝对值之平均值表示。

四、例题

按《胶粉聚苯颗粒外墙外保温系统》JG158—2004对一保温砂浆的抗压强度进行检测,其压力值分别为:2000N、1542N、2328N、3420N、2546N,计算其抗压强度并判定是否合格。

（1）每块抗压强度为

2000/10000=0.200MPa=200kPa

1542/10000=0.154MPa=154kPa

2328/10000=0.233MPa=233kPa

3420/10000=0.342MPa=342kPa

2546/10000=0.255MPa=255kPa

（2）五块平均值为237kPa。

（3）由于:（342/237－1）×100%＝44%＞20%,

因此样品的抗压强度为（200＋233＋255）/3＝229kPa＞200kPa

故此样品合格。

思考题

1. 简述如何测量XPS板的厚度。
2. 如何制备保温砂浆干表观密度的试件?试件数量是多少?
3. XPS板进行压缩性能试验时,加荷速度是如何确定的?
4. EPS板进行抗拉强度试验时,拉伸速度是多少?
5. 测试材料的导热系数时,如何确定冷热板的温度?
6. 对泡孔尺寸均匀对称的泡沫塑料,如何得到平均泡孔直径?
7. 测试EPS板的尺寸为稳定性时,如何测量试件的尺寸?

第二节　保温抗裂界面砂浆胶粘剂

一、概述

保温抗裂界面砂浆胶粘剂是外墙外保温系统的重要组成部分。界面砂浆、胶粘剂是外保温系统的界面层(粘结层),它把保温层与基墙牢牢地粘结在一起。抗裂抹面砂浆是外保温系统防护层的主要组成之一;它保护保温层不直接受到外界环境的侵害,延长保温层的使用寿命,从而延长外保温系统的使用年限。

界面砂浆是由高分子聚合物乳液与助剂配制成的界面剂,与水泥、中砂按一定的比例拌合均匀而制成的砂浆。

抗裂抹面砂浆在聚合物乳液中掺加多种外加剂和抗裂物质制得的抗裂剂,与普通硅酸盐水泥、中砂按一定的比例拌合均匀,制成的具有一定柔韧性的砂浆。

胶粘剂是专用于把膨胀聚苯板粘结到基层墙体上的工业产品。产品形式有两种:一种是在工厂生产的液状胶粘剂,在施工现场按使用说明加入一定比例的水泥或由厂商提供的干粉料,搅拌均匀即可使用;另一种是在工厂里预混合好干粉状胶粘剂,在施工现场只需按使用说明加入一定比例的拌合用水,搅拌均匀即可使用。

抹面砂浆即聚合物抹面胶浆,由水泥基或其他无机胶凝材料、高分子聚合物和填料等材料组成,薄抹在粘贴好的膨胀聚苯板外表面,用以保证薄抹灰外保温系统的机械强度和耐久性。

二、检测依据及技术指标

1. 标准名称及代号

《建筑节能工程施工质量验收规范》GB 50411－2007

《硬泡沫聚氨酯保温防水工程技术规范》GB 50404－2007

《胶粉聚苯颗粒外墙外保温系统》JG 158－2004

《膨胀聚苯板薄抹灰外墙外保温系统》JG 149－2003

《外墙外保温工程技术规程》JGJ 144－2004

《建筑节能工程施工质量验收规程》DGJ 32/J 19－2007

《水泥基复合保温砂浆建筑保温系统技术规程》DGJ 32/J 22－2006

2. 技术指标

(1)界面砂浆的技术指标应符合表1－6。

界面砂浆技术指标　　表1－6

项　目		单　位	指　标	标准
界面砂浆压剪粘结强度	原强度	MPa	≥0.7	JG 158－2004
	耐水	MPa	≥0.5	
	耐冻融	MPa	≥0.5	
界面砂浆与EPS板或胶粉EPS颗粒保温浆料的拉伸粘结强度	干燥状态	MPa	≥0.10	JGJ 144－2004
	浸水48h后	MPa	≥0.10	
界面砂浆拉伸粘结强度	原强度	MPa	≥0.5	DGJ 32/J22－2006
	浸水后	MPa		
	耐冻融循环后	MPa		

续表

项目			单位	指标	标准
拉伸粘结强度	与EPS、胶粉EPS保温砂浆	常温常态	MPa	≥0.10	DGJ 32/J19－2007
		耐水	MPa	≥0.10	
	与聚氨酯、水泥基复合保温砂浆	常温常态	MPa	0.20	
		耐水	MPa	0.20	
	与水泥砂浆	常温常态	MPa	0.50	
		耐水	MPa	0.50	

（2）抗裂抹面砂浆的技术指标应符合表1－7。

抗裂抹面砂浆技术指标　表1－7

试验项目		性能指标	标准
拉伸粘结强度（MPa）（常温28d）		≥0.7	JG 158－2004
浸水拉伸粘结强度（MPa）（常温28d，浸水7d）		≥0.5	
可使用时间（h）		≥1.5	
在可操作时间内拉伸粘结强度（MPa）		≥0.7	
压折比		≤3.0	
拉伸粘结强度（MPa）	常温常态	≥0.10	DGJ 32/J19－2007
	耐水	≥0.10	
	耐冻融	≥0.10	
柔韧性	压折比	≤3.0	
	开裂应变（非水泥基）（%）	≥1.5	
可操作时间（h）		≥1.5	
拉伸粘结强度（MPa）（与膨胀聚苯板）	原强度	≥0.10，破坏界面在膨胀聚苯板上	JG 149－2003 GB 50404－2007
	耐水	≥0.10，破坏界面在膨胀聚苯板上	
	耐冻融	≥0.10，破坏界面在膨胀聚苯板上	
柔韧性	压折比	≤3.0	
	开裂应变（非水泥基）（%）	≥1.5	
在可操作时间（h）		≥1.5	
拉伸粘结强度（MPa）（与硬泡聚氨酯）	原强度	≥0.10，破坏界面不在粘结界面上	
	耐水	≥0.10，破坏界面不在粘结界面上	
可操作时间（h）		1.5～4.0	
拉伸粘结强度（与EPS板或胶粉EPS颗粒保温浆料）（MPa）	干燥状态	≥0.10，破坏界面应位于EPS板或胶粉EPS颗粒保温浆料	JGJ 144－2004
	浸水48h后		

(3)胶粘剂的技术指标应符合表1-8。

胶粘剂技术指标 表1-8

试验项目		性能指标	标准
拉伸粘结强度(MPa)(与水泥砂浆)	原强度	≥0.60	JG 149-2003
	耐水	≥0.40	
拉伸粘结强度(MPa)(与膨胀聚苯板)	原强度	≥0.10,破坏界面在膨胀聚苯板上	
	耐水	≥0.10,破坏界面在膨胀聚苯板上	
可操作时间(h)		1.5~4.0	
拉伸粘结强度(MPa)(与水泥砂浆)	原强度	≥0.60	GB 50404-2007
	耐水	≥0.40	
拉伸粘结强度(MPa)(与硬泡聚氨酯)	原强度	≥0.10,并且破坏部位不得位于粘结界面	
	耐水		
可操作时间(h)		1.5~4.0	
拉伸粘结强度(MPa)(与水泥砂浆)	原强度	≥0.60	JGJ 144-2004
	浸水48h	≥0.40	
拉伸粘结强度(MPa)(与EPS板)	干燥状态	≥0.10,破坏部位应位于EPS板内	
	耐水48h后		
拉伸粘结强度(MPa)(与水泥砂浆)	常温常态	0.70	DGJ 32/J19-2007
	耐水	0.50	
拉伸粘结强度(MPa)(与EPS板/XPS板)	常温常态	≥0.10	
	耐水		
可操作时间(h)		≥1.5	

三、试验方法

标准试验室环境为空气温度23±2℃、相对湿度50%±10%。在非标准试验室环境下试验时,应记录温度和相对湿度。

以同种产品、同一级别、同一规格产品每30t为一批,不足30t以一批计。从每批任抽10袋,从每袋中分别取试样不少于500g,混合均匀,按四分法缩取出比试验所需量大1.5倍的试样为检验样。

1. *界面砂浆试验方法*

(1)界面砂浆压剪粘结强度

1)仪器设备

型砖:符合JC457中108mm×108mm的无釉陶瓷地砖,吸水率3%~6%;

试验夹具制作原则:压剪胶结夹具应保证胶结面与试验机的力线一致;

材料试验机:采用破坏荷重相当于仪器刻度15%~85%的材料试验机;

游标卡尺:200mm,最小分度值0.02 mm。

2)试件制备

在G型砖正面涂上足够均匀的界面砂浆,然后将另一G型砖正面与已涂界面砂浆样G型砖错开10mm并相互平行粘贴压实,使胶粘面积约106cm,界面砂浆层厚度控制在小于3mm,清理多余砂浆。每组试件4对。

养护条件:

原强度:在试验室标准条件下养护14d;

耐水：在试验室标准条件下养护 14d，然后在标准试验室温度水中浸泡 7d，取出擦干表面水分，进行测定；

耐冻融：在试验室标准条件下养护 14d；然后按《普通混凝土长期性能和耐久性能试验方法》GBJ 82－1985 抗冻性能试验循环 10 次。

3）测试和计算

养护完毕后，利用压剪夹具将试件在试验机上进行强度测定，加载速度 20～25mm/min，每对试件压剪强度按下式计算，精确至 0.01MPa。

$$\tau_{压} = \frac{P}{M} \tag{1-24}$$

式中　$\tau_{压}$——压剪胶结强度（MPa）；

P——破坏负荷（N）；

M——胶结面积（mm^2）。

每组试验为 4 对试件，求其平均值。如果出现极值按照粗大误差剔除准则（即 Dixon 准则）取舍时：$\frac{X_2 - X_1}{X_4 - X_1} \geqslant 0.765$，则舍去 X_1；$\frac{X_4 - X_3}{X_4 - X_1} \geqslant 0.765$，则舍去 X_4；其中 X_1、X_2、X_3、X_4 为测试值（MPa），且 $X_1 < X_2 < X_3 < X_4$。

（2）界面砂浆拉伸粘结强度试验

1）方法一　《外墙外保温工程技术规程》JGJ 144－2004 规定的试验方法

① 材料：水泥砂浆底板尺寸为 80mm×40mm×40mm，底板的抗拉强度应不小于 1.5MPa。EPS 板密度应为 18～22kg/cm^3，抗拉强度应不小于 0.1MPa。

② 试样制备：与水泥砂浆粘结的试样数量为 5 个，制备方法如下：在水泥砂浆底板中部涂界面砂浆，尺寸为 40mm×40mm，厚度为 3±1mm。经过养护后，两面用适当的胶粘剂（如环氧树脂）按十字搭接方式在胶粘剂上粘结砂浆底板。

与 EPS 板粘结的试样数量为 5 个，制备方法如下：将板切割成 100mm×100mm×50mm，在板的一个表面上涂界面砂浆，厚度为 3±1mm。经过养护后，两面用适当的胶粘剂（如环氧树脂）粘结尺寸为 100mm×100mm 的钢底板。

③ 试验过程：应在以下两种试样状态下进行：

干燥状态；

水中浸泡 48h，取出后 2h。

将试样安装于拉力试验机上，拉伸速度为 5mm/min，拉伸至破坏，并记录破坏时的拉力及破坏部位。

④ 试验结果

拉伸粘结强度应按下式进行计算：

$$\sigma_b = \frac{P_b}{A} \tag{1-25}$$

式中　σ_b——拉伸粘结强度（MPa）；

P_b——破坏荷载（N）；

A——试样面积（mm^2）。

试验结果以 5 个试验数据的算术平均值表示。

2）方法二　依据《水泥基复合保温砂浆建筑保温系统技术规程》DGJ 32/J22－2006、《陶瓷墙地砖胶粘剂》JC/T 547－2005 规定的拉伸试验方法

①仪器设备

拉伸试验用的试验机：应有适宜的灵敏度及量程，并应通过适宜的连接方式不产生任何弯曲应

力，以 250 ± 50N/s 的速度对试件施加拉拔力。应使最大破坏荷载处于仪器量程的 20% ~ 80% 范围内，试验机的精度为 1%。

试验用混凝土板：长度与宽度为 400mm × 400mm，厚度不小于 40mm；含水率不大于 3%；吸水率在 0.5 ~ 1.5ml；表面抗拉强度不小于 1.5MPa。

试验用拉拔接头：(50 ± 1)mm × (50 ± 1)mm 的正方形金属板，最小厚度 10mm。

②试件制作与养护

试件制作：按照生产商的说明，准备砂浆所需的水或液体组分，分别称量(如给出一个数值范围，则取平均值)。在所有项目测试过程中，制备砂浆时的用水量和掺加液体量保持一致。在行星式水泥胶砂搅拌机中按生产厂商的说明要求进行拌合，用直边抹刀在混凝土板上抹一层胶粘剂。然后用齿型抹刀抹上稍厚一层胶粘剂，并梳理。握住齿型抹刀与混凝土板约成 60° 的角度，与混凝土板一边成直角，平行地抹至混凝土板另一边(直线移动)。5min 后，分别放置至少 10 块(V1 型)试验砖于胶粘剂上，彼此间隔 40mm，在每块瓷砖上加载 2.00 ± 0.015kg 的压块并保持 30s。每组需 10 个试件。冻融循环的拉伸胶粘强度试件在 V1 型砖放置前，在其背面用抹刀加涂 1mm 厚的胶粘剂。

试件养护：在空气温度 23 ± 2℃、相对湿度 50% ± 10%、循环风速小于 0.2m/s 的环境条件下，拉伸胶粘原强度试样养护 27d 后，用适宜的高强度胶粘剂将拉拔接头粘在瓷砖上，在上述条件下继续放置 24h 后，测定拉伸胶粘强度；浸水后的拉伸胶粘强度试样养护 7d，然后在 20 ± 2℃ 的水中养护 20d。从水中取出试件，用布擦干，用适宜的高强度胶粘剂将拉拔接头粘在瓷砖上，7h 后把试件放入水中，17h 后从水中取出试件测定拉伸胶粘强度。冻融循环后的拉伸胶粘强度养护 7d，然后在 20 ± 2℃ 的水中养护 21d。从水中取出试件，进行冻融循环，每次冻融循环为：

a. 将试件从水中取出，在 2h ± 20min 内降至 -15 ± 3℃；

b. 保持试件在 -15 ± 3℃ 下 2h ± 20min；

c. 将试件浸入 20 ± 3℃ 水中，升温至 15 ± 3℃，保持该温度 2h ± 20min。

重复 25 次循环。在最后一次循环后取出试件，在上述试验室条件下养护，用适宜的高强度胶粘剂将拉拔头粘在陶瓷砖上。继续将试件在上述试验室环境条件下养护 24h 后，测定拉伸胶粘强度。

③试验过程

将养护好的三种试件分别安装在拉力试验机上，以 250 ± 50N/s 速度对试件施加拉拔力，测定破坏拉力。

试件的拉伸胶粘强度按式(1 - 26)计算，精确到 0.1MPa。

$$A_s = \frac{L}{A} \tag{1-26}$$

式中 A_s ——拉伸胶粘强度(MPa)；

L ——拉力(N)；

A ——胶粘面积(mm^2)。

按下列规定确定每组的拉伸胶粘强度：

a. 求 10 个数据的平均值；

b. 舍弃超出平均值 ± 20% 范围的数据；

c. 若仍有 5 个或更多数据被保留，求新的平均值；

d. 若少于 5 个数据被保留，重新试验；

e. 确定试件的破坏模式：胶粘、内聚、基材或陶瓷砖内聚破坏。

2. 抗裂抹面砂浆

(1)抗裂抹面砂浆可使用时间

标准抗裂抹面砂浆配制好后，在试验室标准条件下按制造商提供的可操作时间(没有规定时按

1.5h)放置，此时材料应具有良好的操作性。然后按拉伸粘结强度测试的规定进行，试验结果以5个试验数据的算术平均值表示，平均粘结强度不低于标准对抗裂抹面砂浆拉伸粘结强度的指标要求。

(2)抗裂抹面砂浆拉伸粘结强度、浸水拉伸粘结强度(与水泥砂浆试块)

1)试验仪器

试验用夹具：由硬聚氯乙烯或金属型框、抗拉用钢质上夹具、抗拉用钢质下夹具等部分组成。抗拉用钢质上下夹具的装配如图1-2～图1-5所示。

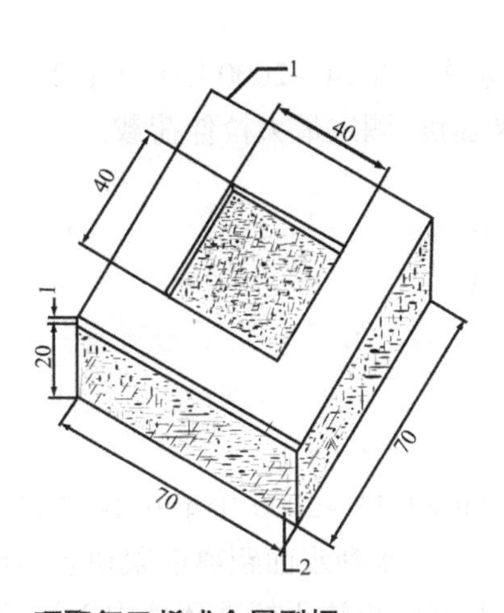

图1-2　硬聚氯乙烯或金属型框

1—型框内部尺寸40×40×1；　2—砂浆70×70×20

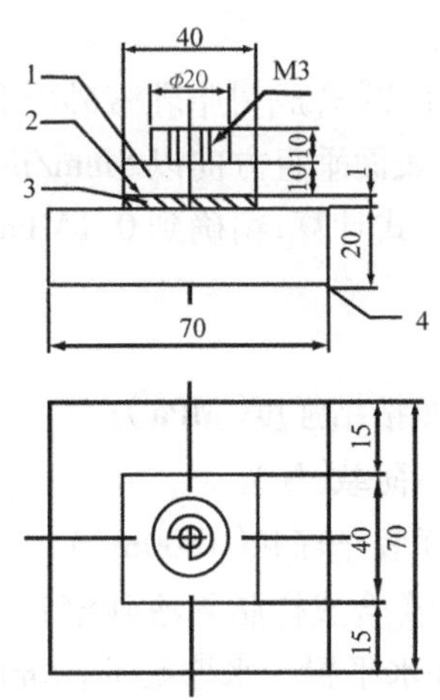

图1-3　抗拉用钢质上夹具

1—抗拉用钢质上夹具；　2—环氧胶；

3—抗裂抹面砂浆；　4—砂浆块

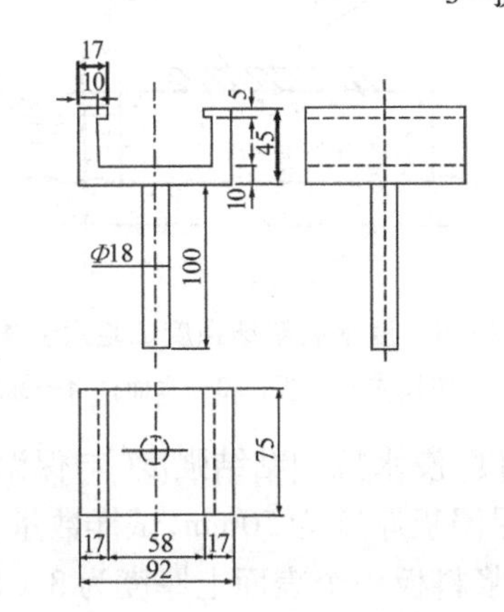

图1-4　抗拉用钢质下夹具

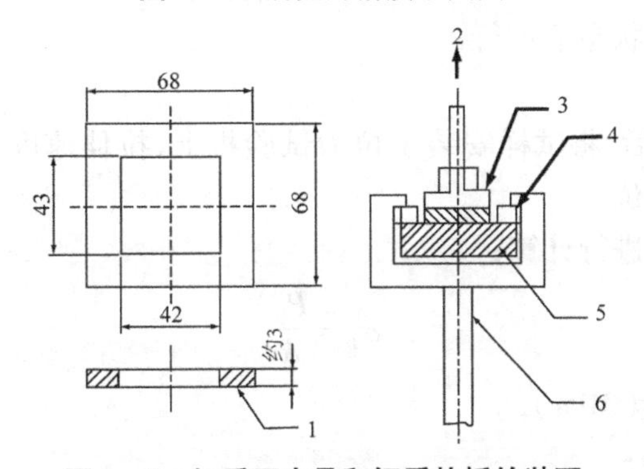

图1-5　钢质下夹具和钢质垫板的装配

1—钢质垫板；　2—拉力方向；　3—抗拉用钢质上夹具；

4—钢质垫板；　5—砂浆块或EPS板；　6—抗拉用钢质下夹具

拉力试验机：拉伸速度 5mm/min。

2）试样制备

按产品说明书制备抗裂抹面砂浆，在 10 个 70mm × 70mm × 20mm 的水泥砂浆试块上放置硬聚氯乙烯或金属型框，用标准抗裂砂浆填满型框面积，用刮刀平整表面，立即除去型框。成型时注意用刮刀压实。试块用聚乙烯薄膜覆盖，在试验室温度条件下养护 7d，取出试验室标准条件下继续养护 20d。用双组份环氧树脂或其他高强度胶粘剂粘结钢质上夹具，放置 24h。

3）试验过程

其中 5 个试件按《合成树脂乳液砂壁状建筑涂料》JG/T 24－2000 中 6.1 4.2 .2 的规定，在拉力试验机上，沿试件表面垂直方向以 5mm/min 的拉伸速度，测定最大拉伸荷载。

粘结强度按下式计算，精确到 0.1MPa。

$$\sigma_b = \frac{P_b}{A} \tag{1-27}$$

式中　σ_b——拉伸粘结强度（MPa）；

P_b——破坏荷载（N）；

A——试样胶结面积（1600m^2）。

另 5 个试件按《合成树脂乳液砂壁状建筑涂料》JG/T 24－2000 中第 6.14.3 .2 条的规定，如图 1－6 所示，将试件水平置于水槽底部标准砂上面，然后注水到水面距离砂浆块表面约 5mm 处，静置 7d 后，取出，试件侧面朝下，在 50 ± 2℃ 恒温箱内干燥 24h，再置于标准环境中 24h，然后按测定拉伸粘结强度的方法测定浸水 7d 的抗拉强度即为浸水拉伸粘结强度。

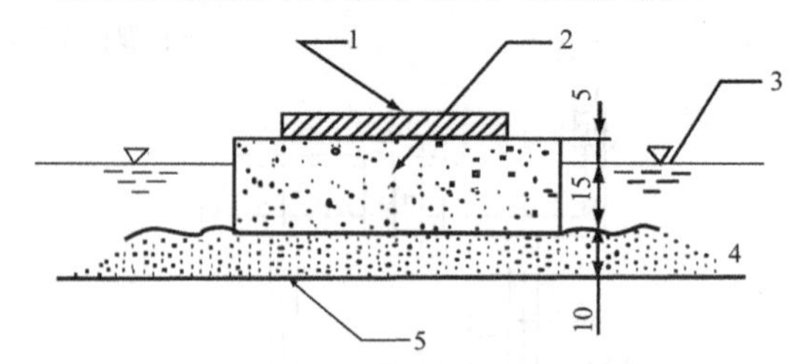

图 1－6　浸水后粘结强度试验用装置

1—抗裂抹面砂浆；2—砂浆块或 EPS 板；3—水面；4—标准砂；5—水槽底部

（3）抗裂抹面砂浆拉伸粘结强度、浸水拉伸粘结强度（与保温板）

试样尺寸为 100mm × 100mm，保温板厚度为 50mm，试样数量为 5 件。

将抗裂砂浆抹在胶粉颗粒保温浆料板一个表面上厚度为 3 ± 1mm。经过养护后，两面用适当的胶粘剂（如环氧树脂）粘结尺寸为 100mm × 100mm 的钢底板。

试验应在以下两种试样状态下进行：

干燥状态；

水中浸泡 48h，取出 2h 后，将试样安装于拉力试验机上，拉伸速度为 5mm/min，拉伸至破坏并记录破坏时的拉力及破坏部位。

拉伸粘结强度应按下式进行计算：

$$\sigma_b = \frac{P_b}{A} \tag{1-28}$$

式中　σ_b——拉伸粘结强度（MPa）；

P_b——破坏荷载（N）；

A——试样胶结面积（m^2）。

试验结果以 5 个试验数据的算术平均值表示。

（4）抗裂抹面砂浆压折比

抗压强度、抗折强度测定按《水泥胶砂强度检验方法》GB/T 17671－1999 的规定进行。

1）养护条件：采用抗裂砂浆成型，用聚乙烯薄膜覆盖，在试验室标准条件下养护2d后脱模，继续用聚乙烯薄膜覆盖养护5d，去掉覆盖物在试验室温度条件下养护21d。

2）压折比的计算：

压折比按式（1－29）计算：

$$T = R_c / R_f \quad (1-29)$$

式中　T——压折比；

R_c——抗压强度（N/mm^2）；

R_f——抗折强度（N/mm^2）。

3．胶粘剂

（1）拉伸粘结强度

1）方法一　JG 149－2003 拉伸粘结强度试验方法

拉伸粘结强度按《建筑室内用腻子》JG/T 3049－1998 中第5.10节进行测定，详见本节抗裂砂浆拉伸试验方法。

① 试样制作

a．尺寸如图1－7所示，胶粘剂厚度为3.0 mm，膨胀聚苯板厚度为20mm；

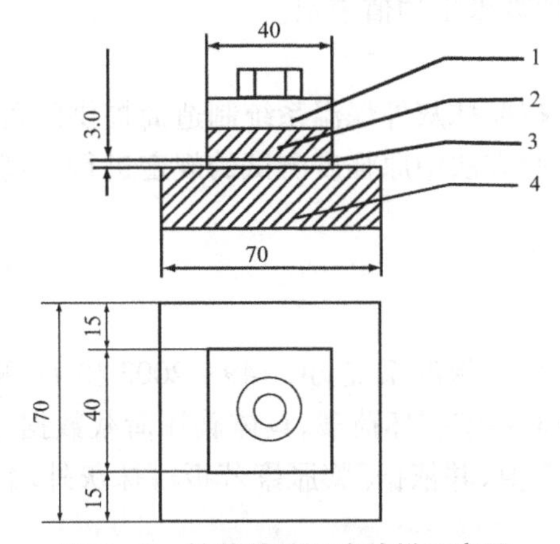

图1－7　拉伸粘结强度试样示意图

1—拉伸用钢质夹具；2—水泥砂浆块；
3—胶粘剂；4—膨胀聚苯板或砂浆块

b．每组试件由6块水泥砂浆试块和6个水泥砂浆或膨胀聚苯板试块粘结而成；

c．制作：

按《水泥胶砂强度检验方法（ISO法）》GB/T 17671－1999 中第6章的规定，用普通硅酸盐水泥与中砂按1：3（重量比），水灰比0.5制作水泥砂浆试块，养护28d后，备用；用表观密度为$18kg/m^2$的、按规定经过陈化后合格的膨胀聚苯板作为试验用标准板，切割成试验所需尺寸；按产品说明书制备胶粘剂后粘结试件，粘结厚度为3mm，面积为40mm×40mm。分别准备测原强度和测耐水拉伸粘结强度的试件各1组，粘结后在试验条件下养护。

d．养护环境：试验室温度23±5℃、相对湿度65%±20%。

②试验过程

养护期满后进行拉伸粘结强度测定，拉伸速度为5±1mm/min。记录每个试样的测试结果及破坏界面，并取4个中间值计算算术平均值。

2）方法二　《外墙外保温工程技术规程》JGJ 144－2004 规定胶粘剂拉伸粘结强度试验方法

① 试样制备

与 EPS 板粘结的试样数量为 5 个，制备方法如下：将板切割成 100mm × 100mm × 50mm，在板一个表面上涂胶粘剂，厚度为 3 ± 1mm。经过养护后，两面用适当的胶粘剂（如环氧树脂）粘结尺寸为 100mm × 100mm 的钢底板。

②试验过程

试验应在以下两种试样状态下进行：

干燥状态；

水中浸泡 48h，取出后 2h。

将试样安装于拉力试验机上，拉伸速度为 5mm/min，拉伸至破坏并记录破坏时的拉力及破坏部位。

③ 试验结果

拉伸粘结强度应按下式进行计算

$$\sigma_b = \frac{P_b}{A} \tag{1-30}$$

式中 σ_b ——拉伸粘结强度（MPa）；

P_b ——破坏荷载（N）；

A ——试样胶结面积（mm^2）。

试验结果以 5 个试验数据的算术平均值表示。

（2）可操作时间

胶浆搅拌后，在试验环境中按薄抹灰外保温系统制造商提供的可操作时间（没有规定时按 4h）放置，然后按胶粘剂拉伸强度试验方法中原强度测试的规定进行，试验结果平均粘结强度不低于标准原强度的要求。

四、实例

依据《膨胀聚苯板薄抹灰外墙外保温系统》JG 149 - 2003 检测，测得某胶粘剂与水泥砂浆块和 EPS 板在干燥、浸水状态下的拉伸粘结破坏荷载，具体破坏荷载数据见表 1 - 9。试计算胶粘剂与水泥砂浆块和 EPS 板拉伸粘结强度值，并依据《膨胀聚苯板薄抹灰外墙外保温系统》JG 149 - 2003 对该胶粘剂加以判定。

破坏荷载数据 **表 1 - 9**

试验项目			1	2	3	4	5	6
与水泥砂浆块拉伸粘结试验	干燥状态	破坏荷载（N）	1588	1613	1567	1608	1642	1512
		破坏界面	胶粘剂	胶粘剂	胶粘剂	胶粘剂	胶粘剂	下界面
	浸水	破坏荷载（N）	1424	1311	1244	1156	1423	1331
		破坏界面	胶粘剂	胶粘剂	下界面	下界面	下界面	胶粘剂
与 EPS 板拉伸粘结试验	干燥状态	破坏荷载（N）	328	289	355	291	311	295
		破坏界面	EPS 板内	EPS 板内	EPS 板内	EPS 板内	EPS 板内	EPS 板内
	浸水	破坏荷载（N）	240	251	254	203	245	269
		破坏界面	EPS 板内	EPS 板内	EPS 板内	EPS 板内	EPS 板内	EPS 板内

解：根据试验方法得知：试样的胶粘面积为 $1600mm^2$，即试样的拉伸破坏面积为 $1600mm^2$。

按照拉伸粘结强度计算公式：$\sigma_b = \frac{P}{A}$，计算得出的拉伸粘结强度见表 1 - 10。

拉伸粘结强度　表 1-10

试验项目		1	2	3	4	5	6
拉伸粘结强度(MPa)(与水泥砂浆块)	原强度	0.99	1.01	0.98	1.01	1.03	0.95
	浸水	0.89	0.82	0.78	0.72	0.89	0.83
拉伸粘结强度(MPa)(与EPS板)	原强度	0.21	0.18	0.22	0.18	0.19	0.18
	浸水	0.15	0.16	0.16	0.13	0.15	0.17

根据试验数据处理的要求：去掉最大值和最小值，再计算平均值，则得出该胶粘剂的拉伸粘结强度分别为：

(1)原强度(与水泥砂浆块)：$\sigma_{原}=\dfrac{0.99+1.01+1.01+0.98}{4}=1.0\text{MPa}$

浸水(与水泥砂浆块)：$\sigma_{水}=\dfrac{0.89+0.82+0.78+0.83}{4}=0.83\ \text{MPa}$

(2)原强度(与EPS板)：$\sigma_{原}=\dfrac{0.21+0.18+0.18+0.19}{4}=0.19\text{MPa}$

浸水(与EPS板)：$\sigma_{水}=\dfrac{0.15+0.16+0.16+0.15}{4}=0.15\text{MPa}$

该胶粘剂与水泥砂浆块的拉伸粘结原强度、浸水强度分别大于标准规定的0.60MPa和0.40MPa；与EPS板的拉伸粘结原强度、浸水强度分别大于0.10MPa，且破坏界面均位于EPS板内。因此该胶粘剂的拉伸性能合格。

第三节　绝　热　材　料

一、概述

绝热材料通常是指对热流具有显著阻抗性的轻质、疏松、多孔的单一或复合材料，有时根据阻止热量的流入或者逸出将其分别称为保温材料和隔热材料，它们包括岩棉、矿棉、玻璃棉、膨胀珍珠岩、微孔硅酸钙、膨胀蛭石、软木、保温涂料、泡沫玻璃、耐火纤维和各类有机泡沫塑料。

在日常应用中，根据节能墙体、屋面装配形式的不同，从整体上看，绝热材料可以分为三种类型。

一是墙体(砌块)铺加绝热材料，其中绝热材料可以安置于墙体(外墙)的外侧、夹芯、内侧。这种类型适用于新房建筑，也适用于旧房改造。该形式相对现在95%以上不节能的墙体、屋面来说，是巨大的进步，但仍需使用砖瓦，耗用土地资源。

二是绝热材料作为芯材，与各类墙板、钢板、铝板和混凝土等共同组成墙体、屋面，这种形式的建筑，节约能源和土地，是人们正在努力的目标。

三是由各类具有绝热保温功能的功能材料与各类墙体、屋面结合而成的新型建筑，这种建筑真正达到人与自然的和谐，体现了21世纪建筑的发展趋势。

目前建筑上常用的有机高分子绝热材料(XPS板、EPS板、聚氨酯泡沫塑料、保温砂浆等)已在第一节和第二节中详细介绍了。本节仅举例介绍硬质绝热材料(膨胀珍珠岩绝热制品)的检测，膨胀珍珠岩是一种多孔的粒状物料，是以珍珠岩矿石为原料，经过破碎、分级、预热高温焙烧瞬时急剧加热膨胀而成的一种轻质、多功能绝热材料。

二、检测依据及技术指标

1. 检测依据

《绝热材料及相关术语》GB/T 4132－1996

《膨胀珍珠岩绝热制品》GB/T 10303－2001

《无机硬质绝热制品试验方法》GB/T 5486－2008

《绝热材料稳态热阻及有关特性的测定 防护热板法》GB/T 10294－2008

2. 技术指标

(1)膨胀珍珠岩绝热制品的尺寸偏差及外观质量,见表1－11。

膨胀珍珠岩绝热制品的尺寸偏差及外观质量　　表1－11

项目		指标			
		平板		弧形板、管壳	
		优等品	合格品	优等品	合格品
尺寸允许偏差	长度(mm)	±3	±5	±3	±5
	宽度(mm)	±3	±5	–	–
	内径(mm)	–	–	+3 +1	+5 +1
	厚度(mm)	+3 –1	+5 –2	+3 –1	+5 –2
外观质量	垂直度偏差(mm)	≤2	≤5	≤5	≤8
	合缝间隙(mm)	–	–	≤2	≤5
	裂纹	不允许			
	缺棱掉角	优等品:不允许 合格品:1. 三个方向投影尺寸的最小值不得大于10mm,最大值不得大于投影方向边长的1/3; 2. 三个方向投影尺寸的最小值不大于10mm,最大值不大于投影方向边长1/3的缺棱掉角总数不得超过4个 注:三个方向投影尺寸的最小值不大于3 mm的棱损伤不作为缺棱,最小值不大于4mm的角损伤不作为掉角			
外观质量	弯曲度(mm)	优等品:≤3,合格品:≤5			

(2)膨胀珍珠岩绝热制品的物理性能指标

膨胀珍珠岩绝热制品的物理性能指标　　表1－12

项目		指标				
		200号		250号		350号
		优等品	合格品	优等品	合格品	合格品
密度(kg/m^3)		≤200		≤250		≤350
导热系数[W/(m·K)]	298±2K	≤0.060	≤0.068	≤0.068	≤0.072	≤0.087
	623±2K(S类要求此项)	≤0.10	≤0.11	≤0.11	≤0.12	≤0.12
抗压强度(MPa)		≥0.40	≥0.30	≥0.50	≥0.40	≥0.40
抗折强度(MPa)		≥0.20	–	≥0.25	–	–
质量含水率(%)		≤2	≤5	≤2	≤5	≤10

三、试验方法

1. 尺寸允许偏差

(1)仪器设备

1)钢直尺:分度值为1mm。

2)钢卷尺:分度值为1mm。

3)钢直角尺:分度值为1mm,其中一个臂的长度应不小于500mm。

4)游标卡尺:分度值为0.05mm。

(2)操作步骤

1)块与平板几何尺寸测量方法

① 在制品相对两个大面上距两边20mm处,用钢直尺或钢卷尺分别测量制品的长度和宽度,精确至1mm。测量结果为4个测量值的平均值。

②在制品相对两个侧面上,距端面20mm处和中间位置用游标卡尺测量制品的厚度,精确至0.5mm。测量结果为6个测量值的算术平均值。

③用钢直尺在制品任一大面上测量两条对角线的长度,并计算出两条对角线之差。然后在另一大面上重复上述测量,精确至1mm。取两个对角线差的较大值为测量结果。

2)管壳与弧形板几何尺寸测量方法

①用钢直尺管壳或弧形板两侧面的中心位置及内、外弧面的中心位置测量管壳或弧形板的长度,精确至1mm。测量结果为4个测量值的算术平均值。

②用游标卡尺在管壳或弧形板相对两个端面上距侧面20mm处和端面中心位置测量管壳或弧形板的厚度,精确至0.5mm。测量结果为6个测量值的算术平均值。

③直径测量方法

方法一:用钢卷尺在距端20mm处及中心位置测量管壳或弧形板的外圆弧长(L),精确至1mm。然后按其组成整圆的块数(n),分别按式(1-31)和式(1-32)计算管壳或弧形板的外径和内径。

$$d_w=\frac{nL}{\pi} \tag{1-31}$$

$$d_n=\frac{nL}{\pi}-2\delta \tag{1-32}$$

式中 d_w——外径(mm);

d_n——内径(mm);

L——三次测量外圆弧长的平均值(mm);

δ——厚度(mm);

n——组成整圆的块数;

π——圆周率。

每个制品直径的测量结果为三次测量值的算术平均值,制品直径的测量结果为组成整圆全部制品测量结果的算术平均值,精确至1mm。

方法二:将管壳或弧形板组成管段,用卡钳、直尺在距管两端20mm处和中心位置测量管壳或弧形板的外径,精确至1mm。在第一次量的垂直方向重复上述测量。测量时应保证管段不应受力而变形。

制品外径的测量结果为6个测量值的算术平均值,制品的内径为外径与2倍厚度之差,精确至1mm。

如对试验结果有异议,方法二作为仲裁试验方法。

2. 外观质量试验

(1)仪器设备

1)钢直尺:分度值为1mm。

2)钢卷尺:分度值为1mm。

3)钢直角尺:分度值为1mm,其中一个臂的长度应不小于500mm。

4)游标卡尺:分度值为0.05mm。

(2)操作步骤

1)缺棱掉角测量方法

用钢直尺或钢卷尺贴靠制品的棱边,测量缺棱掉角在长、宽、厚三个方向的投影尺寸,精确至1mm。测量结果以缺棱掉角在长、宽、厚三个方向的投影尺寸的最大值和最小值表示。

2)裂纹长度测量方法

用钢直尺或钢卷尺测量裂纹在制品长、宽、厚三个方向的最大投影尺寸,如果裂纹由一个面延伸到另一个面时,则累计其延伸的投影尺寸,精确至1mm。测量结果为裂纹在长、宽、厚三个方向投影尺寸的最大值。管壳与弧形板端面上的裂纹长度为裂纹两端点之间的直线距离,用钢直尺测量,精确至1mm。测量结果为测量值的最大值。

3)弯曲测量方法

块与平板分大面弯曲和侧面弯曲,管壳与弧形板分外弧面弯曲和侧面弯曲。将样品放置在一个平面上,把钢直尺靠在弯曲面上,测量制品至钢直尺之间的距离,精确至1mm。测量结果为测量值的最大值。

4)垂直度偏差测量方法

①块与平板垂直度偏差测量方法

把样品水平放置在一个平面上,将钢直尺卡放在样品的一个角上,使钢直尺的一条臂贴靠平板(或块)的一边(或面),用钢直尺测量另一臂与邻边(或面)500mm处偏离直角的间隙宽度,如果制品的边长小于500mm,则测量制品全长处偏离直角的间隙宽度,精确至1mm。用相同方法测量该平板(或块)其余3个角的垂直度偏差。测量结果为4个角垂直度偏差的最大值。

②管壳或弧形板端部垂直度偏差测量方法

将管壳或弧形板组成一完整管段,竖直放置在一个平面上,把钢直角尺的直角对着管段的底部,围绕管段底部移动,记录钢直角尺臂与管段上500mm处的偏离直角的最大间隙,如果管段的长度小于500mm,则测量管段全长处偏离直角的最大间隙宽度,精确至1mm。按相同的方法,对另一端面进行测量。测量结果为两个端部垂直度偏差的最大值。

5)管壳或弧形板合缝间隙测量方法

将管壳或弧形板组成一完整的管段,竖直放置在一个平面上,用钢直尺测量合龙管壳或弧形板的最大的合缝间隙,精确至1mm。测量结果为合缝间隙测量值的最大值。

3. 密度、含水率试验

(1)仪器设备

1)电热鼓风干燥箱;

2)天平:量程满足试件称量要求,分度值应小于称量值(试件质量)的万分之二;

3)钢直尺:分度值1mm;

4)游标卡尺:分度值0.05mm。

(2)试件制备

随机抽取三块样品,各加工成一块满足试验要求的试件,试件的长、宽不得小于100mm×100mm,其厚度为制品的厚度,管壳与弧形板加工成尽可能厚的试件。也可用整块制品作为试件。

(3)操作步骤

1)在天平上称量试件自然状态下的质量 G_z,保留 5 位有效数字。

2)将试件置于电热鼓风干燥箱中,在 383 ±5K(110 ±5℃)下烘干至恒质量,(若粘结材料在该温度下发生变化,则应低于其变化温度 10℃)然后移至干燥器中冷却至室温。恒质量的判据为恒温 3h 两次称量试件质量的变化率小于 0.2%。

3)称量烘干后的试件质量 G,保留 5 位有效数字。

4)按 GB/T 5486－2008 的方法测量试件的几何尺寸,计算试件的体积 V。

(4)数据处理及评定

1)试件的密度按下式计算,精确至 1kg/m³。

$$\rho = \frac{G}{V} \tag{1-33}$$

式中 ρ——试件的密度(kg/m³);

G——试件烘干后的质量(kg);

V——试件的体积(m³)。

2)制品的密度为三个试件密度的算术平均值,精确至 1kg/m³。

3)试件的含水率按下式计算,精确至 0.1%。

$$W = \frac{G_Z - G}{G} \tag{1-34}$$

式中 W——试件的含水率(%);

G_Z——试件自然状态下的质量(kg);

G——试件烘干后的质量(kg)。

4)制品的含水率为三个试件含水率的算术平均值,精确至 0.1%。

4. 抗压强度试验

(1)仪器设备

1)压力试验机:最大压力示值 20kN,相对示值误差应小于 1%,试验机应具有显示受压变形的装置;

2)电热鼓风干燥箱;

3)干燥器;

4)天平:称量 2kg,分度值 0.1g;

5)钢直尺:分度值为 1mm;

6)固含量 50% 的乳化沥青(或软化点 40～75℃的石油沥青),1mm 厚的沥青油纸,小漆刷或油漆刮刀,熔化沥青用坩埚等辅助器材。

(2)试件制备

1)随机抽取三块样品,在每块平板(或块)任一对角线方向距两对角边缘 5mm 处及中心位置各切取一块,制成三个受压面约 100mm×100mm 的正方形、厚度为制品厚度的试件;孤形板和管壳制成受压面约 100mm×100mm 的正方形、尽可能厚的试件,但试件厚度不得低于 25mm。当无法制成尺寸的试件时,可用同品种、同工艺制成的同厚度的平板替代。

2)试件表面应平整,不应有裂纹。

(3)操作步骤

1)将试验试件置于干燥箱内,缓慢升温至 383 ±5K(110 ±5℃),并按 GB/T 5486－2008 中 2.3.2 的规定烘干至恒质量,然后将试件移至干燥器中冷却至室温。

2)在试件受压面距棱边 10mm 处测量长度和宽度,在厚度的两个对应面的中部测量试件的厚度。测量结果为两个测量值的算术平均值,精确至 1mm。

3）将试件置于压力试验面的承压板上，使压力试验机承压面与承压板均匀接触。

4）开动试验机，当上压板与试件接近时，调整球座，使试件受压面与承压板均匀接触。

5）以约 10mm/min 速度对试件加荷，直至试件破坏，同时记录压缩变形值。当试件在压缩变形5%时没被破坏，则试件压缩变形5%时的荷裁为破坏荷载。记录破坏荷载 P，精确至10N。

（4）数据处理及评定

1）每个试件的抗压强度按下式计算，精确至0.01MPa。

$$\sigma = \frac{P}{S} \tag{1-35}$$

式中　σ——试件的抗压强度（MPa）；

P——试件的破坏荷载（N）；

S——试件的受压面积（mm^2）。

2）单块样品的抗压强度为该样品中三个试件抗压强度的算术平均值，制品的抗压强度为三块样品抗压强度的算术平均值，精确至0.01MPa。

5. *抗折强度试验方法*

（1）仪器设备

1）任何合适形式的试验机，最大压力示值2kN，相对示值误差应小于1%。试验机的抗折支座辊轮与加压辊轮的直径应为30±5mm，两支座辊轮间距应不小于200mm，加压辊轮应位于两支座辊轮的正中，且互相保持平行。

2）电热鼓风干燥箱。

3）钢直尺：分度值为1mm。

4）游标卡尺：分度值为0.05mm。

5）固含量50%的乳化沥青（或软化点40~75℃的石油沥青），1mm厚的沥青油纸，小漆刷或油漆刮刀，熔化沥青用坩埚等辅助器材。

（2）试件制备

1）随机抽取三块样品，各制成三块长240~300mm、宽75~150mm、厚度为制品厚度的试件。管壳与弧形板应加工成上述长、宽、尽可能厚的试件，但厚度不得低于25mm。无法制成上述试件时，可用同品种、同工艺制成的平板制品代替。

2）试件加工时不应受损，不应出现裂纹。

（3）操作步骤

1）将试验试件置于干燥箱内，缓慢升温至383±5K（110±5℃），并按GB/T 5486－2008中第2.3.2条的规定烘干至恒质量，然后将试件移至干燥器中冷却至室温。

2）在试件长度方向的中心位置测量试件的宽度和厚度。测量结果为两个测量值的算术平均值，宽度精确至0.5mm，厚度精确至0.1mm。

3）调整两支座辊轮之间的间距为200mm，如试件的厚度大于70mm时，两支座辊轮之间的间距应至少加大到制品厚度的3倍。

4）将试件对称的放置在支座辊轮上，调整加荷速度，使加压辊轮的下降速度约为10mm/min。

5）加压至试件破坏，记录试件的最大破坏荷载 P，精确至1N。

（4）数据处理及评定

1）每个试件的抗折强度按下式计算，精确至0.01MPa。

$$R = \frac{3PL}{2bh^2} \tag{1-36}$$

式中　R——试件的抗折强度（MPa）；

P——试件的破坏荷载（N）；

L——下支座辊轮中心间距(mm);

b——试件宽度(mm);

h——试件厚度(mm)。

2)单块样品的抗折强度为该样品中三个抗折强度的算术平均值,制品的抗折强度为三块样品抗折强度的算术平均值,精确至0.01MPa。

6. 导热系数

导热系数试验按《绝热材料稳态热阻及有关特性的测定　热流计法》GB/T 10295-2008 规定进行,允许按《绝热材料稳态热阻及有关特性的测定　热流计法》GB/T 10295-2008 规定进行。如有异议,以《绝热材料稳态热阻及有关特性的测定　热流计法》GB/T 10295-2008 作为仲裁检验方法。

思　考　题

1. 绝热材料的概念及分类?
2. 膨胀珍珠岩绝热制品密度试验的操作步骤?
3. 膨胀珍珠岩绝热制品抗压试验的操作步骤?
4. 膨胀珍珠岩绝热制品抗折试验的操作步骤?

第四节　电　焊　网

一、定义

经热镀锌防腐处理的电焊钢丝网。

二、检测依据

《胶粉聚苯颗粒外墙外保温系统》JG 158—2004

《水泥基复合保温砂浆建筑外墙保温系统技术规程》DGJ 32/J22—2006

《镀锌电焊网》QB/T 3897-1999

三、技术要求

热镀锌电焊网的性能指标　　**表1-13**

项目	单位	指标			实验方法
		JG 158-2004	DGJ 32/J22-2006	QB/T 3897-1999	
丝径	mm	0.90±0.04	0.90±0.04	规格不同技术要求不同	全部按照QB/T 3897-1999规定进行检测
网孔大小	mm	12.7×12.7	12.7×12.7		
焊点抗拉力	N	>65	>65		
镀锌层质量	g/m²	≥122	≥122		

四、试验方法

1. 丝径

用示值为0.01mm的千分尺,任取经、纬丝各3根测量(锌粒处除外),取其平均值。

2. 网孔大小

将网展开置于一平面上,按305mm内网孔构成数目用示值为1mm的钢板尺测量。有争议时,可用示值为0.02mm的游标卡测量。

3. 焊点抗拉力

在网上任取5点，按图1－8进行拉力试验，取其平均值。

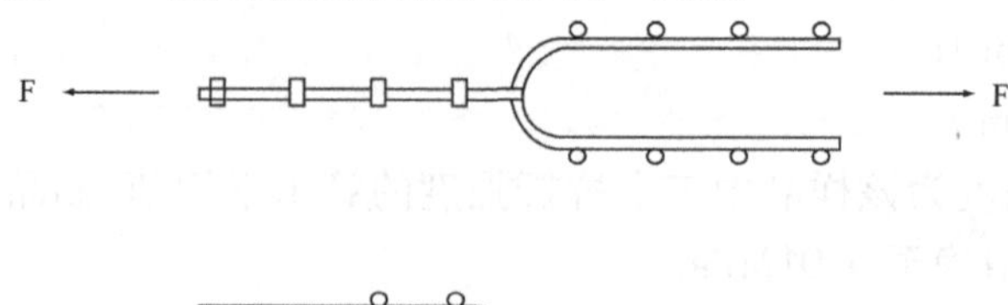

图1－8　拉力试验示意图

4. 镀锌层质量

按《钢产品镀锌层质量试验方法》GB/T 1839－2008 的规定进行测试(可选用重量法)。

(1)试样

试样长度按标准要求可取500～600mm。

(2)试验用溶液

测试前用乙醇擦洗，试验用溶液一和溶液二，但仲裁时应用溶液一。

溶液一：用3.5g六次甲基四胺溶于500ml的浓盐酸中，用蒸馏水稀释至1000ml。

溶液二：用32g三氯化锑或20g三氧化二锑溶于1000ml盐酸作为原液，用上述盐酸100ml加5ml原液的比例配制成使用溶液。

溶液在还能溶解锌层的条件下，可反复使用。

(3)试验过程

1)称量试样去掉锌层前的质量，钢丝直径不大于0.80mm，精确至0.001g，大于0.80mm，精确至0.01g。

2)将试样完全浸置在试验溶液中，试验过程中溶液温度不得超过38℃。

3)待氧气的发生明显减少，锌层完全溶解后，取出试样立即水洗后充分干燥，再次称量试样去掉锌层后的质量。

4)结果计算

钢丝镀锌层质量按下式计算：

$$W=\frac{W_1-W_2}{W_2}\cdot d\times 1960 \tag{1-37}$$

式中　W——钢丝单位面积上的镀层质量(g/m^2)；

W_1——试样去掉锌层前的质量(g)；

W_2——试样去掉锌层后的质量(g)；

d——试样去掉锌层后的直径(mm)；

1960——常数。

第五节　网　格　布

一、概念

由玻璃纤维织成的网格布为基布，表面涂覆高分子耐碱涂层制成的网格布。埋入抹面层用于提高防护层抗冲击性和抗裂性。一般分为普通型和加强型两种。

二、检测依据及技术指标

1. 标准名称及代号

《胶粉聚苯颗粒外墙外保温系统》JG 158－2004

《水泥基复合保温砂浆建筑保温系统技术规程》DGJ32/J22－2006

《外墙外保温工程技术规程》JGJ 144－2004

《膨胀聚苯板薄抹灰外墙外保温系统》JG 149－2003

《纤维玻璃化学分析方法》GB/T 1549－2008

《耐碱玻璃纤维网布》JC/T 841－2007

《增强用玻璃纤维网布 第2部分:聚合物基外墙外保温用玻璃纤维网布》JC 561.2－2006

《增强材料　机织物试验方法　第2部分:经、纬密度的测定》GB/T 7689.2－2001

《增强材料　机织物试验方法　第3部分:宽度和长度的测定》GB/T 7689.3－2001

《增强材料　机织物试验方法　第5部分:玻璃纤维拉伸断裂强力和断裂伸长的测定》GB/T 7689.5－2001

《增强制品试验方法　第2部分:玻璃纤维可燃物含量的测定》GB/T 9914.2－2001

《增强制品试验方法　第3部分:单位面积质量的测定》GB/T 9914.3－2001

《玻璃纤维网布耐碱性试验方法》GB/T 20102－2006

2. 技术指标

由于不同检测标准中网格布的技术指标不同,所以在这里选取常用的几种列出。

(1)根据《胶粉聚苯颗粒外墙外保温系统》JG 158－2004规定的耐碱网格布的性能指标

耐碱网格布的性能指标　**表1－14**

试验项目		单位	性能指标
外观		—	合格
长度、宽度		m	50~100、0.9~1.2
网孔中心距	普通型	mm	4×4
	加强型		6×6
单位面积质量	普通型	g/m²	≥160
	加强型		≥500
断裂强力(经、纬向)	普通型	N/50mm	≥1250
	加强型		≥3000
耐碱强力保留率(经、纬向)		%	≥90
断裂伸长率(经、纬向)		%	≤5
涂塑量	普通型	g/m²	≥20
	加强型		

(2)根据《水泥基复合保温砂浆建筑保温系统技术规程》DGJ32/J 22－2006中规定的耐碱网格布的性能指标

耐碱网格布的性能指标　**表1－15**

试验项目	单位	性能指标
网孔中心距	mm	4~6
单位面积质量	g/m²	≥160
断裂强力	N/50mm	≥1500
耐碱强力保留率(经、纬向)	%	≥50
断裂伸长率(经、纬向)	%	≤5
涂塑量	g/m²	≥20

(3)根据《外墙外保温工程技术规程》JGJ 144－2004 中规定的耐碱网格布的性能指标

耐碱网格布的性能指标　表 1－16

试验项目	单位	性能指标
耐碱拉伸断裂强力(经、纬向)	N/50mm	≥750
耐碱拉伸断裂强力保留率(经、纬向)	%	≥50

(4)根据《膨胀聚苯板薄抹灰外墙外保温系统》JG 149－2003 中规定的耐碱网格布的性能指标

耐碱网格布的性能指标　表 1－17

试验项目	单位	性能指标
单位面积质量	g/m^2	≥130
耐碱断裂强力(经、纬向)	N/50mm	≥750
耐碱断裂强力保留率(经、纬向)	%	≥50
断裂应变(经、纬向)	%	≤5.0

三、试验方法

不同检测标准中网格布的检测参数各异,同一参数试验方法也不尽相同,本教材仅选取有代表性的方法予以介绍,具体试验中严格按产品标准要求进行。

1. 断裂强力试验

依据 GB/T 7689.5－2001 适用于 JG 158－2004 、DGJ 32/J22－2006、JG 149－2003 标准中网格布的断裂强力试验。

(1)环境要求:标准试验室环境为空气温度 23±2℃,相对湿度 50%±10%。非标准试验室环境下试验时,应记录温度和相对湿度。

(2)仪器设备:

1)拉力试验机:①一对合适的夹具(夹具的宽度应大于拆边试样的宽度,且夹持面应平滑相互平行,在整个试样的夹持宽度上均匀施加压力,并应防止试样在夹具内打滑或有任何损坏。夹具的夹持面应尽可能平滑,若夹持试样不能满足要求时,可使用衬垫、锯齿形或波形的夹具。夹具应设计成使试样的中心轴线与试验时试样的受力方向保持一致。上下夹具的起始距离应为 200±2mm 或 100±1mm)。②使用等速伸长试验机,拉伸速度应满足 100±5mm/min 或 50±3mm/min。③应具有记录或指示试样强力值的装置,该装置在规定的试验速度下应无惯性,在规定试验条件下示值最大误差不超过 1%。④应具有试样伸长值的指示或记录装置,该装置在规定的试验速度下应无惯性,其精度小于测定值的 1%。

2)模板:应有两个槽口用作标记试样有效长度。

3)合适的裁剪工具:如刀、剪刀或切割轮。

(3)试样和试验参数按表 1－18 的规定。

试样和试验参数　表 1－18

试验参数	单位	试样	
		类型Ⅰ	类型Ⅱ
试样长度	mm	350	250
试样宽度(未拆边)	mm	65	40
起始有效长度	mm	200	100
拆边试样宽度	mm	50	25
拉伸速度	mm/min	100	50

（4）操作步骤

1）根据织物类型，调节上下夹具，使试样在夹具间的有效长度为200±2mm或100±1mm，并使上下夹具彼此平行。将试样放入一夹具中，使试样的纵向中心轴线通过夹具的前沿中心，沿着与试样中心轴线垂直方向剪掉硬纸或纸板，并在整个试样宽度上均匀地施加预张力，然后拧紧另一夹具，预张力为预计强力的1%±0.25%（如果强力机配有记录仪或计算机，可以通过移动活动夹具得到预张力）。

2）启动活动夹具，拉伸试样至破坏。

3）记录最终断裂强力。除非另有商定，当织物分为两个以上阶段断裂时，如双层或更复杂的织物，记录第一组纱断裂时的最大强力，并将其作为织物的拉伸断裂强力。

4）记录断裂伸长，精确至1mm。

5）如果有试样断裂在两个夹具中任一夹具的接触线10mm以内，则记录该现象，但结果不作断裂强力和断裂伸长的计算，并用新试样重新试验。

（5）数据处理及结果表示

计算每个方向（经向和纬向）断裂强力的算术平均值，分别作为织物经向和纬向的断裂强力测定值，用 F_0 表示，保留小数点后两位。如果实际宽度不是50mm或25mm，按记录的断裂强力换算成宽度为50mm或25mm的强力。

2. 耐碱断裂强力试验

（1）环境要求：标准试验室环境为空气温度23±2℃，相对湿度50%±10%。非标准试验室环境下试验时，应记录温度和相对湿度。

（2）仪器设备

1）带盖容器：应由不与碱溶液发生化学反应的材料制成。尺寸大小应能使玻璃纤维网格布试样平直地放置在内，并且保证碱溶液的液面高于试样至少25mm。容器的盖应密封，以防止碱溶液中的水分蒸发导致浓度增大。

2）烘箱。

3）其他设备同断裂强力试验。

（3）试样制备

1）适用于JG 158－2004、DGJ 32/J22－2006、JG 149－2003标准中网格布的耐碱断裂强力试验。

试样和试验参数 **表1－19**

试验参数	单位	试样
		类型Ⅰ
试样长度	mm	350
试样宽度（未拆边）	mm	65
起始有效长度	mm	200
拆边试样宽度	mm	50
拉伸速度	mm/min	100

2）适用于JGJ 144－2004标准中网格布的耐碱断裂强力试验

①试样尺寸：试样宽度为50mm，长度为300mm。

②试样数量：纬向、经向各10片。

（4）操作步骤

1）适用于JG 158－2004、DGJ 32/J22－2006标准中网格布的耐碱断裂强力试验。

a. 方法一：在试验室条件下，将试件平放在水泥浆液（取一份强度等级42.5的普通硅酸盐水泥与10份水搅拌30min后，静置过夜。取上层澄清液作为试验用水泥浆液）中，浸泡时间28d。

方法二：（快速法）：将试件平放在80±2℃的水泥浆液中，浸泡时间4h。

b. 取出试件，用清水浸泡5min后，用流动的自来水漂洗5min，然后在60±5℃的烘箱中烘1h后，在试验环境中存放24h。

c. 按GB/T 7689.5－2001测试经向和纬向耐碱断裂强力F_1。

如有争议以方法一为准。

2）适用于JG 149－2003标准中网格布的耐碱断裂强力试验。

a. 将耐碱试验用的试样全部浸入23±2℃、浓度为5%的NaOH水溶液中，试样在加盖封闭的容器中浸泡28d；

b. 取出试样，用自来水浸泡5min后，用流动的自来水漂洗5min，然后在60±5℃的烘箱中烘1h后，在试验环境中存放24h；

c. 按GB/T 7689.5－2001测试经向和纬向耐碱断裂强力F_1。

3）适用于JGJ 144－2004标准中网格布的耐碱断裂强力试验。

a. 方法一：将10片纬向试样和10片经向试样放入23±2℃、浓度为5%的NaOH水溶液中浸泡（浸入4L溶液中），浸泡时间28d。

方法二：（快速法）：将10片纬向试样和10片经向试样放入80℃混合碱溶液[0.88gNaOH，3.45gKOH，0.48gCa$(OH)_2$，1L蒸馏水（pH值12.5）]中，浸泡6h。

b. 取出试样，放入水中漂洗5min，接着用流动水冲洗5min，然后在60±5℃烘箱中烘1h后取出，在10～25℃环境条件下放置至少24h后测定耐碱拉伸断裂强力。

c. 拉伸试验机夹具应夹住试样整个宽度。卡头间距为200mm。加载速度为100±5mm/min，拉伸至断裂并记录断裂时的拉力。试样在卡头中有移动或在卡头处断裂时，其试验值应被剔除。

（5）数据处理及结果表示

1）适用于JG 158－2004、DGJ 32/J22－2006。计算每个方向（经向和纬向）断裂强力的算数平均值，分别作为织物经向和纬向的断裂强力测定值，用F_1表示，保留小数点后两位。

2）适用于JG 149－2003、JGJ 144－2004。计算五个试验结果的算术平均值，精确至1N/50mm。

3. *耐碱断裂强力保留率*

耐碱强力保留率应按下式计算，以五个试验结果的算术平均值表示，精确至0.1%。

$$B=\frac{F_1}{F_0}\times 100\% \qquad (1-38)$$

式中 B——耐碱断裂强力保留率（%）；

F_1——耐碱断裂强力（N/50mm）；

F_0——初始断裂强力（N/50mm）。

4. *断裂伸长率（断裂应变）试验*

依据GB/T 7689.5－2001在测试断裂强力的同时测定出断裂伸长率。断裂伸长率按下式计算：

$$D=\frac{\Delta L}{L}\times 100\% \qquad (1-39)$$

式中 D——断裂伸长率（断裂应变）（%）；

ΔL——断裂伸长值（mm）；

L——试件初始受力长度（mm）。

以五个试验结果的算术平均值表示，精确至0.1%。

5. 单位面积质量试验

（1）环境要求：标准试验室环境为空气温度23±2℃，相对湿度50%±10%。非标准试验室环境下试验时，应记录温度和相对湿度。

（2）仪器设备

1）抛光金属模板：面积为100cm² 的正方形或圆形，裁取的试样面积误差应小于1%；

2）合适的剪切工具：如刀、剪刀、圆盘刀或冲孔器；

3）试样皿：由耐热材料制成，能使试样表面空气流通良好，不会损失试样。如由不锈钢丝制成的网篮；

4）天平：应具有表1-20特性；

天平特性　表1-20

材料	测量范围	容许误差	最小分度值
织物（≥200g/m²）	0～150g	10mg	1mg
织物（<200g/m²）	0～150g	1mg	0.1mg

5）通风干燥箱：空气置换率为每小时20～50次，温度能控制在105±3℃范围内；

6）干燥器：内装合适的干燥剂（如硅胶、氯化钙或五氧化二磷）；

7）不锈钢钳：用于夹持试样和试样容器。

（3）试样数量

试样为100cm² 的正方形或圆形，最少应取2个试样。

（4）操作步骤

1）通过网格布的整个幅宽，切取一条至少35cm宽的试样作为试验室样本；

2）在一个清洁的工作台面上，用切裁工具和模板，切取规定的试样数；

3）若含水率超过0.2%（或含水率未知），应将试样置于105±3℃的干燥箱中干燥1h，然后放入干燥器中冷却至室温；

4）从干燥器取出试样后，立即称取每个试样的质量并记录结果。如果使用试样皿，则应扣除试样皿质量。

（5）数据处理及结果表示

1）试样的单位面积质量按式（1-40）计算：

$$\rho_A = \frac{m_s}{A} \times 10^4 \qquad (1-40)$$

式中　ρ_A——试样单位面积质量（g/m²）；

m_s——试样质量（g）；

A——试样面积（cm²）。

2）取试样的测试结果的平均值。

3）对于单位面积质量不小于200g/m² 的，结果精确至1g，对于单位面积质量小于200g/m² 的，结果精确至0.1g。

6. 外观试验

目测检验。

7. 长度、宽度试验

（1）环境要求：标准试验室环境为空气温度23±2℃，相对湿度50%±10%。非标准试验室环境下试验时，应记录温度和相对湿度。

（2）仪器设备

1)测量尺:长度应大于被测网格布的宽度,刻度单位为 mm。网格布的宽度不大于 150cm 时,测量尺的最大允许误差不应超过 0.1cm;宽度大于 150cm 的网格布,测量精度不超过 0.15%。

2)测量转筒(计长辊):能使网格布平整、连续、无滑动地通过,并配有刻度盘或计数器,该测量仪器的精度为 1%。

(3)试样

取一卷作为试样。

(4)操作步骤

1)宽度的测试:用测量尺沿着网格布整卷长度方向至少间隔 100cm 作 2 次测试,测试精确到 0.1cm。测试应在整卷织物的外端进行。若网格布有损坏或变形的痕迹,应展开足够的织物,以确保测试。

2)长度的测试:使网格布从测量筒上通过,从转筒上的刻度盘或计数器读出实测长度,精确到 1m,如果需要也可精确到 0.1m。

(5)数据处理及结果表示

1)宽度:以两次测试计数的算术平均值作为网格布的宽度,用 cm 表示,精确到 0.1cm。

2)长度:将实测的卷长作为网格布的长度,精确到 1m 或 0.1m。

8. 网孔中心距

用直尺测量连续 10 个孔的平均值。

9. 涂塑量

按 GB/T 9914.2-2001 的规定进行。

试样涂塑量 G(g/m^2)按下式计算:

$$G=\frac{m_1-m_2}{L\times B}\times 10^6 \tag{1-41}$$

式中 m_1 ——干燥试样加试样皿的质量(g);

m_2 ——灼烧后试样加试样皿的质量(g);

L ——小样长度(mm);

B ——小样宽度(mm)。

四、实例

有一耐碱网格布依据 JG 149-2003 测得的断裂强力和耐碱断裂强力分别为表 1-21 所示,计算耐碱强力保留率并判定是否合格?

断裂强力和耐碱断裂强力值 **表 1-21**

	经向					纬向				
断裂强力(N/50mm)	1336	1377	1562	1463	1458	2268	2337	2373	2252	2351
耐碱断裂强力(N/50mm)	823	874	763	847	792	1628	1580	1606	1549	1573

解:依据 JG 149-2003 标准可知耐碱强力保留率经向和纬向均不小于 50%。

(1)经向断裂强力为(1336+1377+1562+1463+1458)/5=1439 N/50mm

纬向断裂强力为(2268+2237+2373+2252+2351)/5=2316 N/50mm

(2)经向耐碱断裂强力(823+874+763+847+792)/5=820 N/50mm

纬向耐碱断裂强力(1628+1580+1606+1549+1573)/5=1587 N/50mm

(3)经向碱强力保留率为 820/1439×100%=57.0%>标准值 50%

纬向碱强力保留率为 1587/2316 × 100% = 68.5% > 标准值 50%

因此判耐碱强力保留率指标合格。

思 考 题

1. 网格布断裂强力试验操作步骤?

2. 如果在测试网格布断裂强力试验时,试样断裂在两个夹具中任一夹具的接触线 10mm 以内时,如何处理?

3. 网格布耐碱断裂强力测试时所用碱溶液在不同检测标准中有何区别?

4. JGJ 144－2004 标准中耐碱断裂强力试验操作步骤?

5. 单位面积质量试验操作步骤?

第六节 保温系统试验室检测

一、概念

保温系统是建筑节能工程应用的主要节能措施之一。外墙外保温系统是由保温层、保护层和固定材料(胶粘剂和锚固件等)构成并且适用于安装在外墙外表面的非承重保温构造的总称。目前的外墙外保温系统有膨胀聚苯板薄抹灰外墙外保温系统、胶粉聚苯颗粒外墙外保温系统、水泥基聚苯颗粒外保温系统、EPS 板现浇混凝土外墙外保温系统、硬泡聚氨酯外墙外保温系统等。

膨胀聚苯板薄抹灰外墙外保温系统(代号:ETICS),置于建筑物外墙外侧的保温及饰面系统,是由膨胀聚苯板、胶粘剂和必要时使用的锚栓、抹面层和耐碱网布及涂料等组成的系统产品。薄抹灰增强防护层的厚度宜控制为:普通型 3～5mm,加强型 5～7mm。该系统采用粘结固定方式与基层墙体连接,也可辅有锚栓,其基本构造见表 1－22、表 1－23。

无锚栓薄抹灰外保温系统基本构造 表 1－22

基层墙体	系统的基本构造				构造示意图
	粘结层 ①	保温层 ②	薄抹灰增强防护层 ③	饰面层 ④	①②③④
混凝土墙体 各种砌体墙体	胶粘剂	膨胀聚苯板	抹面胶浆复合耐碱网布	涂料	

辅有锚栓的薄抹灰外保温系统基本构造 表 1－23

基层墙体 ①	系统的基本构造					构造示意图
	粘结层 ②	保温层 ③	连接件 ④	薄抹灰增强防护层 ⑤	饰面层 ⑥	⑥⑤④③②①
混凝土墙体 各种砌体墙体	胶粘剂	膨胀聚苯板	锚栓	抹面胶浆复合耐碱网布	涂料	

膨胀聚苯板薄抹灰外墙外保温系统按抗冲击能力分为普通型(缩写为 P)和加强型(缩写为 Q)两种。P 型用于一般建筑物 2m 以上墙面;Q 型系统主要用于建筑首层或 2m 以下墙面,以及对抗冲击有特殊要求的部位。系统标记为:ETICS－P;ETICS－Q。

胶粉聚苯颗粒外墙外保温系统（代号：ETIRS）是由设置在外墙外侧，由界面层、胶粉聚苯颗粒保温层、抗裂防护层和饰面层构成，起保温隔热、防护和装饰作用的构造系统。

胶粉聚苯颗粒外保温系统分为涂料饰面（缩写为 C）和面砖饰面（缩写为 T）两种类型：

（1）C 型胶粉聚苯颗粒外保温系统用于饰面为涂料的胶粉聚苯颗粒外保温系统，宜采用的基本构造见表 1－24；

（2）T 型胶粉聚苯颗粒外保温系统用于饰面为面砖的胶粉聚苯颗粒外保温系统，宜采用的基本构造见表 1－25。

系统标记为：ETIRS－C；ETIRS－T。

涂料饰面胶粉聚苯颗粒外保温系统基本构造　　表 1－24

基层墙体	涂料饰面胶粉聚苯颗粒外保温系统基本构造				构造示意图
	界面层 ①	保温层 ②	抗裂防护层 ③	饰面层 ④	
混凝土墙及各种砌体墙	界面砂浆	胶粉聚苯颗粒保温浆料	抗裂砂浆 + 耐碱涂塑玻璃纤维网格布 （加强型增设一道加强网格布） + 高分子乳液弹性底层涂料	柔性耐水腻子 + 涂料	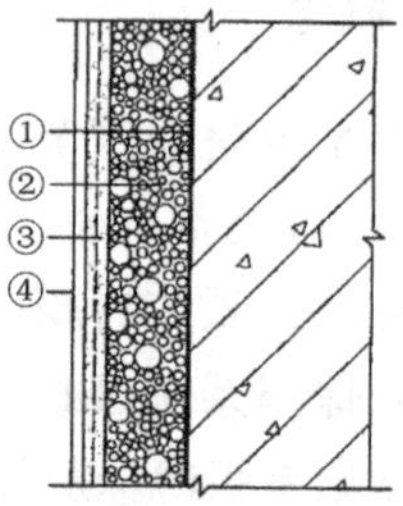 ① ② ③ ④

面砖饰面胶粉聚苯颗粒外保温系统基本构造　　表 1－25

基层墙体	面砖饰面胶粉聚苯颗粒外保温系统基本构造				构造示意图
	界面层 ①	保温层 ②	抗裂防护层 ③	饰面层 ④	
混凝土墙及各种砌体墙	界面砂浆	胶粉聚苯颗粒保温浆料	第一遍抗裂砂浆 + 热镀锌电焊网 （用塑料锚栓与基层锚固） + 第二遍抗裂砂浆	粘结砂浆 + 面砖 + 勾缝料	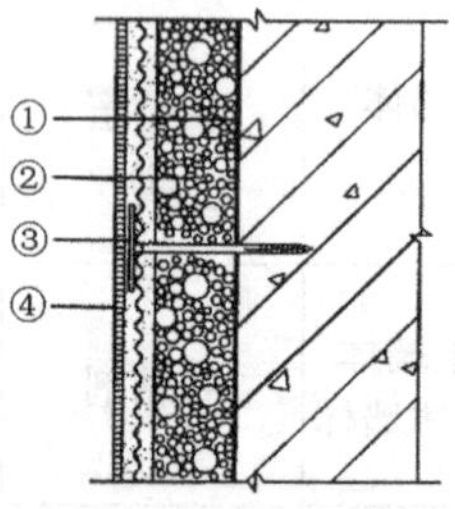 ① ② ③ ④

水泥基复合保温砂浆建筑保温系统，是设置在建筑外墙外侧或外墙内侧及内隔墙、楼板板底及屋面，由界面层、保温层、抹面层和饰面层构成的保温系统。系统分为涂料饰面（简称 C 型）和面砖饰面（简称 T 型）。系统结构见表 1－26～表 1－29。

C 型水泥基聚苯颗粒外墙外保温系统　　表 1－26

基层	基本构造				构造界面层示意图
	界面层 ①	保温层 ②	抹面层 ③	饰面层 ④	
混凝土墙及各种砌体墙	界面砂浆	无机矿物轻集料保温砂浆	抗裂砂浆 + 耐碱网格布 （有加强要求的增设一道网格布）	柔性耐水腻子 + 涂料	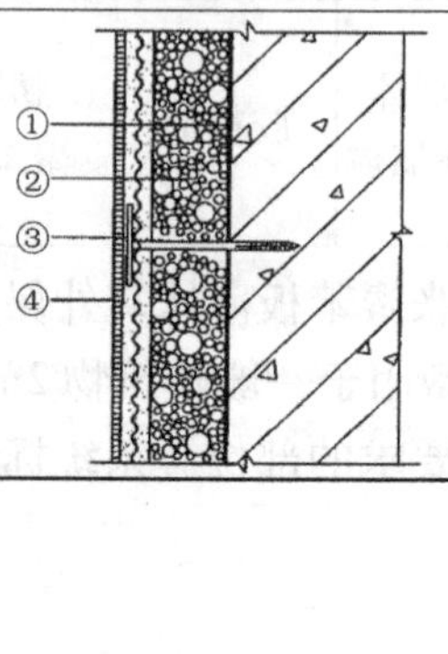 ① ② ③ ④

T型水泥基聚苯颗粒外墙外保温系统基本构造　表1-27

基本构造					构造界面层示意图
基层	界面层 ①	保温层 ②	抹面层 ③	饰面层 ④	
混凝土墙及各种砌体墙	界面砂浆	无机矿物轻集料保温砂浆	抗裂砂浆 + 耐碱网格布（有加强要求的增设一道网格布）	柔性耐水腻子 + 涂料	①②③④

C型水泥基聚苯颗粒楼板板底保温系统基本构造　表1-28

基本构造					构造界面层示意图
基层 ①	界面层 ②	保温层 ③	抹面层 ④+⑤	饰面层 ⑥	
混凝土板	界面砂浆	L型或W型水泥基聚苯颗粒保温砂浆	抗裂砂浆 + 耐碱网格布	柔性耐水腻子 + 涂料	⑥⑤④③②①

水泥基聚苯颗粒屋面外保温系统基本构造　表1-29

基本构造					构造界面层示意图
基层 ①	找坡层 ②	保温层 ③	抹面层 ④+⑤	防水层 ⑥	
现浇混凝土板	建筑找坡或结构找坡	L型或W型水泥基聚苯颗粒保温砂浆	ϕ4mm 钢筋网 细石混凝土	防水材料	①②③④⑤⑥

二、检测依据与技术指标

1. 检测标准

《建筑节能工程施工质量验收规范》GB 50411－2007

《硬泡聚氨酯保温防水工程技术规范》GB/T 50404－2007

《胶粉聚苯颗粒外墙外保温系统》JG 158－2004

《膨胀聚苯板薄抹灰外墙外保温系统》JG 149－2003

《外墙外保温工程技术规程》JGJ 144－2004

《建筑节能标准 水泥基复合保温砂浆建筑保温系统技术规程》DGJ 32/J 22－2006

2. 外保温系统的技术指标要求（见表1-30）

外保温系统的性能指标　表1-30

试验项目	性能指标		
	JG 158－2004	JG 149－2003	JGJ 144－2004
吸水量（g/m^2）	浸水1h，≤1000	浸水24h，≤500	浸水1h*，≤1000

续表

试验项目			性能指标		
			JG 158－2004	JG 149－2003	JGJ 144－2004
抗冲击强度	C 型	普通型(单网)	3J 冲击合格	≥3.0J	建筑物首层墙面以及门窗口等易受碰撞部位:10J 级;建筑物二层以上墙面等不易受碰撞部位:3J 级
		加强型(双网)	10J 冲击合格	≥10.0J	
	T 型		3.0J 冲击合格	—	
抗风压值			不小于工程项目的风荷载设计值		系统抗风压值 R_d 不小于风荷载设计值。EPS 板薄抹灰外墙外保温系统、胶粉 EPS 颗粒保温浆料外墙外保温系统、EPS 板现浇混凝土外墙外保温系统和 EPS 钢丝网架板现浇混凝土外墙外保温系统安全系数 K 应不小于 1.5,机械固定 EPS 钢丝网架板外墙外保温系统安全系数应不小于 2
耐冻融			严寒及寒冷地区 30 次循环、夏热冬冷地区 10 次循环。表面无裂纹、空鼓、起泡、剥离现象	表面无裂纹、空鼓、起泡、剥离现象	30 次冻融循环后,保护层无空鼓脱落无渗水裂缝;保护层与保温层的拉伸粘结强度不小于 0.1MPa,破坏部位应位于保温层
水蒸气湿流密度 g($m^2 \cdot h$)			≥0.85		符合设计要求
不透水性			试样防护层内侧无水渗透		不透水
热阻			—	—	复合墙体热阻符合设计要求
耐磨损,500L 砂			无开裂,龟裂或表面保护层剥落、损伤	—	—
系统抗拉强度(C 型)(MPa)			≥0.1,并且破坏部位不得位于各层界面	—	—
饰面砖粘结强度(T 型)(MPa)(现场抽测)			≥0.4	—	—
抗震性能(T 型)			设防烈度等级下面砖饰面及外保温系统无脱落	—	—
火反应性			不应被点燃,试验结束后试件厚度变化不超过 30s	—	—

* 水中浸泡 24h,只带有抹面层和带有全部保护层的系统的吸水量均小于 0.5kg/m² 时,不检验耐冻融性能。

三、试验方法

标准试验室环境为空气温度 23±2 ℃,相对湿度 50%±10% 。在非标准试验室环境下试验时,应记录温度和相对湿度。

1. 薄抹灰外保温系统试验方法

（1）吸水量

1）仪器设备：天平，其称量范围2000g，精度2g。

2）试样

① 尺寸与数量：200mm×200mm，3个；

② 制作：在表观密度为18kg/m³、厚度为50mm的膨胀聚苯板上按产品说明刮抹抹面胶浆，压入耐碱网格布，再用抹面胶浆刮平，抹面层总厚度为5mm。在试验环境下养护28d后，按试验要求的尺寸进行切割；

③ 每个试样除抹面胶浆的一面外，其他五面用防水材料密封。

3）试验过程

用天平称量制备好试样质量M，然后将试样抹面胶浆的一面向下平稳地放入室温水中，浸水深度等于抹面层的厚度，浸入水中时表面应完全润湿。浸泡24 h取出后用湿毛巾迅速擦去试样表面的水分，称其吸水24h后的质量m_h。

4）试验结果

吸水量应按式（1-42）计算，以三个试验结果的算术平均值表示，精确至1g/m²。

$$M=\frac{m_h-m_0}{A} \tag{1-42}$$

式中　M——吸水量（g/m²）；

m_h——浸水后试样质量（g）；

m_0——浸水前试样质量（g）；

A——试样抹面胶浆的面积（m²）。

（2）抗冲击强度试验方法

1）试验仪器

钢板尺：测量范围0～1.02m，分度值10mm；

钢球：质量分别为0.5kg和1.0kg。

2）试样

尺寸与数量：600mm×1200mm，2个；

制作：在表观密度为18kg/m³、厚度为50mm的膨胀聚苯板上按产品说明刮抹抹面胶浆，压入耐碱网格布，再用抹面胶浆刮平，抹面层总厚度为5mm。在试验环境下养护28d。

3）试验过程

①将试样抹面层向上，平放在水平的地面上，试样紧贴地面；

②分别用质量为0.5kg（1.0kg）的钢球，在0.61m（1.02m）的高度上松开，自由落体冲击试样表面。每级冲击10个点，点间距或与边缘距离至少100mm。

4）试验结果

以抹面胶浆表面断裂作为破坏的评定，当10次中小于4次破坏时，该试样抗冲击强度符合P（Q）型的要求；当10次中有4次或4次以上破坏时，则为不符合该型的要求。

（3）抗风压

1）试验仪器

负压箱：应有足够的深度，确保在薄抹灰外保温系统可能变形范围内，使施加在系统上的压力保持恒定。负压箱安装在围绕被测系统的框架上。

2）试样

尺寸与数量：尺寸不小于2.0m×2.5m，数量一个；

制作：在混凝土基层墙体上按产品说明刮抹胶粘剂、粘贴保温板，在膨胀聚苯板刮抹抹面胶浆，压入耐碱网格布，再用抹面胶浆刮平，抹面层总厚度为5mm。在试验环境下养护28d。保温板厚度符合工程设计要求。

3）试验过程

①按工程项目设计的最大负风荷载设计值 W 降低2kPa，开始循环加压，每增加1kPa做一个循环，直至破坏；

②加压过程和压力脉冲见图1－9；

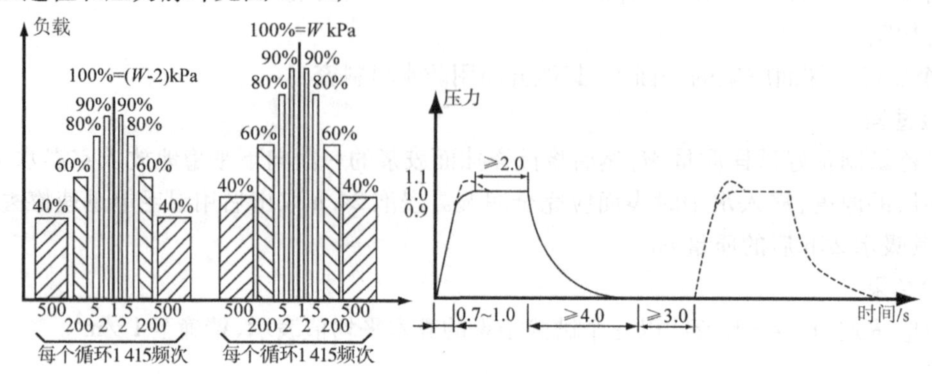

图1－9 加压过程和压力脉冲示意图

③有下列现象之一时，即表示试样破坏：

a. 保温板断裂；

b. 保温板中或保温板与其防护层之间出现分层；

c. 防护层本身脱开；

d. 保温板被从锚栓上拉出；

e. 锚栓从基层拔出；

f. 保温板从基层脱离。

4）试验结果

试验结果 Q 是试样破坏的前一个循环的风荷载值，Q 值应按式（1－43）进行修正，得出要求的抗风压值：

$$W_d = \frac{Q \times C_a \times C_s}{m} \tag{1-43}$$

式中 W_d——抗风压值（kPa）；

Q——风荷载试验值（kPa）；

C_a——几何系数，薄抹灰外保温系统 $C_a = 1.0$；

C_s——统计修正系数按表1－31选取；

m——安全系数，薄抹灰外保温系统 $m = 1.5$。

薄抹灰外保温系统 C 值 **表1－31**

粘结面积 B（%）	统计修正参数 C_s
$50 \leq B \leq 100$	1.0
$10 < B < 50$	0.9
$B \leq 10$	0.8

（4）耐冻融

1）试验仪器

冷冻箱：最低温度－30℃，控制精度±3℃；

干燥箱：控制精度 ±3℃。

2）试样

尺寸与数量：150mm×150mm，3 个；

制样：在表观密度为 18kg/m^3、厚度为 50mm 的膨胀聚苯板上按产品说明刮抹抹面胶浆，压入耐碱网格布，再用抹面胶浆刮平，抹面层总厚度为 5mm。在试验环境下养护 28d 后，在薄抹灰增强防护层表面涂刷涂料。

3）试验过程

试样放在 50±3℃的干燥箱中 16h，然后浸入 20±3℃ 的水中 8h，试样抹面胶浆面向下，水面应至少高出试样表面 20mm；再置于 -20±3℃冷冻 24h 为一个循环，每一个循环观察一次，试样经 10 个循环，试验结束。

4）试验结果

试验结束后，观察表面有无空鼓、起泡、剥离现象，并用五倍放大镜观察表面有无裂纹。

（5）水蒸气湿流密度

1）试验仪器

试样盘：试样盘应以不易腐蚀的材料制作，且不能透过水或水蒸气。盘形状任意，但重量宜轻，宜选大而浅的盘子。盘的口径应尽可能大，直径至少 60mm，试样越厚，盘口应越大，盘的口径应大于试样厚度的 4 倍。干燥剂或水的铺摊面积应不小于盘口面积。当使用一个轻质且耐腐蚀材料制作的网架时，网架影响的面积不得超过盘口面积的 10%。当试样会发生收缩或翘曲时，应在盘口外面设一个带凸缘的栏圈。在试样面积大于盘口面积时，超出盘口的试样部分是个误差源（尤其对厚试样更甚），应按标准密封方法（详见《建筑材料水蒸气透过性能试验方法》GB/T 17146－1997 第 8.1 节）中所描述的那样用遮模将其遮挡起来，使盘口面积近似或等同于试验面积。超出部分会使水蒸气透过结果偏大。这一类误差应被限制在约 10%～12%，故对厚的试样，用口径 254mm 或更大的（方形或圆形）试样盘时，其栏圈宽应不超过 19mm，127mm 盘口（方形或圆形）的栏圈宽应不超过 3mm，76mm 盘口（方形或圆形）的栏圈宽应不超过 2.8mm，栏圈的凸缘高度不应超过试样上表面 6mm。干燥剂法和水法的盘深度可以不同，但 19 mm 深（盘口下面）对两种方法都能满足。图 1－10、图 1－11 列示了几种试样盘的设计示意图可供选择。

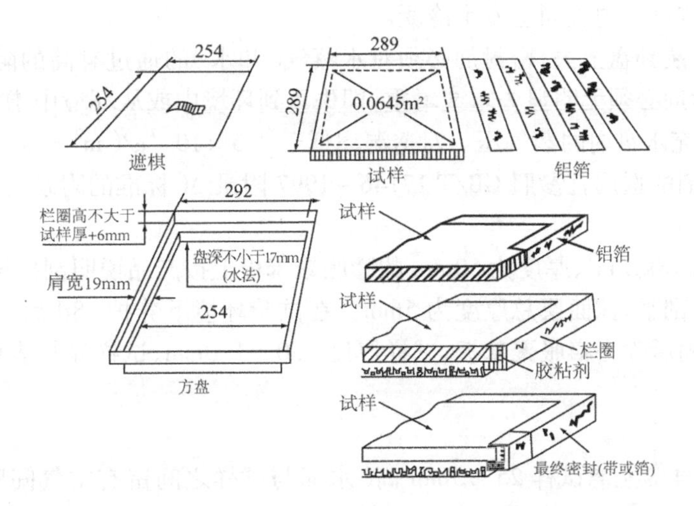

图 1－10　大块厚试样水蒸气透过试验装置

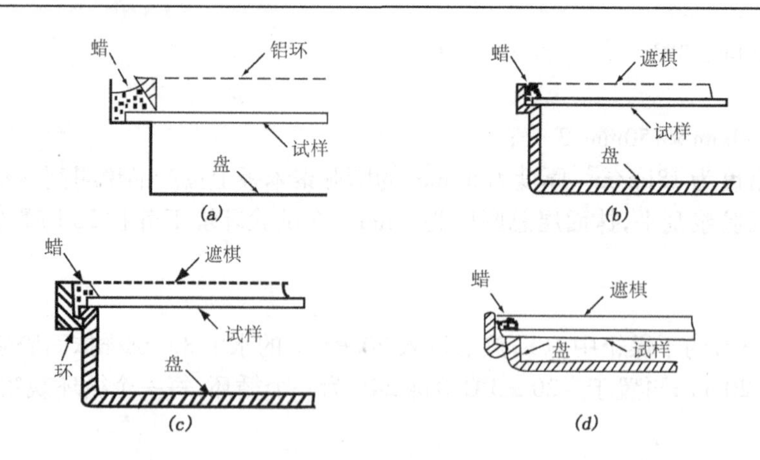

图1-11 片状材料水蒸气透过试验的几种盘形式

试验工作室:装配好的试样盘应放在温度和湿度受控的房间或箱内,温度选在21~32℃之间,恒温精度±0.6℃,推荐使用32℃,因只需简单加热即可控制温度,但为安排一个使人感觉舒适的温度,可以选23℃或26.7℃。平均的试验温度可从埋入一定量干砂中的灵敏温度计上读得。除非选择了如38±0.6℃和90%±2%相对湿度那样极端的试验条件,工作室内相对湿度一般保持在50%±2%。温、湿度均应频繁地测量,能连续记录更好。空气应持续在工作室内循环,试样上方的空气流速应控制在0.02~0.3 m/s,使试验区的温湿度保持均匀。本项目选择试验温度23±2℃。

天平:天平的灵敏度应足以察觉达到稳定状态后,继续试验时间内试样盘质量变化值的1%,称量通常也应精确到相应水平。例如透湿率为5.7×10^{-8} g/(m^2·s·Pa)的试样,在26.7℃下,254mm见方面积内透过量为0.56g/d,在18d稳定状态下将透过10g水蒸气,故天平的灵敏度必须为10g的1%,即为0.1g,称量也必须精确至0.1g。如天平的灵敏度为0.2g,或称量精确度不能优于0.2g,达到稳定后继续试验的时间应延长到36d。如试样透湿率低于5.7×10^{-8}g/(m^2·s·Pa),宜使用更灵敏的分析天平,以缩短实验过程。为适应较大较重的负荷,可用一个轻的线钩代替天平上常规的托盘。

2)材料

对水法:试样盘中应放置蒸馏水。在准备试样前水温应控制在与试验温度相差1℃的范围内,以防止放到工作室内时在试样内表面上发生冷凝。

密封剂:为把试样封装到盘上去,密封剂必须对水蒸气(和水)的通过有高的阻断作用,在要求的试验时间周期内,密封剂必须无明显失重或增重,即失重到环境中或从环境中增重的量均不得大于2%,且必须不会影响充水盘内的蒸气压。对透湿率低于2.3×10^{-7}g/(m^2·s·Pa)的试样要使用熔融沥青或蜡。密封剂的选用宜参照GB/T 17146-1997附录A(标准的附录)。

3)试样

制样:在表观密度为18kg/m^3、厚度为50mm的膨胀聚苯板上按产品说明刮抹抹面胶浆,压入耐碱网格布,再用抹面胶浆刮平,抹面层总厚度为5mm。在试验环境下养护28d后,在薄抹灰增强防护层表面涂刷涂料。干固后除去膨胀聚苯板,试样厚度4.0±1.0mm,试样涂料表面朝向湿度小的一侧。

4)试验过程

① 用蒸馏水注入试样盘至离试样25±5mm高(水面与试样之间留有空气间隙是为使有一小的水蒸气区域,减少操作试样盘时水接触试样的危险,这是必须的对某些材料如纸、木材或其他吸湿材料,这种接触会使试验无效)。水的深度应不少于3mm,以保证在整个试验中水能盖满盘底,如是玻璃盘,只要能看到所有时间里水都盖满盘底则不需规定水深度。为减少水的涌动,可在盘中放置一个轻质且耐腐蚀材料制作的网架,以隔开水面,其位置至少应比试样的下表面低6mm,且对

水表面的减少应不大于10%。

② 为便于在盘中注水，建议在试样盘壁上打一小孔，其位置在水位线上方。烘干空盘，用密封剂将试样封到盘口上，通过小孔向盘中注水，然后将小孔封闭。

③ 称量试样盘组件并将其水平地放入工作室内，其后定期称量记录盘组件的质量，试验时8或10个数据点已足够称重的时间也应记录，精确到该时间间隔的1%。如每小时称重，时间记录精度30s；如每天记录，允许到15min。开始时质量可能变得很快，后来变化速率将达稳定状态。称重时不应将试样盘从控制气氛中移出，但如必须移出，试样保持在不同条件（温度或相对湿度或两者）下的时间应尽可能短。如果试样不能经受表面上的凝聚水的影响，试样盘组件与控制气氛的温差不应超过3℃，以防止试样受凝聚水的影响。

④ 在进行倒置水法的试验时，除了是颠倒着放置盘子外，操作过程就象上述③那样。盘子必须放水平，水才能均匀地覆盖在试样的内表面，尽管由于水的重量，试样仍会有些变形。透湿率高的试样，试样盘的放置位置必须保证循环空气能以规定的速度经过其暴露面。称量时试样盘可面朝上地放置到天平上，但试样的潮湿面将不被水覆盖，这时，称量的时间必须尽可能短。

⑤ 测试透湿率小于3×10^{-9}g/(m^2·s·Pa)的试样，或透湿率较低且在测试中可能会失重或增重（因挥发或氧化）的样品时，须增加一附加试样，作为“模拟样”。并同样封装到试样盘上，但盘中不放水，即为模拟样盘组件。试样本身的质量变化、温度变化和因大气压影响导致浮力变化等环境因素可从模拟样盘的质量变化中得以反映，从正式试样盘质量变化值中扣除模拟样盘质量变化值后即可得到修正后的试样的水蒸气透过量，从而提高测试精度，加快试验进程。

5）数据处理与试验结果

水蒸气透过试验结果可用作图或回归分析方法确定。

①图解方法

质量变化值对时间作图，用模拟样的则作相应修正，即以模拟样相对于初始质量的变化反方向修正相应时间称样记录的质量，描出一根曲线，它趋于变成直线。至少要有六个适当距离的点（其距离超过天平灵敏度20倍）才能充分地确定一条直线，直线的斜率即为湿流量。

②回归分析方法

质量变化值经模拟试样修正（如果有）后，对时间进行数学上的回归分析，即给出湿流量，其不确定度或标准偏差也能算出。对透湿系数非常低的材料，虽然用灵敏度为±1mg的分析天平，即使30～60d后，其质量变化仍可能达不到天平灵敏度的100倍，用这种数学分析方法可算出结果。

在一般情况下宜采用回归分析法。

③湿流密度和透湿率计算

a. 湿流密度，按式（1-44）计算：

$$g=(\Delta m/\Delta t)/A \tag{1-44}$$

式中 Δt——时间（s）；

Δm——质量变化（g）；

$\Delta m/\Delta t$——直线的斜率，即湿流量（g/s）；

A——试验面积（盘口面积）（m^2）；

g——湿流密度[g/(m^2·s)]。

b. 透湿率，按式（1-45）计算：

$$W_p=g/\Delta p=g\cdot p^{-1}\cdot(R_{H1}-R_{H2})^{-1} \tag{1-45}$$

式中 Δp——水蒸气压差（Pa）；

p——试验温度下的饱和水蒸气压，由饱和蒸气压力值表查得（Pa）；

R_{H1}——以分数值表示的高水蒸气压侧的相对湿度（干燥剂法为试验工作室一侧；水法时为

盘内一侧）；

R_{H2}——以分数值表示的低水蒸气压侧相对湿度；

W_p——透湿率[$g/(m^2 \cdot s \cdot Pa)$]。

试验工作室中的相对湿度和温度是试验时实际测得值的平均值（除非有连续记录值），其测量频度应与称重相同。盘内相对湿度名义上为100%。对透湿率小于 $2.3\times10^{-1}g/(m^2 \cdot s \cdot Pa)$ 的试样，当所要求的条件（$CaCl_2$ 中的含水量小于10%及水面上的空气隙不大于25mm）得以维持时，实际相对湿度与上述名义值之差通常在3%相对湿度内。

c. 仅当试样为同质的（非层叠的）且厚度不超过12.5mm时才可用式（1-46）计算其透湿系数。

$$\delta_p = W_p \times L \tag{1-46}$$

式中　δ_p——透湿系数[$g/(m \cdot s \cdot Pa)$]；

L——试样厚度（m）。

（6）不透水性

1）试样

尺寸与数量：尺寸65mm×200mm×200mm，数量2个；

制样：用60mm厚、表观密度为18kg/m³的膨胀聚苯板上按产品说明刮抹抹面胶浆，压入耐碱网布，再用抹面胶浆刮平，抹面层总厚度为5mm。在试验环境下养护28d后，去除试样中心部位的膨胀聚苯板，去除部分的尺寸为100mm×100mm，并在试样侧面标记出距抹面胶浆表面50mm的位置。

2）试验过程

将试样抹面胶浆面朝下放入水槽中，使试样抹面胶浆面位于水面下50mm处（相当于压力500Pa），为保证试样在水面以下，可在试样上放置重物，如图1-12所示。试样在水中放置2h后，观察试样内表面。

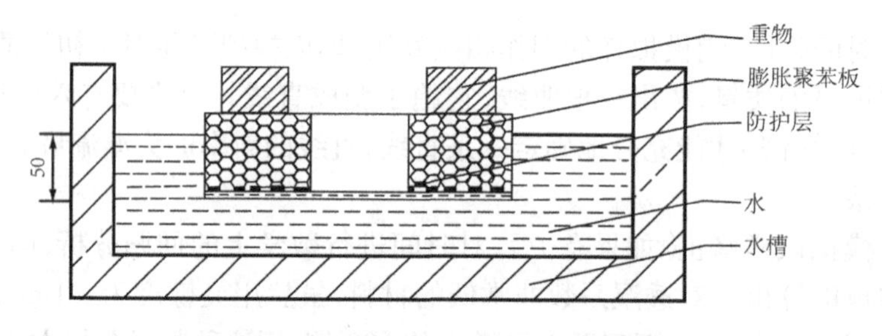

图1-12　不透水性试验示意图（mm）

3）试验结果

试样背面去除膨胀聚苯板的部分无水渗透为合格。

（7）耐候性

1）试验仪器

气候调节箱：温度控制范围-25~75℃，带有自动喷淋设备；一对安装在轨道上的带支架的混凝土墙体。

2）试样的制备

一组试验的试样数量为2个；

按薄抹灰外保温系统制造商的要求在混凝土墙体上制作薄抹灰外保温系统模型。每个试验模型沿高度方向均匀分段，第一段只涂抹面胶浆，下面各段分别涂上薄抹灰外保温系统制造商提供的最多四种饰面涂料；

在墙体侧面粘贴膨胀聚苯板厚度为20mm的薄抹灰外保温系统；

试样的尺寸如图1-13所示，并应满足：

①面积不小于6.00m²；

②宽度不小于2.50m；

③高度不小于2.00m。

在试样距离边缘0.40m处开一个0.40m(宽)×0.60m(高)的洞口，在此洞口上安装窗。

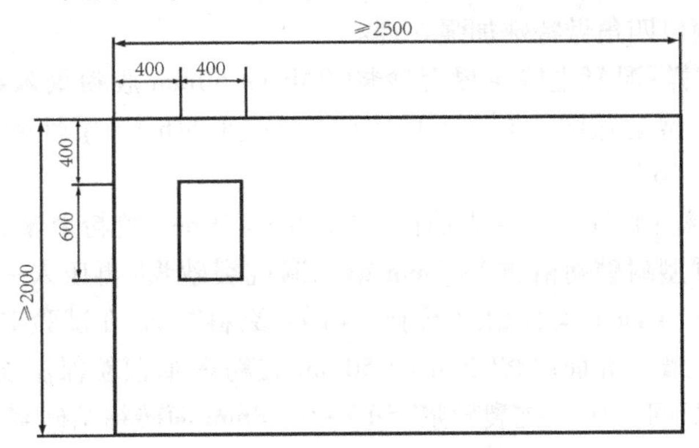

图1-13　试验模型尺寸(mm)

试样应至少有28d的硬化时间。硬化过程中，周围环境温度应保持在10～25℃，相对湿度不应小于50%，并应定时作记录。对抹面胶浆为水泥基材料的系统，为了避免系统过快干燥，可每周一次用水喷洒5min，使薄抹灰增强防护层保持湿润，在模型安装后第三天即开始喷水。硬化过程中，应记录下系统所有的变形情况(如起泡、裂缝)。

试验模型的安装细节(材料的用盘，板与板之间的接缝位置，锚栓等)均需由试验人员检查和记录。膨胀聚苯板必须满足陈化要求。在试验模型的窗角部位可做增强处理。

3)试验过程

将两试样面对面装配到气候调节箱的两侧，在试样表面测量以下试验周期中的温度。

① 热/雨周期

试样需依次经过以下步骤80次：

a. 将试样表面加热至70℃(温度上升时间为1h)，保持温度70±5℃，相对湿度10%～15% 2h(共3h)；

b. 喷水1h，水温15±5℃，喷水量1.0～1.5L/m^2·min；

c. 静置2h(干燥)。

② 热/冷周期

经受上述热/雨周期后的试样在温度为10～25℃，相对湿度不小于50%的条件下放置至少48h后，再根据以下步骤执行5个热/冷周期：

a. 在温度为50±5℃(温度上升时间为1h)，相对湿度不大于10%的条件下放置7h(共8h)；

b. 在温度为-20±5℃(降温时间为2h)的条件下放置14h(共16h)。

4)试验结果

在每4个热/雨周期后，及每个热/冷周期后均应观察整个系统和抹面胶浆的特性或性能变化(起泡、剥落、表面细裂缝，各层材料间丧失粘结力、开裂等等)，并作如下记录：

①检查系统表面是否出现裂缝，若出现裂缝，应测量裂缝尺寸和位置并作记录；

②检查系统表面是否起泡或脱皮，并记录下它的位置和大小；

③检查窗是否有损坏以及系统表面是否有与其相连的裂缝，并记录位置和大小。

2. 胶粉聚苯颗粒外保温系统

(1)耐候性

1)试样

试样尺寸：试样由混凝土墙和被测外保温系统构成，混凝土墙用作外保温系统的基层墙体。尺寸:试样宽度应不小于2.5m,高度应不小于2.0m,面积应不小于$6m^2$。混凝土墙上角处应预留一个宽0.4m、高0.6m的洞口,洞口距离边缘0.4m(图1-13)。

制备:外保温系统应包住混凝土墙的侧边。侧边保温层最大厚度为20mm。预留洞口处应安装窗框。如有必要,可对洞口四角做特殊加强处理。

① C型单网普通试样:混凝土墙+界面砂浆(24h)+50mm胶粉聚苯颗粒保温层(5d)+4mm抗裂砂浆(压入一层普通型耐碱网格布)(5d)+弹性底涂(24h)+柔性耐水腻子(24h)+涂料饰面,在试验室环境下养护56d。

② C型双网加强试样:混凝土墙+界面砂浆(24h)+50mm胶粉聚苯颗粒保温层(5d)+4mm抗裂砂浆(压入一层加强型耐碱网格布)+3mm第二遍抗裂砂浆(再压入一层普通型耐碱网格布)(5d)+弹性底涂(24h)+1mm柔性耐水腻子(24h)+涂料饰面,在试验室环境下养护56d。

③ T型试样:混凝土墙+界面砂浆(24h)+50mm胶粉聚苯颗粒保温层(5d)+4mm抗裂砂浆(24h)+锚固热镀锌电焊网+4mm抗裂砂浆(5d)+5~8mm面砖粘结砂浆粘贴面砖(2d)+面砖勾缝料,在试验室环境下养护56d。

2)试验设备

大型墙体耐候性试验仪。

3)试验步骤

① 高温/淋水循环80次,每次6h。

a. 升温3h

使试样表面升温至70℃并恒温在70±5℃,恒温时间应不小于1h。

b. 淋水1h

向试样表面淋水,水温为15±5℃,水量为1.0~1.5L/(m^2·min)。

c. 静置2h

状态调节至少48h。

② 加热冷冻循环20次,每次24h。

a. 升温8h

使试样表面升温至50℃并恒温在50±5℃,恒温时间应不小于5h。

b. 降温16h

使试样表面降温至-20℃并恒温在-20±5℃,恒温时间应不小于12h。

每4次高温/淋水循环和每次加热/冷冻循环后观察试样是否出现裂缝、空鼓、脱落等情况并作记录。

试验结束后,状态调节7d,检验拉伸粘结强度和抗冲击强度。

4)试验结果

经80次高温/淋水循环和20次加热/冷冻循环后系统未出现开裂、空鼓或脱落,抗裂防护层与保温层的拉伸粘结强度不小于0.1MPa且破坏界面位于保温层,则系统耐候性合格。

(2)吸水量

1)试样:试样由保温层和抗裂防护层构成。

尺寸:200mm×200mm,保温层厚度50mm。

制备:50mm厚胶粉聚苯颗粒保温层(7d)+4mm厚抗裂砂浆(复合耐碱网格布)(5d)+弹性底涂,养护56d。试样周边涂密封材料密封。试样数量为3件。

2)试验步骤

测量试样面积A。

称量试样初始质量m_0。

使试样抹面层朝下将抹面层浸入水中并使表面完全湿润。分别浸泡1h后取出,在1min内擦去表面水分,称量吸水后的质量 m。

3)试验结果

系统吸水量按式(1-47)进行计算。

$$M=\frac{m-m_0}{A} \tag{1-47}$$

式中 M——系统吸水量(kg/m^2);

m——试样吸水后的质量(kg);

m_0——试样初始质量(kg);

A——试样面积(m^2)。

试验结果以3个试验数据的算术平均值表示。

(3)抗冲击强度

1)试样

① C型单网普通试样:

数量:2件,用于3J级冲击试验;

尺寸:1200mm×600mm,保温层厚度50mm;

制作:50mm厚胶粉聚苯颗粒保温层(7d)+4mm厚抗裂砂浆(压入耐碱网格布,网格布不得有搭接缝)(5d)+ 弹性底涂(24h)+柔性耐水腻子,在试验室环境下养护56d后,涂刷饰面涂料,涂料实干后,待用。

② CM双网加强试样:

数量:2件,每件分别用于3J级和10J级冲击试验;

尺寸:1200mm×600mm,保温层厚度50mm;

制作:50mm厚胶粉聚苯颗粒保温层(5d)+厚4mm抗裂砂浆(先压入一层加强型耐碱网格布,再压入一层普通型耐碱网格布,网格布不得有搭接缝)(5d)+ 弹性底涂(24h)+柔性耐水腻子,在试验室环境下养护56d后,涂刷饰面涂料,涂料实干后,待用。

③ T型试样:

数量:2件,用于3J级冲击试验;

尺寸:1200mm×600mm,保温层厚度50mm;

制作:50mm厚胶粉聚苯颗粒保温层(5d)+4mm厚抗裂砂浆(压入热镀锌电焊网)(24h)+4mm厚抗裂砂浆(5d)+粘贴面砖(2d)+勾缝,在试验室环境下养护56d。

2)试验过程

①将试样抗裂防护层向上平放于光滑的刚性底板上。

②试验分为3J和10J两级,每级试验冲击10个点。3J级冲击试验使用质量为500g的钢球,在距离试样上表面0.61m高度自由降落冲击试样。10J级冲击试验使用质量为1000g的钢球,在距离试样上表面1.02m高度自由降落冲击试样。冲击点应离开试样边缘至少100mm,冲击点间距不得小于100mm,以冲击点及其周围开裂作为破坏的判定标准。

3)试验结果

10J级试验10个冲击点中破坏点不超过4个时,判定为10J冲击合格。10J级试验10个冲击点中破坏点超过4个,3J级试验10个冲击点中破坏点不超过4个时,判定为3J级冲击合格。

(4)抗风压

1)试验设备

试验设备是一个负压箱。负压箱应有足够的深度,以保证在外保温系统可能的变形范围内能使施加在系统上的压力保持恒定。试样安装在负压箱开口中并沿基层墙体周边进行固定和密封。

2）试样

试样由基层墙体和被测外保温系统组成。基层墙体可为混凝土墙或砖墙。为了模拟空气渗漏，在基层墙体上每平方米预留一个直径 15 mm 的洞。

尺寸：试样面积至少为 2.0m ×2.5m。

制备：见本节耐候试验试件制备。

3）试验步骤

加压程序及压力脉冲图形见图 1－14。

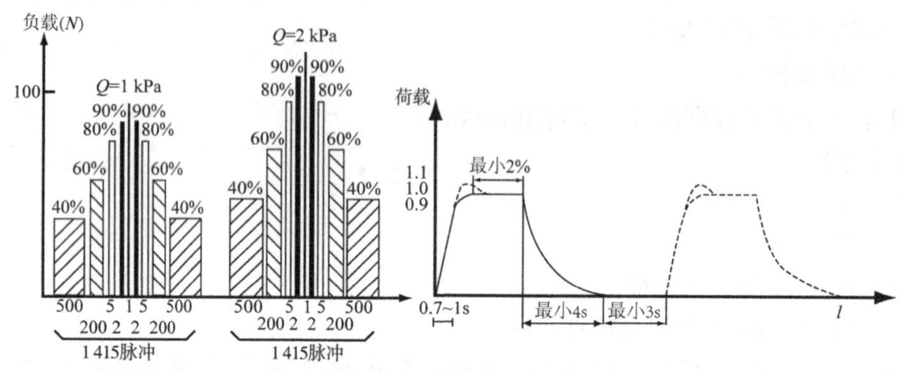

图 1－14　加压步骤及压力脉冲图形

每级试验包含 1415 个负风压脉冲，加压图形以试验风荷载 Q 的百分数表示，Q 取 1kPa 的整数倍。试验应从设计要求的风荷载值 W，降低两级开始，并以 1kPa 的级差由低向高逐级进行直至试样破坏。有下列现象之一时，即表示试样破坏：

①保温层脱落；

②保温层与其保护层之间出现分层；

③保护层本身脱开；

④当采用面砖饰面时，塑料锚栓被拉出。

4）试验结果

系统抗风压值 R_d 按式（1－48）进行计算。

$$R_d = \frac{Q_1 \times C_s \times C_a}{K} \tag{1-48}$$

式中　R_d ——系统抗风压值（kPa）；

Q_1 ——试样破坏前一级的试验风荷载值（kPa）；

K ——安全系数，取 1.5；

C_s ——几何因数，对于外保温系统 $C_s = 1$；

C_a ——统计修正因数，对于胶粉聚苯颗粒外保温系统 $C_a = 1$。

（5）耐冻融

1）试验仪器

① 低温冷冻箱，最低温度 －30 ±3℃。

② 密封材料：松香、石蜡。

2）试样

① C 型试样：

数量：3 个。

尺寸：500mm ×500mm，保温层厚度 50mm。

制作：50mm 厚胶粉聚苯颗粒保温层（5d）+4mm 厚抗裂砂浆（压入标准耐碱网格布）（5d）+ 弹

性底涂，在试验室环境下养护56d。除试件涂料面外将其他5面用融化的松香、石蜡（1：1）密封。

②T型试样：

数量：3个。

尺寸：500mm×500mm，保温层厚度50mm。

制作：见[（3）抗冲击强度中C型]，除面砖这一面外将其他5面用融化的松香、石蜡（1：1）密封。

3）试验过程

冻融循环次数应符合表1－30的规定，每次24h。

① 在20±2℃水中浸泡8h。试样浸入水中时，应使抗裂防护层朝下，使抗裂防护层浸入水中，并排除试样表面气泡。

② 在－20±2℃冰箱中冷冻16h。

试验期间如需中断试验，试样应置于冰箱中在－20±2℃下存放。

4）试验结果

每3次循环后观察试样是否出现裂纹、空鼓、起泡、剥离等情况并做记录经10次冻融循环试验后观察，试样无裂纹、空鼓、起泡、剥离者为10次冻融循环合格；经30次冻融循环试验后观察，试样无裂纹、空鼓、起泡、剥离者为30次冻融循环合格。

（6）水蒸气湿流密度

按GB/T 17146－1997中水法的规定进行。试样制备同不透水性试验试样制备方法，弹性底涂表面朝向湿度小的一侧。

（7）不透水性

①试样

尺寸：65mm×200mm×200mm。

数量：2个。

制备：60mm厚胶粉聚苯颗粒保温层（7d）＋4mm厚抗裂砂浆（复合耐碱网格布）（5d）＋弹性底涂，养护56d后，周边涂密封材料密封。去除试样中心部位的胶粉聚苯颗粒保温浆料，去除部分的尺寸为100mm×100mm，并在试样侧面标记出距抹面胶浆表面50mm的位置。

②试验过程

将试样防护面朝下放入水槽中，使试样防护面位于水面下50mm处（相当于压力500Pa），为保证试样在水面以下，可在试样上放置重物，如图1－15所示。试样在水中放置2h后，观察试样内表面。

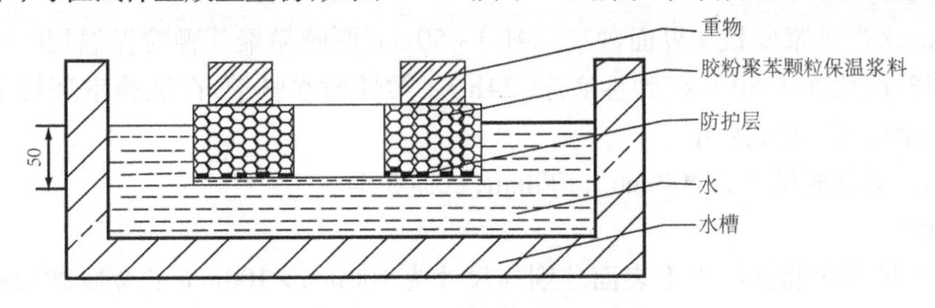

图1－15　不透水性试验示意图（mm）

（8）耐磨损

1）试样

尺寸：100mm×200mm，保温层厚度50mm。

数量：3个。

制作：见C型单网普通试样制作方法。

2）试验仪器

耐磨损试验器：由金属漏斗和支架组成，漏斗垂直固定在支架上，漏斗下部装有笔直、内部平滑导管，内径为 19 ±0.1mm。导管正下方有可调整试件位置的试架，倾斜角 45°导管下口距离试件表面最近点 25mm，锥形体下部 100 mm 处装有可控制标准砂流量的控制板，流速控制在 2000 ±10mL 标准砂全部流出时间为 21 ~23.5s。见图 1－16。

研磨剂：标准砂。

3）试验过程

试验室温度 23 ±5℃，相对湿度 65% ±20%。

① 将试件按试验要求正确安装在试架上。

② 将 200 ±10mL 标准砂装入漏斗中，拉开控制板使砂子落下冲击试件表面，冲击完毕后观察试件表面的磨损情况，收集在试验器底部的砂子以重复使用。

③ 试件表面没有损坏，重复步骤②，直至标准砂总量达 500 L，试验结束。

4）试验结果

观察并记录试验结束时试件表面是否出现开裂、龟裂或防护层剥落、损伤的状态。无上述现象出现为合格。

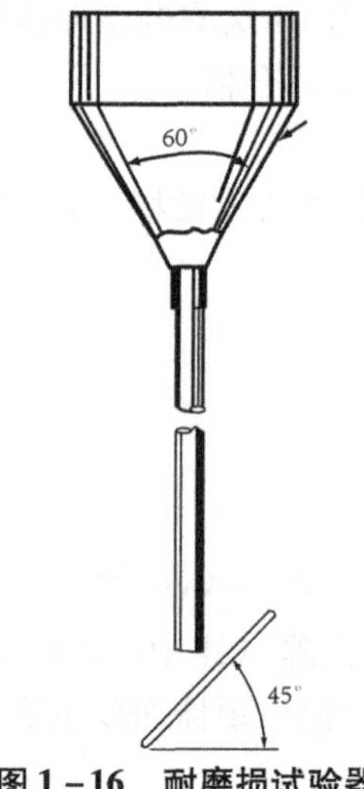

图 1－16　耐磨损试验器

（9）系统抗拉强度

1）试样

制备：10mm 水泥砂浆底板 + 界面砂浆（24h）+50mm 厚胶粉聚苯颗粒保温层（5d）+4mm 厚抗裂砂浆（压入耐碱网格布）（5d） + 弹性底涂（24h）+ 柔性耐水腻子，在试验室环境下养护 56d 后，涂刷饰面涂料，涂料实干后，待用。

尺寸与数量：切割成尺寸为 100mm ×100mm，试样 5 个。

2）试验过程

① 用适当的胶粘剂将试样上下表面分别与尺寸为 100mm ×100mm 的金属试验板粘结。

② 通过万向接头将试样安装于拉力试验机上，拉伸速度为 5 mm/min，拉伸至破坏并记录破坏时的拉力及破坏部位。破坏部位在试验板粘结界面时试验数据无效。

③ 试验应在以下两种试样状态下进行：

a. 干燥状态；

b. 水中浸泡 48 h，取出后在 50 ±5℃条件下干燥 7d。

3）试验结果

抗拉强度不小于 0.1MPa，并且破坏部位不位于各层界面为合格。

（10）饰面砖粘结强度

系统成型56d后，按《建筑工程饰面砖粘结强度检验标准》JGJ 110－2008的规定进行饰面砖粘结强度拉拔试验。断缝应从饰面砖表面切割至抗裂防护层表面（不应露出热镀锌电焊网），深度应一致。

3. 外墙外保温系统

（1）系统耐候性试验方法

1）试样制备养护和状态调节

外保温系统试样应按照生产厂家说明书规定的系统构造和施工方法进行制备。材料试样应按产品说明书规定进行配制。

试样养护和状态调节环境条件应为：温度10～25℃，相对湿度不应低于50%。

试样养护时间应为28d。

试样由混凝土墙和被测外保温系统构成。混凝土墙用作基层墙体，试样宽度不应小于2.5m，高度不应小于2.0m，面积不应小于6.0m²。混凝土墙上角处应预留一个宽0.4m、高0.6m的洞口。洞口距离边缘0.4m（图1－13）。外保温系统应包住混凝土墙的侧边，侧边保温板最大厚度为20mm。预留洞口处应安装窗框，如有必要可对洞口四角做特殊加强处理。

2）系统耐候性试验步骤应符合以下规定：

① 板薄抹灰系统和无网现浇系统试验步骤如下：

a. 高温/淋水循环80次，每次6h，升温3h，使试样表面升温至70℃，并恒温在70±5℃，其中升温时间为1h。淋水，向试样表面淋水，水温为15±5℃，水量为1.0～1.5L/（m²·min）。

b. 静置：状态调节至少48h。

c. 加热/冷冻循环5次，每次24h。升温8h，使试样表面升温至50℃，并恒温在50±5℃（其中升温时间为1h）。降温16h，使试样表面降温至－20℃，并恒温在－20±5℃（其中降温时间为2h）。

② 保温浆料系统有网现浇系统和机械固定系统试验步骤如下：

a. 高温/淋水循环80次，每次6h，升温3h，使试样表面升温至70℃，并恒温在70±5℃，恒温时间不应小于1h。淋水，向试样表面淋水，水温为15±5℃，水量为1.0～1.5L/（m²·min）。

b. 静置

状态调节至少48h。

c. 加热冷冻循环5次，每次24h。升温8h，使试样表面升温至50℃，并恒温在50±5℃，恒温时间不应小于5h。降温16h，使试样表面降温至－20℃，并恒温在－20±5℃，恒温时间不应小于12h。

3）观察记录和检验时应符合下列规定

每4次高温/淋水循环和每次加热/冷冻循环后，观察试样是否出现裂缝、空鼓、脱落等情况，并做记录。

试验结束后，状态调节7d，按现行行业标准《建筑工程饰面砖粘结强度检验标准》JGJ 110－2008的规定，检验抹面层与保温层的拉伸粘结强度，断缝应切割至保温层表面，并按抗冲击强度检测方法检验系统抗冲击性。

（2）系统抗风荷载性能试验方法

1）试样：应由基层墙体和被测外保温系统组成，试样尺寸应不小于2.0m×2.5m。

基层墙体可为混凝土墙或砖墙。为了模拟空气渗漏，在基层墙体上每平方米应预留一个直径15mm的孔洞，并应位于保温板接缝处。

2）试验设备：是一个负压箱。负压箱应有足够的深度，以保证在外保温系统可能的变形范围内能使施加在系统上的压力保持恒定。试样安装在负压箱开口中并沿基层墙体周边进行固定和密封。

3）试验步骤中的加压程序及压力脉冲图形见图1－14。

每级试验包含1415个负风压脉冲，加压图形以试验风荷载Q的百分数表示。试验以1kPa的级差由低向高逐级进行，直至试样破坏。

4）有下列现象之一时可视为试样破坏：

①保温板断裂；

②保温板中或保温板与其保护层之间出现分层；

③保护层本身脱开；

④保温板被从固定件上拉出；

⑤机械固定件从基底上拔出；

⑥保温板从支撑结构上脱离。

5）试验结果

系统抗风压值 R_d 应按式（1－49）进行计算：

$$R_d = \frac{Q_1 \times C_s \times C_a}{K} \tag{1-49}$$

式中 R_d——系统抗风压值（kPa）；

Q_1——试样破坏前一级的试验风荷载值（kPa）；

K——安全系数，按性能要求表选取；

C_a——几何因数，对于外保温系统 $C_a = 1$；

C_s——统计修正因数，按表1－32选取。

保温板为粘结固定时的 C_s 值 **表1－32**

粘结面积 B（%）	统计修正参数 C_s
$50 \leq B \leq 100$	1.0
$10 < B < 50$	0.9
$B \leq 10$	0.8

（3）系统耐冻融性能试验方法

1）试样：当采用以纯聚合物为粘结基料的材料做饰面涂层时，应对以下两种试样进行试验：

① 由保温层和抹面层构成不包含饰面层的试样；

② 由保温层和保护层构成包含饰面层的试样。

当饰面层材料不是以纯聚合物为粘结基料的材料时，试样应包含饰面层。如果不只使用一种饰面材料，应按不同种类的饰面材料分别制样。如果仅颗粒大小不同可视为同种类材料。

试样尺寸为500mm×500mm，试样数量为3件。

试样周边涂密封材料密封。

2）试验步骤应符合下列规定：

① 冻融循环30次，每次24h。

a. 在20±2℃水中浸泡48h。试样浸入水中时，应使抹面层或保护层朝下，使抹面层浸入水中并排除试样表面气泡。

b. －20±2℃在冰箱中冷冻16h。

试验期间如需中断试验，试样应置于冰箱中在－20±2℃下存放。

②每3次循环后观察试样是否出现裂缝、空鼓、脱落等情况，并做记录。

③试验结束后，状态调节7d，按规程中规定的抹面层与保温材料拉伸粘结强度检验方法规定检验拉伸粘结强度。

（4）系统抗冲击性试验方法

1）试样：由保温层和保护层构成。

试样尺寸不应小于1200mm×600mm，保温层厚度不应小于50mm，玻纤网不得有搭接缝。试样分为单层网试样和双层网试样。单层网试样抹面层中应铺一层玻纤网，双层网试样抹面层中应铺一层玻纤网和一层加强网。

试样数量：单层网试样 2 件，每件分别用于 3J 级和 10J 级冲击试验。

双层网试样 2 件，每件分别用于 3J 级和 10J 级冲击试验。

2）试验步骤

试验可采用摆动冲击或竖直自由落体冲击方法。摆动冲击方法可直接冲击经过耐候性试验的试验墙体。竖直自由落体冲击方法按下列步骤进行试验：

① 将试样保护层向上平放于光滑的刚性底板上，使试样紧贴底板。

② 试验分为 3J 级和 10J 级两级，每级试验冲击 10 个点。3J 级冲击试验使用质量为 500g 的钢球，在距离试样上表面 0.61m 高度自由降落冲击试样。10J 级冲击试验使用质量为 1000g 的钢球，在距离试样上表面 1.02m 高度自由降落冲击试样。冲击点应离开试样边缘至少 100mm，冲击点间距不得小于 100mm。以冲击点及其周围开裂作为破坏的判定标准。

3）结果判定

结果判定时 10J 级试验 10 个冲击点中破坏点不超过 4 个时，判定为 10J 级。10J 级试验 10 个冲击点中破坏点超过 4 个，3J 级试验 10 个冲击点中破坏点不超过 4 个时判定为 3J 级。

（5）系统吸水量试验方法

1）试样制备：应符合下列规定：

试样分为两种，一种由保温层和抹面层构成，另一种由保温层和保护层构成。

试样尺寸为 200mm×200mm，保温层厚度为 50mm，抹面层和饰面层厚度应符合受检外保温系统构造规定。每种试样数量各为 3 件。

试样周边涂密封材料密封。

2）试验步骤应符合下列规定：

① 测量试样面积 A。

② 称量试样初始重量 m_0。

③ 使试样抹面层或保护层朝下浸入水中并使表面完全湿润。分别浸泡 1h 和 24h 后取出，在 1min 内擦去表面水分，称量吸水后的重量 m。

3）系统吸水量应按式（1-50）进行计算：

$$M = \frac{m - m_0}{A} \qquad (1-50)$$

式中 M——系统吸水量（kg/m^2）；

m——试样吸水后的质量（kg）；

m_0——试样初始质量（kg）；

A——试样面积（m^2）。

试验结果以 3 个试验数据的算术平均值表示。

（6）系统热阻试验方法

系统热阻应按现行国家标准《建筑构件稳态热传递性质的测定 标定和防护热箱法》GB/T 13475-2008 规定进行试验。制样时 EPS 板拼缝缝隙宽度、单位面积内锚栓和金属固定件的数量应符合受检外保温系统构造规定。

（7）抹面层不透水性试验方法

1）试样制备应符合下列规定：

试样由 EPS 板和抹面层组成，试样尺寸为 200mm×200mm，EPS 板厚度 60mm，试样数量 2 个。将试样中心部位的 EPS 板除去并刮干净，一直刮到抹面层的背面，刮除部分的尺寸为 100mm×

100mm。将试样周边密封，抹面层朝下浸入水槽中，使试样浮在水槽中，底面所受压强为500MPa。浸水时间达到2h时，观察是否有水透过抹面层(为便于观察可在水中添加颜色指示剂)。

2)试验结果:2个试样浸水2h时均不透水时，判定为不透水。

(8)水蒸气渗透性能试验方法

1)试样制备应符合下列规定:

EPS板试样在EPS板上切割而成。

胶粉EPS颗粒保温浆料试样在预制成型的胶粉EPS颗粒保温浆料板上切割而成。

保护层试样是将保护层做在保温板上，经过养护后除去保温材料，并切割成规定的尺寸。

当采用以纯聚合物为粘结基料的材料作饰面涂层时，应按不同种类的饰面材料分别制样。如果仅颗粒大小不同，可视为同类材料。当采用其他材料作饰面涂层时，应对具有最厚饰面涂层的保护层进行试验。

2)保护层和保温材料的水蒸气渗透性能应按现行国家标准《建筑材料水蒸气透过性能试验方法》GB/T 17146中的干燥剂法规定进行试验。试验箱内温度应为20±2℃，相对湿度可为50%±2%[23℃下含有大量未溶解重铬酸钠或磷酸氢铵($NH_4H_2PO_4$)的过饱和溶液]或85%±2%(23℃下含有大量未溶解硝酸钾的过饱和溶液)。

四、实例

用干燥剂法试验288h(12d),暴露面积$0.0645m^2$,48h后增重速率已恒定，接着的240h中增重12.0g,试验工作室条件测得为温度31.7℃和相对湿度49%。要求计算湿流密度和透湿率。

解:$\Delta m/\Delta t = 12.0g \div 240h = 1.38\ 9 \times 10^{-5} g/s$;

$A = 0.0645m^2$;

$P_s = 46.66 \times 10^{-2} Pa$(由表1-33按内插法求得);

$R_{H1} = 49\%$(试验工作室内);

$R_{H2} = 0\%$

按式(1-44)和式(1-45)计算:

$g = 1.389 \times 10^{-5} g/s \div 0.0645m^2 = 2.15 \times 10 - 4g/(m^2 \cdot s)$

$W_P = g/\Delta p = g \cdot p_{-1} \cdot (R_{H1} - R_{H2})^{-1}$

$= 2.15 \times 10^{-4} g/(m^2 \cdot s) \div [46.66 \times 10^{-2} Pa \times (0.49 - 0)]$

$= 9.4 \times 10^{-8} g/(m^2 \cdot s \cdot Pa)$

水在不同温度条件下的饱和蒸气压力值(Pa)　　表1-33

温度(℃)	0.0	0.2	0.4	0.6	0.8
10	1227.8	1244.3	1261.0	1277.9	1295.1
11	1312.4	1330.0	1347.8	1365.8	1383.9
12	1402.3	1420.9	1439.7	1458.7	1477.9
13	1497.3	1517.1	1536.9	1557.2	1577.6
14	1598.1	1619.1	1640.1	1661.5	1683.1
15	1704.9	1726.9	1749.3	1771.8	1794.6
16	1817.7	1841.0	1864.8	1888.5	1912.8
17	1937.2	1961.8	1986.9	2012.1	2037.7
18	2063.4	2089.6	2116.0	2142.6	2169.4

续表

温度(℃)	0.0	0.2	0.4	0.6	0.8
19	2196.7	2224.5	2252.3	2280.5	2309.0
20	2337.8	2366.9	2396.3	2426.1	2456.1
21	2486.5	2517.1	2548.2	2579.6	2611.4
22	2643.4	2675.8	2708.6	2741.8	2775.1
23	2808.8	2843.0	2877.5	2912.4	2947.7
24	2983.3	3019.5	3056.0	3092.8	3129.9
25	3167.2	3204.9	3243.2	3282.0	3321.3
26	3360.9	3400.9	3441.3	3482.0	3523.2
27	3564.9	3607.0	3649.6	3692.5	3735.8
28	3779.5	3823.7	3868.3	3913.5	3959.3
29	4005.4	4051.9	4099.0	4146.5	4194.4
30	4242.8	4291.8	4341.1	4390.8	4441.2
31	4492.3	4543.9	4595.7	4648.1	4701.1
32	4754.7	4808.7	4863.2	4918.4	4974.0
33	5030.1	5086.9	5144.1	5202.0	5260.5
34	5319.3	5378.7	5439.0	5499.7	5560.9
35	5489.5	5685.4	5748.4	5812.2	5876.6
36	5941.2	6006.7	6072.7	6139.5	6206.9
37	6275.1	6343.7	6413.1	6483.0	6553.7
38	6625.0	6696.9	6769.3	6842.5	6916.6
39	6991.7	7067.3	7143.4	7220.2	7297.6
40	7375.9	7454.0	7534.0	7614.0	7695.3
41	7778.0	7860.7	7943.3	8028.7	8114.0
42	8199.3	8284.6	7372.6	8460.6	8548.6
43	8639.3	8729.9	8820.6	8913.9	9007.2
44	9100.6	9195.2	9291.2	9387.2	9484.5
45	9583.2				

注:本表数据摘自《CRC Handbook of Chemistry and Physics》,并将 mmHg 单位转换成 Pa(按0℃时)。

五、墙体保温用膨胀聚苯乙烯板胶粘剂备选内容

1. 要求

(1)固含量

Y 型聚苯板胶粘剂胶液固含量由生产商规定,其允许偏差应不大于生产商规定值的 ±10%。

(2)烧失量

聚苯板胶粘剂烧失量由生产商规定,其允许偏差应不大于生产商规定值的±10%。

(3)与聚苯板的相容性

聚苯板剥蚀厚度应不大于1.0mm。

(4)初粘性

聚苯板胶粘剂应支撑聚苯板,聚苯板滑移量应不大于6mm。

(5)拉伸粘结强度

聚苯板胶粘剂拉伸粘结强度性能指标应符合表1-34给出的要求。

聚苯板胶粘剂拉伸粘结强度性能指标 **表1-34**

项目		指标
拉伸粘结强度(MPa)(与水泥砂浆)	原强度	≥0.60
	耐水	≥0.40
	耐冻融	≥0.40
拉伸粘结强度(MPa)(与聚苯板)	原强度	≥0.10
	耐水	≥0.10
	耐冻融	≥0.10

注:耐冻融仅用于在严寒地区和寒冷地区。

(6)可操作时间

聚苯板胶粘剂可操作时间应不小于1.5h。

(7)裂性

聚苯板胶粘剂在混凝土基底上的楔形厚度小于6mm时,不允许有裂纹。

2. 试验方法

(1)标准试验条件

试验室标准试验条件为:温度23±2℃,相对湿度50%±10%。

(2)试验时间

试样制备、养护及测定时的试验时间精度为±2%。

(3)固含量

1)试验过程

将两块干燥洁净可以互相吻合的表面皿在120±5℃干燥箱内烘30min,取出放入干燥器中冷却至室温后称量。将试样放在一块表面皿上,另一块凸面向上盖在上面,在天平上准确称取约5g,然后将盖的表面皿反过来,使两块表面皿互相吻合,轻轻压下,再将表面皿分开,使试样面朝上,放入120±5℃干燥箱中干燥至恒重,在干燥器中冷却至室温后称量,全部称量精确至0.01g。所谓恒重,是指30min内前后两次称量,两次质量相差不超过0.01g。

2)试验结果

试验结果为试样干燥后质量占干燥前质量的百分比,取三次试验算术平均值,精确至0.1%。

(4)烧失量

1)F型聚苯板胶粘剂

①试验过程

将约5g试样置于已灼烧恒重的瓷坩埚中,放入120±5℃干燥箱中干燥至恒重,在干燥器中冷却至室温后称量试样灼烧前质量。再放入与外界同温的箱式电阻炉中,然后升温到550±5℃灼烧5h,在干燥器中冷却至室温后称量试样灼烧后质量,全部称量精确至0.01g。

建议使用30mL瓷坩埚。

② 试验结果

试验结果为试样灼烧前后质量差值占灼烧前质量的百分比，取三次试验算术平均值，精确至0.01%。

2）Y 型聚苯板胶粘剂

①试验过程

按固含量试验方法的规定分别测定各组分的固含量。

按 F 型聚苯板胶粘剂烧失量试验方法的规定分别测定各组分的烧失量。

② 试验结果

按式（1－51）计算 Y 型聚苯板胶粘剂烧失量，试验结果为三次试验算术平均值，精确至0.01%。

$$S = \frac{\sum X_i G_i S_i}{\sum X_i G_i} \times 100\% \qquad (1-51)$$

式中　S——Y 型聚苯板胶粘剂烧失量（%）；

X_i——各组分配比；

G_i——各组分固含量（%）；

S_i——各组分烧失量（%）。

（5）与聚苯板的相容性

1）试验过程

采用适宜的卡规测量尺寸 125mm×125mm×25mm，表观密度 18.0±0.2kg/m^3 的聚苯板试样中心部位厚度 H_0，用配制的聚苯板胶粘剂涂抹在聚苯板表面，厚度 3.0±0.5mm，涂抹后立即用另一块聚苯板压在一起，直到四周出现聚苯板胶粘剂。将试样在温度为38℃的干燥箱中放置48h，然后在试验环境中放置24h。

沿试样的对角线至粘结面裁去半块被测试样，测量初测位置的试样厚度 H_0。

2）试验结果

剥蚀厚度按式（1－52）计算，试验结果为三个试样的算术平均值，精确至0.1mm。

$$H = H_0 - H_1 \qquad (1-52)$$

式中　H——剥蚀厚度（mm）；

H_0——试样的初始厚度（mm）；

H_1——试样的最后厚度（m）。

（6）初粘性

1）试验过程

采用适宜的工具，将聚苯板胶粘剂涂抹到尺寸 1200mm×600mm×50mm、表观密度 18.0±0.2kg/m^{3}的聚苯板上，涂抹点对称分布，涂抹点直径 50mm、厚度 6mm，数量 15 个。立即将聚苯板粘贴在垂直的混凝土基层上，均匀施加压力，以保证聚苯板胶粘剂厚度为 3.0±0.1mm，沿聚苯板顶部画一条铅笔线。2h 后测量聚苯板的位置变化。

2）试验结果

试验结果为聚苯板两端滑移量的算术平均值，精确到 1mm。

（7）拉伸粘结强度

1）原理方法是采用聚苯板胶粘剂与聚苯板或水泥砂浆板的粘结体作为试样，测定在正向拉力作用下与试板脱落过程中所承受的最大拉应力，确定聚苯板胶粘剂与聚苯板或水泥砂浆板的拉伸粘结强度。

2）试验材料

① 聚苯板试板：尺寸 70mm×70mm×20mm，表观密度 18.0±0.2kg/m^3，垂直于板面方向的抗

拉强度不小于 0.10MPa，其他性能指标应符合 GB/T 10801.1－2002 规定的要求。

② 水泥砂浆试板：尺寸 70mm×70mm×20mm。普通硅酸盐水泥强度等级 42.5 级，水泥与中砂质量比为 1∶3，水灰比为 0.5。试板应在成型后 20～24h 之间脱模，脱模后在 20±2℃ 水中养护 6d，再在试验环境下空气中养护 21d。水泥砂浆试板的成型面应用砂纸磨平。

③ 高强度胶粘剂：树脂胶粘剂，标准试验条件下固化时间不得大于 24h。

3）试验仪器

① 材料拉力试验机：电子拉力试验机，试验荷载为量程的 20%～80%。

② 试样成型框：材料为金属或硬质塑料，尺寸如图 1－17 所示。

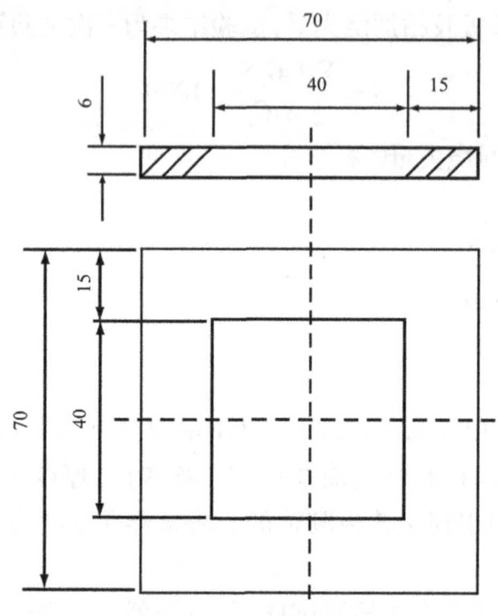

图 1－17　成型框（mm）

③ 拉伸专用夹具：上夹具、下夹具、拉伸垫板尺寸如图 1－18～图 1－20 所示，材料为 45 号钢，拉伸专用夹具装配按图 1－21 所示进行。

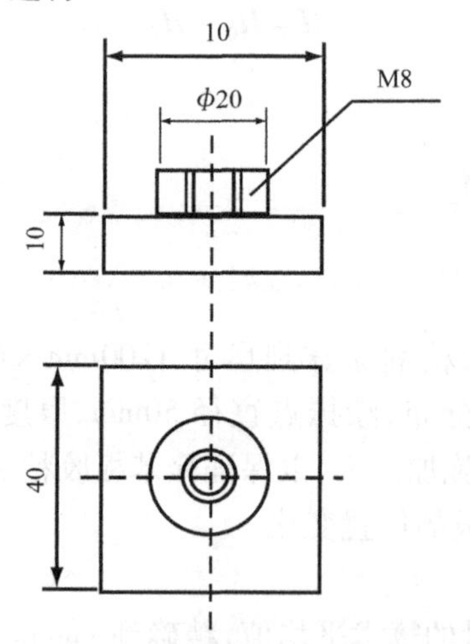

图 1－18　拉伸用上夹具（mm）

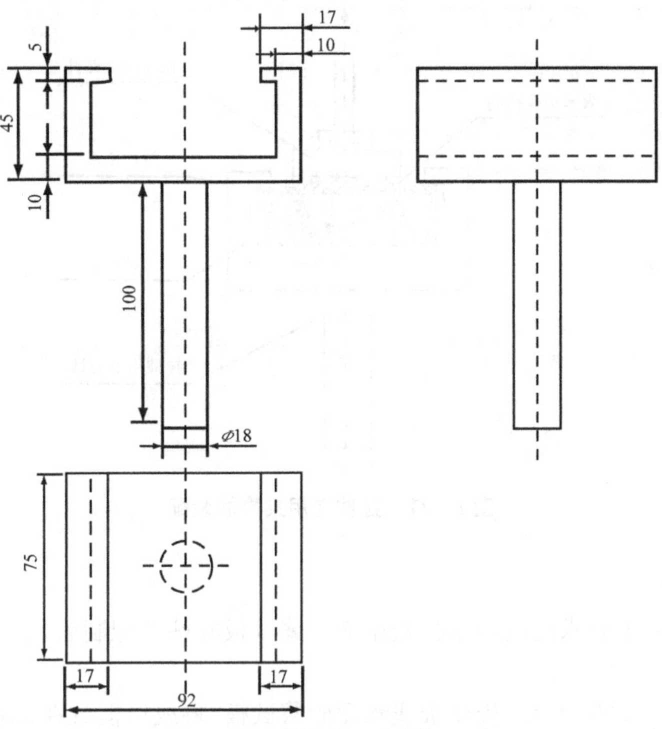

图 1－19　拉伸用下夹具(mm)

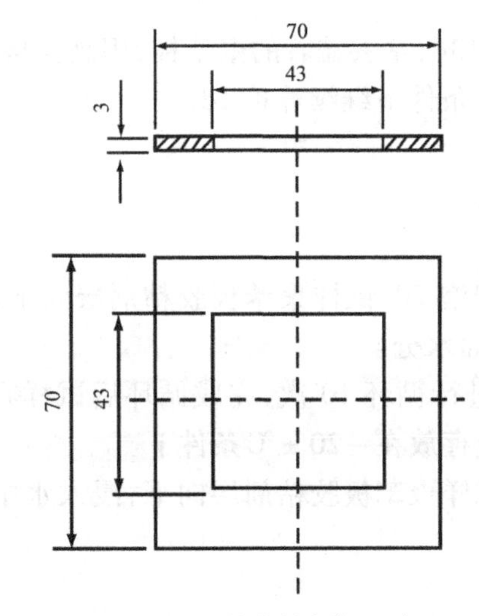

图 1－20　拉伸垫板(mm)

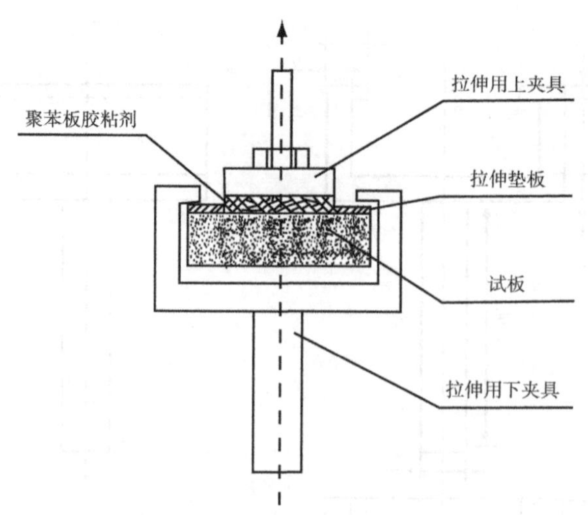

图 1－21 拉伸专用夹具的装配

4）试样制备

① 料浆制备

按生产商使用说明书要求配制聚苯板胶粘剂。聚苯板胶粘剂配制后，放置 15min 使用。

② 成形

根据试验项目确定试板为聚苯板试板或水泥砂浆试板，将成形框放在试板上，将配制好的聚苯板胶粘剂搅拌均匀后填满成形框，用抹灰刀抹平表面，轻轻除去成形框。放置 30min 后，在聚苯板胶粘剂表面盖上聚苯板。每组试样 5 个。

③ 养护

试样在标准试验条件下养护 13d，拿去盖着的聚苯板，用高强度胶粘剂将上夹具与试样聚苯板胶粘剂层粘贴在一起，在标准试验条件下继续养护 1d。

④ 试样处理

将试样按下述条件进行处理：

a. 原强度：无附加条件。

b. 耐水：在 23 ±2℃的水中浸泡 7d，试样聚苯板胶粘剂层向下，浸入水中的深度为 2 ~ 10mm，到期将试样从水中取出并擦拭表面水分。

c. 耐冻融：试样按下述条件进行循环 10 次，完成循环后试样在标准试验条件下放置到室温。当试样处理过程需中断时，试样应存放在 －20 ± ℃条件下。

在 23 ±2℃的水中浸泡 8h，试样聚苯板胶粘剂层向下，浸入水中的深度为 2 ~ 10mm；在 －20 ±2℃的条件下冷冻 16h。

5）试验过程

将拉伸专用夹具及试样安装到试验机上，进行强度测定，拉伸速度 5 ±1mm/min，加荷载至试样破坏，记录试样破坏时的荷载值。

6）试验结果

拉伸粘结强度按式（1－53）计算，试验结果为五个试样的算术平均值，精确至 0.01MPa。

$$R=\frac{F}{A} \tag{1-53}$$

式中 R——试样拉伸粘结强度（MPa）；

F——试样破坏荷载值；

A——粘结面积（mm^2），取 1600mm^2。

（8）可操作时间

1）试验过程

聚苯板胶粘剂配制后，从胶料混合时计时，1.5h后按拉伸粘结强度试验中试样成型方法的规定成型、养护并测定与聚苯板的拉伸粘结强度。

聚苯板胶粘剂胶料混合后也可按生产商要求的时间进行测定，生产商要求的时间不得小于1.5h。

2）试验结果

若符合表1－32的规定，试验结果为1.5h或生产商要求的时间；若不符合表1－32的规定，试验结果为小于1.5h或小于生产商要求的时间。

（9）抗裂性

1）试验材料和仪器

① 混凝土试板：尺寸175mm×70mm×40mm，强度等级C25。

② 试模：材料为金属或硬质塑料，内腔尺寸160mm×40mm，厚度沿160mm方向在0～10mm内连续变化。

2）试验过程

① 将试模放在混凝土试板上，使用配制好的聚苯板胶粘剂填满试模，用抹灰刀压实并抹平表面，立即轻轻除去试模。每组试样3个。

② 试样在标准试验条件下放置28d，目测检查试样有无裂纹。

3）试验结果

① 若试样没有出现裂纹，试验结果为无裂纹。

② 若试样出现裂纹，试验结果为裂纹处聚苯板胶粘剂的最大厚度，精确至1mm。

六、外墙外保温用膨胀聚苯乙烯板抹面胶浆（备选内容）

1. 要求

（1）pH值

Y型抹面胶浆胶液pH值应为生产商规定值±1.0。

（2）固含量

Y型抹面胶浆胶液固含量由生产商规定，其允许偏差应不大于生产商规定值的±10%。

（3）烧失量

抹面胶浆烧失量由生产商规定，其允许偏差应不大于生产商规定值的±10%。

（4）拉伸粘结强度

抹面胶浆与聚苯板拉伸粘结强度性能指标应符合表1－35的要求。

抹面胶浆拉伸粘结强度性能指标　表1－35

项　目		指　标
拉伸粘结强度（MPa）≥	原强度	0.10
	耐水	0.10
	耐冻融	0.10

（5）可操作时间

抹面胶浆可操作时间应不小于1.5h。

（6）压折比

抹面胶浆抗压强度与抗折强度比值应不大于3.0J。

（7）抗冲击性

抹面胶浆抗冲击性应不小于3.0J。

（8）吸水量

抹面胶浆吸水量应不大于500g/m^2。

2. 试验方法

（1）标准试验条件

试验室标准试验条件为：温度23±2℃，相对湿度50%±10%。

（2）试验时间

试样制备、养护及测定时的试验时间精度为±2%。

（3）pH值

按《胶粘剂的pH值测定》GB/T 14518－1993进行。

（4）固含量

1）试验过程

将两块干燥洁净可以互相吻合的表面皿在120±5℃干燥箱内烘30min，取出放入干燥器中冷却至室温后称量。

将试样放在一块表面皿上，另一块凸面向上盖在上面，在天平上准确称取约5g，然后将盖的表面皿反过来，使两块表面皿互相吻合，轻轻压下，再将表面皿分开，使试样面朝上，放入120±5℃干燥箱中干燥至恒重，在干燥器中冷却至室温后称量，全部称量精确至0.01g。所谓恒重，是指30min内前后两次称量，两次质量相差不超过0.0lg。

2）试验结果

试验结果为试样干燥后质量占干燥前质量的百分比，取三次试验算术平均值，精确至0.1%。

（5）烧失量

1）F型抹面胶浆

① 试验过程

将约5g试样置于已灼烧恒重的瓷坩埚中，放入120±5℃干燥箱中干燥至恒重，在干燥器中冷却至室温后称量试样灼烧前质量。再放入与外界同温的箱式电阻炉中，然后升温到550±5℃灼烧5h，在干燥器中冷却至室温后称量试样灼烧后质量，全部称量精确至0.01g。

建议使用30mL瓷坩埚。

② 试验结果

试验结果为试样灼烧前后质量差值占灼烧前质量的百分比，取三次试验算术平均值，精确至0.01%。

2）Y型抹面胶浆

① 试验过程

按（4）的规定分别测定各组分的固含量。

按1）的规定分别测定各组分的烧失量。

② 试验结果

按式（1－54）计算Y型抹面胶浆（聚苯板胶粘剂）烧失量，试验结果为三次试验算术平均值，精确至0.01%。

$$S = \frac{\sum X_i G_i S_i}{\sum X_i G_i} \times 100\% \qquad (1-54)$$

式中 S——Y型聚苯板胶粘剂烧失量（%）；

X_i——各组分配比；

G_i——各组分固含量（%）；

S_i——各组分烧失量（%）。

（6）拉伸粘结强度

1）原理：本方法是采用抹面胶浆与聚苯板的粘结体作为试样，测定在正向拉力作用下与聚苯板脱落过程中所承受的最大拉应力，确定抹面胶浆与聚苯板的拉伸粘结强度。

2）试验材料

① 聚苯板试板：尺寸 70mm×70mm×20mm，表观密度 18.0±0.2kg/m^2，垂直于板面方向的抗拉强度不小于 0.10MPa，其他性能指标应符合 GB/T 10801.1－2002 规定的要求。

② 高强度胶粘剂：树脂胶粘剂，标准试验条件下固化时间不得大于 24h。

3）仪器设备

① 材料拉力试验机：电子拉力试验机，试验荷载为量程的 20%～80%。

② 试样成型框：材料为金属或硬质塑料，尺寸如图 1－18 所示。

③ 拉伸专用夹具：上夹具、下夹具、拉伸垫板尺寸如图 1－18～图 1－20 所示，材料为 45 号钢，拉伸专用夹具装配按图 1－22 所示进行。

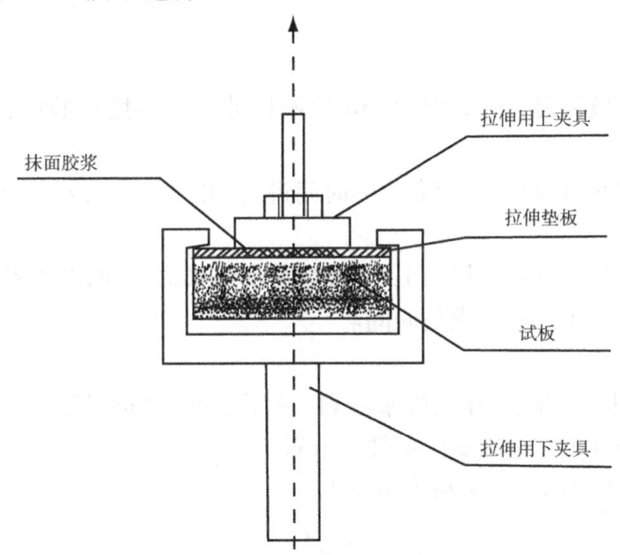

图 1－22　拉伸专用夹具的装配（mm）

4）试样制备

① 料浆制备

按生产商使用说明书要求配制抹面胶浆。抹面胶浆配制后，放置 15min 使用。

② 成型

将成型框放在试板上，将配制好的抹面胶浆搅拌均匀后填满成型框，用抹灰刀抹平表面，轻轻除去成型框。每组试样 5 个。

③ 养护

试样在标准试验条件下养护 13d，用高强度胶粘剂将上夹具与试样抹面胶浆层粘贴在一起，在标准试验条件下继续养护 1d。

④ 试样处理

将试样按下述条件进行处理：

a. 原强度：无附加条件；

b. 耐水：在 23±2℃的水中浸泡 7d，试样抹面胶浆层向下，浸入水中的深度为 2～10mm，到期试样从水中取出并擦拭表面水分；

c. 耐冻融：试样按下述条件进行循环 10 次，完成循环后试样在标准试验条件下放置到室温。当试样处理过程需中断时，试样应存放在－20±2℃条件下。

在 23±2℃的水中浸泡 8h，试样抹面胶浆层向下，浸入水中的深度为 2～10mm；在－20±2℃

的条件下冷冻16h。

5）试验过程

将拉伸专用夹具及试样安装到试验机上，进行强度测定，拉伸速度5±1mm/min，加荷载至试样破坏，记录试样破坏时的荷载值。

6）试验结果

拉伸粘结强度按式(1－55)计算。试验结果为5个试样的算术平均值，精确至0.01MPa。

$$R=\frac{F}{A} \tag{1-55}$$

式中 R——试样拉伸粘结强度(MPa)；

F——试样破坏荷载值(N)；

A——粘结面积(mm^2)，取1600mm^2。

(7)可操作时间

1）试验过程

抹面胶浆配制后，从胶料混合时计时，1.5h后按拉伸粘结强度试验中试样成型方法的规定成型、养护并测定拉伸粘结强度。

抹面胶浆胶料混合后也可按生产商要求的时间进行测定，生产商要求的时间不得小于1.5h。

2）试验结果

若符合表1－35的规定，试验结果为1.5h或生产商要求的时间；若不符合表1－35的规定，试验结果为小于1.5h或小于生产商要求的时间。

(8)压折比

按生产商使用说明书要求配制抹面胶浆胶料，抗压强度、抗折强度测定按GB/T 17671－1999规定的进行，试验养护条件为在标准试验条件下放置28d。

压折比应按式(1－56)计算，结果精确至0.1。

$$T=\frac{R_c}{R_f} \tag{1-56}$$

式中 T——压折比；

R_c——抗压强度(MPa)；

R_f——抗折强度(MPa)。

(9)抗冲击性

1）试验仪器

① 钢球：高碳铬轴承钢钢球，规格分别为：

a. 公称直径50.8mm、质量535g；

b. 公称直径63.5mm、质量1045g。

②抗冲击仪：由装有水平调节旋钮的基底、落球装置和支架组成。

2）试样制备

① 按生产商使用说明书要求配制抹面胶浆胶料，在尺寸600mm×250mm×50mm、表观密度18.0±0.2kg/m^2的聚苯板上抹涂抹面胶浆，压入耐碱网格布。抹面层厚度3.0mm。耐碱网格布位于距离抹面胶浆表面1.0mm处；或按生产商要求的抹面层厚度及耐碱网格布位置，生产商要求的抹面层厚度应为3.0～5.0mm；

② 试样数量根据抗冲击级别确定，每一级别一个；

③ 在标准试验条件下放置14d；

④ 在23±2℃的水中浸泡7d，试样抹面胶浆层向下，浸入水中的深度为2～10mm，然后在标准

试验条件下放置7d。

3）试验过程

① 将试样抹面胶浆层向上，水平放在抗冲击仪的基底上，试样紧贴基底；

② 用公称直径为50.8mm的钢球从冲击重力势能3.0J高度自由落体冲击试样(钢球在0.57m的高度上释放)，每一级别冲击5次，冲击点间距及冲击点与边缘的距离应不小于100mm，试样表面冲击点周围出现环状裂缝视为冲击点破坏。当5次冲击中冲击点破坏次数小于2次时，判定试样未破坏；当5次冲击中冲击点破坏次数不小于2次时，判定试样破坏；

③ 若冲击重力势能3.0J试样未破坏时，将冲击重力势能逐级增加1.0J在未进行冲击的试样上继续试验，直至试样破坏时试验终止。当冲击重力势能大于7.0J时，应使用公称直径为63.5 mm的钢球；

④ 若冲击重力势能3.0J试样破坏时，将重力势能逐级降低1.0J在未进行冲击的试样上继续试验，直至试样未破坏时试验终止。

4）试验结果

试验结果为试样未破坏时的最大冲击重力势能。

(10)吸水量

1）试样制备

① 尺寸与数量:200mm×200mm，试样数量3个；

② 按(9)2)的规定进行制作，在标准试验条件下放置7d。按试验要求的尺寸与数量进行切割，清理试样表面的附着物，试样四周用防水材料密封处理，以保证在随后进行的试验中只有抹面胶浆吸水；

③ 按下述条件进行三个循环，然后在标准试验条件下至少放置24h，当试验过程需中断时，应将在50±5℃的条件下干燥后的试件存放在标准试验条件下。

a. 在23±2℃的水中浸泡24h，试样抹面胶浆层向下，浸入水中的深度为2~10 mm；

b. 在50±5℃的条件下干燥24h。

2）试验过程

用天平称量制备好的试样质量m_0，然后将试样抹面胶浆面向下平稳地放入23±2℃的水中，浸入水中的深度为2~10mm，浸泡24h取出后用湿毛巾迅速擦去试样表面的水分，称其浸水24h后的质量m_1，全部称量精确至0.1g。

3）试验结果

吸水量应按式(1-57)计算，试验结果为5个试样吸水量的算术平均值，精确至1g/m²。

$$M = \frac{(m_1 - m_0)}{A} \tag{1-57}$$

式中 M——吸水量(g/m²)；

m_0——浸水前试样质量(g)；

m_1——浸水后试样质量(g)；

A——试样抹面胶浆浸水部分的面积(m²)。

第七节 热工性能现场检测
——现场建筑围护结构(外墙、屋顶等)传热系数检测

为改善居住建筑室内热环境质量，提高人民居住水平，提高采暖、空调能源利用效率，贯彻执行

国家可持续发展战略，2001 年《夏热冬冷地区居住建筑节能设计标准》JGJ 134－2001 颁布实施。该标准在提出节能 50% 的同时，对建筑物围护结构的热工性能也进行了相应规定。虽然《节能标准》在设计阶段保证了建筑物围护结构的热工性能达到目标要求，但并不能保证建筑物建造完后就能达到节能要求，因为建筑的施工质量同样非常关键。而国内外评价建筑节能是否达标，大多采用建筑热工法现场测量。在建筑热工法现场测量中最关键的一项指标是建筑墙体的传热系数。

围护结构传热系数是表征围护结构传热量大小的一个物理量，是围护结构保温性能的评价指标，也是隔热性能的指标之一，因此这里主要介绍围护结构传热系数的现场检测技术。

一、检测依据

1.《建筑节能工程施工质量验收规范》GB 50411－2007

2.《民用建筑节能工程现场热工性能检测标准》DGJ32/J 23－2006

3.《夏热冬冷地区居住建筑节能设计标准》JGJ 134－2001

4.《绝热材料稳态热阻及有关特性的测定 防护热板法》GB/T 10294－2008

5. 有关建筑节能的相关文件、规定

二、适用范围

以测量热流与温差的方法确定建筑物外围护结构的传热系数。

三、定义

1. 围护结构的热阻

在稳定状态下，与热流方向垂直的物体两表面温度差除以热流密度，可用式（1－58）确定：

$$R=\frac{\Delta t}{q} \quad (1-58)$$

式中 R——建筑构件的热阻（$m^2\cdot K/W$）；

Δt——建筑构件的内外表面温度差（℃）；

q——热流密度（W/m^2）。

在热稳定条件下，建筑构件的热阻可用上式计算。在非稳定条件下，建筑构件的热阻是指较长检测时间的积分值。

2. 围护结构传热阻

围护结构的传热阻是指围护结构传热过程中热流沿途所受到的热阻之和，它主要包括两部分内容：一部分是表面换热阻，另一部分是围护结构的热阻。表面换热阻分为内表面换热阻和外表面换热阻。围护结构传热阻按下式计算：

$$R_0=R_i+R+R_e \quad (1-59)$$

式中 R_i——内表面换热阻，取 0.11（$m^2\cdot K/W$）；

R_e——外表面换热阻，取 0.04（$m^2\cdot K/W$）；

R——围护结构热阻（$m^2\cdot K/W$）。

3. 围护结构热阻的计算

（1）单层结构热阻：

$$R=\delta/\lambda \quad (1-60)$$

式中 δ——材料厚度（m）；

λ——材料导热系数[$W/(m\cdot K)$]。

（2）多层结构热阻

$$R=R_1+R_2+\cdots.+R_n=\delta_1/\lambda_1+\delta_2/\lambda_2+\cdots\cdots+\delta_n/\lambda_n \quad (1-61)$$

式中 R_1、R_2……R_n——各层材料的热阻（$m^2\cdot K/W$）；

δ_1、δ_2……δ_n——各层材料的厚度（m）；

λ_1、λ_2……λ_n——各层材料的导热系数[（W/（m·K）]。

4. 围护结构传热系数

$$K=1/R_0 \quad (1-62)$$

式中 R_0——围护结构传热阻（$m^2\cdot K/W$）。

四、试验方法

1. 热流计法

指用热流计进行热阻测量并计算传热阻或传热系数的测量方法。热流计是建筑能耗测定中常用仪表，该方法是按稳态传热原理设计的测试方法，采用热流计及温度传感器测量通过构件的热量和表面温度，通过计算即可求得建筑物围护结构的热阻和传热系数。当热流通过建筑物围护结构时，由于其热阻存在，在围护结构厚度方向的温度梯度为衰减过程，使该围护结构内外表面具有温差，利用温差与热流量之间的对应关系进行热流量测定。

2. 热箱法

指用标定防护箱对构件进行热阻和传热系数的测量方法。该方法是测定热箱内电加热器所发出的全部通过围护结构的热量及围护结构冷热表面温度。其检测原理为：用人工制造一个一维传热环境，被测部位的内侧用热箱模拟采暖建筑室内条件，并使热箱内和室内空气温度保持一致，另一侧为室外自然条件，这样被测部位的热流总是从室内向室外传递；当热箱内加热量与被测部位的传递热量达平衡时，通过测量热箱的加热量得到被测部位的传热量，经计算得到被测部位的传热系数。

该方法的主要特点：基本不受温度的限制，只要室外平均空气温度在25℃以下，相对湿度在60%以下，热箱内温度大于室外最高温度8℃以上就可以测试。该方法目前尚属研究阶段。

3. 红外热像仪法

红外热像图像法可精确计算出建筑热工检测中所需要的重要数据，如墙体表面温度及墙体传热系数等；通过摄像仪可远距离测定建筑物围护结构的热工缺陷，测得的各种热像图可表征有热工缺陷和无热工缺陷的各种建筑物构造。该方法在分析检测结果时可用作对比参考，目前仍在完善中。

4. 动态测试方法

动态测试方法是采用热流计法，通过热力学方程考虑测试期间温度及热流的较大变化幅度，对测试结果进行分析计算的方法。

以上几种检测方法中，热流计法具有稳定、易操作、精度高、重复性好等优点，是目前国内外常用的现场测试方法，国际标准ISO 9869《建筑构件热阻和传热系数的现场测量》、美国标准ASTM C 1046《建筑围护结构构件热流和温度的现场测量》和ASTM C 1155《由现场数据确定建筑围护结构构件热阻》都对热流计法作了详细规定，被世界各国所接受；热箱法在国内尚属研究阶段，其局限性主要是无法测试热桥部位；而红外热像仪法只能定性分析，难于量化。

五、仪器设备

1. 热流计法所用主要仪器设备

温度热流自动巡回检测仪：该仪器为数据采集仪，可以测量多路温度值和热流值，实现巡回或定点显示、存储、打印等功能，并且可以将存储数据上传给计算机进行处理。

热流计：使用温度100℃以下，标定误差不大于5%。

温度传感器：采用热电偶，测量温度范围为-5~100℃，分辨率为0.1℃，不确定度为-0.5~0.5℃。

风速计、温湿度计、太阳辐射仪等。

2. *热流计法的检测原理*

当热流通过建筑物围护结构时，由于其热阻存在，在厚度方向的温度梯度为衰减过程，使该围护结构内、外表面具有温差，利用温差与热流量之间的对应关系进行热流量测定。

在被测部位布置热流计，在热流计周围的内外表面布置热电偶，通过导线把所测试的各部分连接起来，将测试信号直接输入计算机，通过计算机处理数据。通过热流计的热流即是通过被测对象的热流，并且这个热流平行于温度梯度方向，不考虑向四周的扩散。建筑物围护结构的热流量可通过在该围护结构表面安装平板状热流计测量，由于热流计热阻一般比被测围护结构的热阻小很多，当被测围护结构背面贴上热流计后，传热工况影响很少，可忽略不计。因而在稳定状态下，流过热流计的热流量亦为被测围护结构的热流量。当传热过程稳定后，开始计量。为使测试结果准确，测试时应在连续采暖（人为制造室内外温差亦可）稳定的房间中进行。这样同时测出热流计冷端温度和热端温度，可计算出被测对象的热阻和传热系数。

一般来讲，室内外温差愈大，其测量误差相对愈小，所得结果亦较为精确，其缺点是受季节限制。

根据傅立叶定律，在两侧温差为 ΔT 时，流过热流计的热流量可通过下式计算：

$$q = \Delta T/(\delta/\lambda) \tag{1-63}$$

式中　q——为通过热流计的热流量（W/m^2）；

δ——为热流计的厚度（m）；

λ——为热流计的导热系数[W/(m·℃)]；

ΔT——为被测围护结构加装热流计后，热流计两面的温差。

如果用热电偶测量上述温差，根据热电偶在其测量范围内热电势与温差成正比的关系，可得到通过热流计的热量，为

$$q = C \cdot \Delta E \tag{1-64}$$

式中　ΔE——热电势（mV），可通过温度与热流巡回自动检测仪检测。

C 为热流计系数[$W/(m^2 \cdot mV)$]，其物理意义为：当热流计有单位热电势输出时，通过它的热流量为 C，检测所用的热流计系数 C 是热流计生产厂家按国家标准校定好的已知常数。

3. *热流计法测试构件热阻和传热系数的误差分析*

热流计法用热电偶测量温度，用热流计测量热流，然后计算出被测量结构的传热阻。但是测定的结果与理论计算的结果往往有差别，原因主要是：热电偶选材不好，制作不规范和使用不当等，都会引起寄生电势，增加测量误差；热流计在使用时，需要粘贴在被测构件表面上，由于改变了表面原有的热状态，所以必然引起构件内部和热流计周围温度场与实际情况不符，这就是热流计测量误差；巡检仪本身存在误差；测试现场存在较强的电磁场；测试期间气候不稳定，达不到"一维稳定传热"的要求，围护结构未干透，热桥影响也会引起测量误差。

六、试验步骤

检测时间宜选在最冷月且应避开气温剧烈变化的天气。在设置集中采暖或分散采暖系统的地区，冬季检测应在采暖系统正常运行后进行；在无采暖系统的地区，冬季应采用电暖气人为提高室内温度后进行检测。其他季节可采取人工加热或制冷的方式建立室内外温差。围护结构高温侧表面温度宜高于低温侧 $10/K$℃（K 为围护结构传热系数的数值）以上并且不低于 10℃；在检测过程中的任何时刻均必须高于低温侧表面温度。检测持续时间不应少于96h。检测期间，室内空气温度应保持基本稳定，被测区域外表面宜避免雨雪侵袭和阳光直射。《民用建筑节能工程现场热工性能检测标准》DGJ32/J 23－2006 中对热流计法作出了以下规定。

1. 抽样

(1)抽样比例

1)同一居住小区,围护结构保温措施及建筑平面布局基本相同的建筑物,作为一个样本随机抽样。抽样比例不低于样本比数的10%,至少1幢;不同结构体系建筑、不同保温措施的建筑物应分别抽样检测。公共建筑应逐幢抽样检测。

2)抽样建筑应在顶层与标准层进行至少2处墙体、屋面的热阻检测,至少1组窗气密性检测。

(2)资料要求

抽样检测的工程,检测前提供以下资料:

1)工程设计文件(包括相关设计变更文件及热工计算书);

2)施工图节能审查批准书、工程项目中使用新墙材的证明书及相关检测报告;

3)其他有关资料。

2. 构件表面温度传感器及安装

屋顶、墙体、楼板内外表面温度测点各不得少于3个;表面温度测点应选在构件有代表性的位置。测点位置不应靠近热桥、裂缝和有空气渗漏的部位,不应受加热、制冷装置和风扇的直接影响。

温度传感器应在被测围护结构两侧表面安装。内表面温度传感器应靠近热流计安装,外表面温度传感器宜在与热流计相对应的位置安装。

表面温度传感器连同0.1m长引线应与被测表面紧密接触,应采取有效措施使传感器表面的辐射系数与被测构件表面的辐射系数基本相同。

3. 热流计及安装

热流计及其标定应符合现行行业标准《建筑用热流计》JG/T 3016－1994的规定。

屋顶、墙体、楼板热流测点各不得少于3个;测点应选在构件代表性的位置。

热流计应直接安装在被测围护结构的内表面上,且应与表面完全接触;测点位置不应靠近热桥、裂缝和有空气渗漏的部位,不应受加热、制冷装置和风扇的直接影响。

热流计表面的辐射系数应与被测构件表面的辐射系数基本相同。

4. 测试

检测应在系统正常运行后进行。

自然通风状态检测,持续检测时间应不小于2d,其中天气晴好日不少于1d,逐时记录各点温度、热流数据。

采暖(空调)均匀升(降)温过程不小于1d,恒温过程应不小于5d,降(升)温过程不小于1d,逐时记录各点温度、热流数据。

热阻的计算:

(1)围护结构内、外表面平均温度的逐时值,可按式(1－65)、式(1－66)计算:

$$\theta_{i,i} = \sum \theta_{i,ij} \times A_j / A \tag{1-65}$$

$$\theta_{e,i} = \sum \theta_{e,ij} \times A_j / A \tag{1-66}$$

(2)围护结构热流的逐时值,按式(1－67)计算:

$$Q_i = \sum Q_{ij} \times A_j / n \tag{1-67}$$

(3)热阻采用动态分析法计算,当测试条件符合《采暖居住建筑节能检验标准》JGJ 132－2001时,也可采用算术平均法计算。

1)采用动态分析法进行数据分析时:

采用恒温期5d的测试数据按表1－36的方法计算热阻;

当计算结果满足以下一种状态时,其热阻计算值即为实测值:①分别采用恒温过程的后4d和后3d的测试数据进行拟合,热阻计算值相差不大于5%时的后3d的热阻计算值;②采用恒温过程的后 4d 或后 3d 的测试数据进行拟合计算，其可信度偏差值小于 5% 时的测试数据热阻计算值。

2）采用算术平均法进行数据分析时：

按式（1－68）计算热阻：

$$R=(\theta_i-\theta_e)/Q \tag{1-68}$$

分别采用恒温过程的前 4d 和后 4d 的测试数据进行计算，R 计算值相差不大于 5% 时，采用恒温过程的后 4d 的测试数据计算 R 值。

3）当有确切数据，可以考虑围护结构材料含水率的影响，并对热阻进行修正。

4）传热阻按表 1－36 方法计算。

热阻计算　　**表 1－36**

构件	传热阻 R_0（$m^2\cdot K/W$）	内表面空气换热阻 R_i（$m^2\cdot K/W$）	外表面空气换热阻 R_e（$m^2\cdot K/W$）	热阻 R（$m^2\cdot K/W$）	备注
屋面	$R_i+1.15R+R_e$	0.11	0.04	实测	内、外表面空气换热阻 R_i、R_e 按 GB 50176－1993 取值。本表值为一般取用值
外墙	$R_i+1.15R+R_e$	0.11	0.04	实测	
冷桥	$R_i+1.15R+R_e$	0.11	0.04	实测或计算	
分户墙	$R_i+1.10R+R_e$	0.11	0.11	实测或计算	
楼板	$R_i+1.10R+R_e$	0.11	0.17	实测或计算	
底层通风楼板	$R_i+1.10R+R_e$	0.11	0. 08	实测或计算	

5. 判定规则

（1）检测结果满足设计要求或有关标准时，判断合格。

（2）当其中有一项或若干项目检测结果不满足设计要求或有关标准时，且差距不大于 5%，允许对这些项目进行加倍抽样复检；当加倍抽样复检结果均满足设计要求或有关标准时，判定合格，否则判为不合格。当其中一项或若干项目检测结果不满足设计要求或有关标准时，且差距大于 5% 时，判定这些项目不合格。

七、例题

［**例 1－1**］ 现以 490mm 厚黏土实心砖墙为例（见下图），计算它的传热阻、传热系数。

已知：$R_i=0.11$，$R_e=0.04$，$\delta_1=0.02$，$\lambda_1=0.87\delta_2=0.49$，$\lambda_2=0.81$，

$\delta_3=0.02$，$\lambda_3=0.93$。

$$R_0=R_i+R_1+R_2+R_3+R_e=R_i+\delta_1/\lambda_1+\delta_2/\lambda_2+\delta_3/\lambda_3+R_e$$

$$=0.11+0.02/0.87+0.49/0.81+0.02/0.93+0.04$$

$$=0.11+0.023+0.605+0.022+0.04=0.80$$

$$K=1/R_0=1/0.8=1.25$$

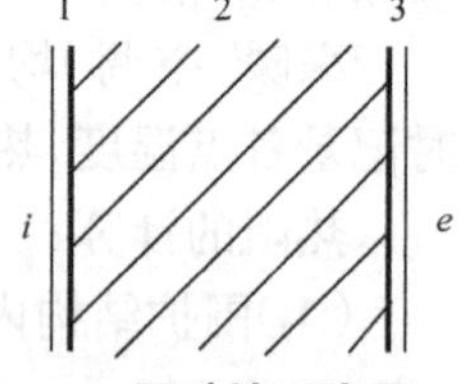

图砖墙示意图

［**例 1－2**］ 某墙体 96h 采集的温度、热流密度（见下表），求传热阻、传热系数的平均值。

温度热流密度表

位置 ＼ 数据	外壁温度（℃）	内壁温度（℃）	热流密度（W/m^2）
1	－3.29	17.07	5.916
2	－3.38	16.82	5.104
3	－3.23	17.30	5.452
平均值	/		

墙体的热阻：

位置1：$R=\frac{\Delta t}{q}(17.07+3.29)/5.916=3.4415$

位置2：$R=\frac{\Delta t}{q}=(16.82+3.38)/5.104=3.9577$

位置3：$R=\frac{\Delta t}{q}=(17.30+3.23)/5.452=3.7656$

墙体的传热阻：

位置1：$R_0=R_i+R+R_e=0.04+3.4415+0.11=3.5915$

位置2：$R_0=R_i+R+R_e=0.04+3.9577+0.11=4.1077$

位置3：$R_0=R_i+R+R_e=0.04+3.7656+0.11=3.9156$

墙体的传热系数：

位置1：$K=1/R_0=1/3.5915=0.278$

位置2：$K=1/R_0=1/4.1077=0.243$

位置3：$K=1/R_0=1/3.9156=0.255$

平均值：$K=0.259$

思　考　题

1. 写出围护结构的热阻、传热阻、传热系数定义及公式。
2. 围护结构传热系数的试验方法有哪些？
3. 热流计法的测试原理。
4. 热流计法误差的影响因素有哪些？

第八节　围护结构实体外墙节能构造钻芯检验方法

一、概念

现场实体检验

在监理工程师或建设单位代表见证下，对已经完成施工作业的分项或分部工程，按照有关规定在工程实体上抽取试样，在现场进行检验或送至有见证检测资质的检测机构进行检验活动，简称实体检验或现场检验。

二、检测依据

《建筑节能工程施工质量验收规范》GB 50411－2007 附录C 外墙节能构造钻芯检验方法。

三、仪器设备及环境

1. 钻芯机
2. 钢尺
3. 照相机

四、取样及制备要求（检测规则）

1. C.0.1 方法适用于检验带有保温层的建筑外墙其节能构造是否符合设计要求。
2. C.0.2 钻芯检验外墙节能构造应在墙体施工完工后、节能分部工程验收前进行。

3. C.0.3 钻芯检验外墙节能构造的取样部位和数量，应遵守下列规定：

（1）取样部位应由监理（建设）与施工双方共同确定，不得在外墙施工前预先确定；

（2）取样位置应选取节能构造有代表性的外墙上相对隐蔽的部位，并宜兼顾不同朝向和楼层；取样部位必须确保安全钻芯操作安全，且应方便操作。

（3）外墙取样数量为一个单位工程每种节能保温做法至少取3个芯样。取样部位宜均匀分布，不宜在同一个房间外墙上取2个或2个以上芯样。

4. C.0.4 钻芯检验外墙节能构造应在监理（建设）人员见证下实施。

五、操作步骤（检测方法）

1. C.0.5 钻芯检验外墙节能构造可采用空心钻头，从保温层一侧钻取直径70mm的芯样。钻取芯样深度为钻透保温层到达结构层或基层表面，必要时也可钻透墙体。

当外墙的表层坚硬不易钻透时，也可局部剔除坚硬的面层后钻取芯样。但钻取芯样后应恢复原有的表面装饰层。

2. C.0.6 钻取芯样时应尽量避免冷却水流入墙体内及污染墙面。

从空心钻头中取出芯样时应谨慎操作，以保持芯样完整。当芯样严重破损难以准确判断节能构造或保温层厚度时，应重新取样检验。

3. C.0.7 对钻取的芯样，应按照下列规定进行检查：

（1）对照设计图纸观察、判断保温材料种类是否符合设计要求；必要时也可采用其他方法加以判断；

（2）用分度值为1mm的钢尺，在垂直于芯样表面（外墙面）的方向上量取保温层厚度，精确到1mm；

（3）观察或剖开检查保温层构造做法是否符合设计和施工方案要求。

六、数据处理与结果判定（判定标准、报告内容及取样后处理）

1. C.0.8 在垂直于芯样表面（外墙面）的方向上实测芯样保温层厚度，当实测芯样厚度的平均值达到设计厚度的95%及以上且最小值不低于设计厚度的90%时，应判定保温层厚度符合设计要求；否则，应判定保温层厚度不符合设计要求。

2. C.0.9 实施钻芯检验外墙节能构造的机构应出具检验报告。检验报告的格式可参照表C.0.9样式。检验报告至少应包括下列内容：

（1）抽样方法、抽样数量与抽样部位；

（2）芯样状态的描述；

（3）实测保温层厚度，设计要求厚度；

（4）按照《建筑节能工程施工质量验收规范》GB50411－2007第14.1.2条的检验目的给出是否符合设计要求的检验结论；

（5）附有带标尺的芯样照片并在照片上注明每个芯样的取样部位；

（6）监理（建设）单位取样见证人的见证意见；

（7）参加现场检验的人员及现场检验时间；

（8）检测发现的其他情况和相关信息。

3. C.0.10 当取样检验结果不符合设计要求时，应委托具备检测资质的见证检测机构增加一倍数量再次取样检验。仍不符合设计要求时应判定围护结构节能构造不符合设计要求。此时应根据检验结果委托原设计单位或其他有资质的单位重新验算房屋的热工性能，提出技术处理方案。

4. C.0.11 外墙取样部位的修补，可采用聚苯板或其他保温材料制成的圆柱形塞填充并用建筑密封胶密封。修补后宜在取样部位挂贴注有"外墙节能构造检验点"的标志牌。

七、实例

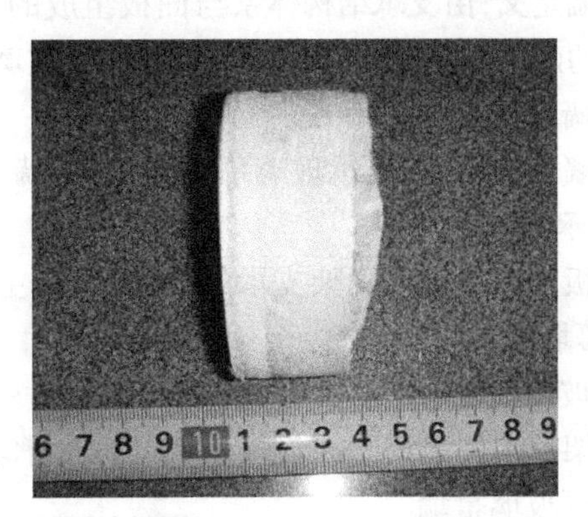

图1－23　钻芯取样试样图

第九节　幕墙玻璃节能检测方法

本教材根据江苏省地方标准《建设工程质量检测规程》DGJ 32/J21－2006要求编写，本教材主要内容为幕墙玻璃及隔热型材的节能性能检测。

幕墙玻璃节能性能检测内容根据《建筑节能工程施工质量验收规范》GB 50411－2007对幕墙节能工程要求：

第5.2.2条：幕墙节能工程使用的保温隔热材料，其导热系数、密度、燃烧性能应符合设计要求。幕墙玻璃的传热系数、遮阳系数、可见光透射比、中空玻璃露点应符合设计要求。（强制性条文）

检验方法：核查质量证明文件和复验报告。

检验数量：全数核查。

第5.2.3条：幕墙节能工程使用的材料、构件等进场时，应对其下列性能进行复验，复验应为见证取样送检：

（1）保温材料：导热系数、密度；

（2）幕墙玻璃：可见光透射比、传热系数、遮阳系数、中空玻璃露点；

（3）隔热型材：抗拉强度、抗剪强度。

检验方法：进场时抽样复验，验收时核查复验报告。

检验数量：同一厂家的同一种产品抽查数量不少于一组。

第5.2.4条：幕墙的气密性能应符合设计规定的等级要求。当幕墙面积大于3000m^2或建筑外墙面积50%时，应现场抽取材料和配件，在检测试验室安装制作试件进行气密性能检测，检测结果应符合设计规定的等级要求。

检验方法：观察及启闭检查；核查隐蔽工程验收记录、幕墙气密性能检测报告、见证记录。

气密性能检测试件应包括幕墙的典型单元、典型拼缝、典型可开启部分。试件应按照幕墙工程施工图进行设计。试件设计应经建筑设计单位项目负责人、监理工程师同意并确认。气密性能的检测应按照国家现行有关标准的规定执行。

检查数量：核查全部质量证明文件和性能检测报告。现场观察及启闭检查按检验批抽查30%，并不少于5件（处）。气密性能检测应对一个单位工程中面积超过1000m^2的每一种幕墙均抽取一个试件进行检测。

本教材主要介绍幕墙玻璃可见光透射比、传热系数、遮阳系数、中空玻璃露点、隔热型材抗拉强度、抗剪强度现行国家和行业标准检测方法。

一、玻璃幕墙的种类

建筑幕墙定义:由支承结构体系与面板组成的、可相对主体结构有一定位移能力、不分担主体结构所受作用的建筑外围护结构或装饰性结构(《玻璃幕墙工程技术规范》JGJ 102-2003 第 2.1.1 条)。

玻璃幕墙的种类

玻璃幕墙种类有:框支承玻璃幕墙、全玻幕墙、点支承玻璃幕墙、单元式玻璃幕墙、斜玻璃幕墙。

1. 框支承玻璃幕墙

玻璃面板周边由金属框架支承的玻璃幕墙,主要包括下列类型:

(1)按幕墙形式,可分为:

1)明框玻璃幕墙

金属框架的构件显露于面板外表面的框支承玻璃幕墙。

2)半隐框玻璃幕墙

金属框架的竖向或横向构件显露于面板外表面的框支承玻璃幕墙。

3)隐框玻璃幕墙

金属框架的构件完全不显露于面板外表面的框支承玻璃幕墙。

(2)按幕墙安装施工方法,可分为:

1)单元式玻璃幕墙

将面板和金属框架(横梁、立柱)在工厂组装为幕墙单元,以幕墙单元形式在现场完成安装施工的框支承玻璃幕墙。

2)构件式幕墙

在现场依次安装立柱、横梁和玻璃面板的框支承玻璃幕墙。

2. 全玻幕墙

由玻璃肋和玻璃面板构成的玻璃幕墙。

3. 点支承玻璃幕墙

由玻璃面板、点支承装置和支承结构构成的玻璃幕墙。

4. 斜玻璃幕墙

与水平夹角大于 75°且小于 90°的玻璃幕墙。

二、幕墙玻璃及通用要求

1. 一般要求

玻璃幕墙工程所使用的各种材料、构件和组件的质量,应符合设计要求及国家现行产品标准和工程技术规范的规定。检验方法:检查材料、构件、组件的产品合格证书、进场验收记录、性能检测报告和材料的复验报告(《建筑装饰装修工程质量验收规范》GB 50210-2001 第 9.2.2 条)。

2. 幕墙玻璃的一般要求

(1)幕墙应使用安全玻璃,玻璃的品种、规格、颜色、光学性能及安装方向应符合设计要求(GB 50210-2001 第 9.2.4 条)。

(2)幕墙玻璃的厚度不应小于 6.0mm(GB 50210-2001 第 9.2.4 条)。

全玻幕墙面板板玻璃的厚度不宜小于 10mm;夹层玻璃单片厚度不应小于 8mm(JGJ 102-2003 第 7.2.1 条)。

全玻幕墙玻璃肋的截面厚度不应小于 12mm,截面高度不应小于 100mm(JGJ 102-2003 第 7.3.1 条强制性条文)。

采用浮头式连接件的幕墙玻璃厚度不应小于 6mm;采用沉头式连接件的幕墙玻璃厚度不应小

于8mm。安装连接件的夹层玻璃和中空玻璃，其单片厚度也应符合上述要求（JGJ 102－2003 第8.1.2条强制性条文）。

（3）幕墙的中空玻璃应采用双道密封。一道密封应采用丁基热熔密封胶。隐框、半隐框及点支承玻璃幕墙用中空玻璃的两道密封应采用硅酮结构胶；明框玻璃幕墙用中空玻璃的两道密封宜采用聚硫类中空玻璃密封胶，也可采用硅酮密封胶；

中空玻璃气体层厚度不应小于9.0mm（JGJ 102－2003 第3.4.3条）。

镀膜面应在中空玻璃的第2或第3面上（GB50210－2001 第9.2.4条）。

（4）幕墙的夹层玻璃应采用聚乙烯醇缩丁醛（PVB）胶片干法加工合成的夹层玻璃。点支承玻璃幕墙夹层玻璃的夹层胶片（PVB）厚度不应小于0.76mm（GB 50210－2001 第9.2.4条）。

（5）幕墙玻璃应进行机械磨边处理。磨轮的目数应在180目以上。点支承幕墙玻璃的孔、板边缘均应进行磨边和倒棱，磨边宜细磨，倒棱宽度不宜小于1mm（JGJ 102－2003 第3.4.4条）。

（6）钢化玻璃表面不得有损伤；8.0mm以下的钢化玻璃应进行引爆处理（GB 50210－2001 第9.2.4条）。

（7）玻璃幕墙采用单片低幅射镀膜玻璃时，应使用在线热喷涂低幅射镀膜玻璃；离线镀膜的低幅射镀膜玻璃宜加工成中空玻璃使用，且镀膜面应朝向中空气体层（JGJ 102－2003 第3.4.7条）。

（8）　有防火要求的幕墙玻璃，应根据防火等级要求，采用单片防火玻璃或其制品（JGJ 102－2003 第3.4.7条）。

3. 幕墙玻璃种类（表1－37）

玻璃及相关产品标准　　表1－37

序号	标准号	标准名称
1	GB 11614－1999	浮法玻璃
2	GB/T 11944－2002	中空玻璃
3	GB 15763.2－2005 部分代替	幕墙用钢化玻璃与半钢化玻璃
4	GB 15763.1－2005	建筑用安全玻璃：防火玻璃
5	GB 15763.2－2005	建筑用安全玻璃：钢化玻璃
6	GB/T 9962－1999	夹层玻璃
7	GB/T 18915.1－2002	镀膜玻璃 第1部分：阳光控制镀膜玻璃
8	GB/T 18915.2－2002	镀膜玻璃 第2部分：低辐射镀膜玻璃
9	JC 846－2007	贴膜玻璃

4. 玻璃幕墙中的镀膜玻璃

玻璃选用与建筑幕墙所在地区有密切关系，我国幅员辽阔、气候条件差异很大，为了使建筑热工设计与地区气候相适应，《民用建筑热工设计规范》GB 50176－1993 将全国划分成五个区，即严寒、寒冷、夏热冬冷、夏热冬暖和温和地区。

《公共建筑节能设计标准》GB 50189－2005 划分主要城市所处气候分区　　表1－38

气候分区	代表性城市
严寒地区A区	海伦、博克图、伊春、呼玛、海拉尔、满洲里、齐齐哈尔、富锦、哈尔滨、牡丹江、克拉玛依、佳木斯、安达

续表

气候分区	代表性城市
严寒地区B区	长春、乌鲁木齐、延吉、通辽、通化、四平、呼和浩特、抚顺、大柴旦、沈阳、大同、本溪、阜新、哈密、鞍山、张家口、酒泉、伊宁、吐鲁番、西宁、银川、丹东
寒冷地区	兰州、太原、唐山、阿坝、喀什、北京、天津、大连、阳泉、平凉、石家庄、德州、晋城、天水、西安、拉萨、康定、济南、青岛、安阳、郑州、洛阳、宝鸡、徐州
夏热冬冷地区	南京、蚌埠、盐城、南通、合肥、安庆、九江、武汉、黄石、岳阳、汉中、安康、上海、杭州、宁波、宜昌、长沙、南昌、株洲、永州、赣州、韶关、桂林、重庆、达县、万州、涪陵、南充、宜宾、成都、贵阳、遵义、凯里、绵阳
夏热冬暖地区	福州、莆田、龙岩、梅州、兴宁、英德、河池、柳州、贺州、泉州、厦门、广州、深圳、湛江、汕头、海口、南宁、北海、梧州

建筑节能设计要求：在冬季最大限度利用自然能来取暖，多获得热量和减少热损耗；夏季最大限度减少得热并利用自然能降温、冷却，以达到节能目的。

玻璃幕墙对建筑耗能高低的影响主要有两个方面，一是玻璃幕墙的热工性能影响到冬季采暖，夏季空调室内外温差传热；另外就是幕墙玻璃受太阳辐射影响而造成的建筑室内的热。冬季，通过玻璃幕墙进入室内的太阳辐射热有利于建筑的节能，因此减少玻璃幕墙的传热系数，抑制室温传热是降低玻璃幕墙热损耗的主要途径之一；夏季通过玻璃幕墙进入室内的太阳辐射热成为空调降温的主要负荷，因此，减少进入室内的太阳辐射热以及减少玻璃幕墙的温度传热都是降低空调能耗的途径。

在严寒和寒冷地区，采暖期室内外温差传热的热量损失占主导地位。因此，对幕墙的传热系数的要求高于南方地区。反之，在夏热冬暖和夏热冬冷地区，空调期太阳辐射热所引起的负荷可能成了主要矛盾，因此，对幕墙玻璃的遮阳系数的要求高于北方地区。玻璃幕墙节能设计主要采用镀膜玻璃。

镀膜玻璃分为阳光控制镀膜玻璃和低辐射镀膜玻璃。低辐射镀膜玻璃又分为高透型玻璃和遮阳型玻璃。

遮阳型玻璃（sun－E 玻璃），它除了具有反射远红外线功能外，还可对阳光有一定控制作用。高透型玻璃适用于高纬、高寒地区；遮阳型玻璃用于夏热冬冷地区比较合适。

（1）《镀膜玻璃 第一部分 阳光控制镀膜玻璃》GB/T 18915.1－2002

阳光控制镀膜玻璃是对波长 350～1800nm（0.35～1.8μm）的太阳光（图 1－24）具有一定控制作用的镀膜玻璃。

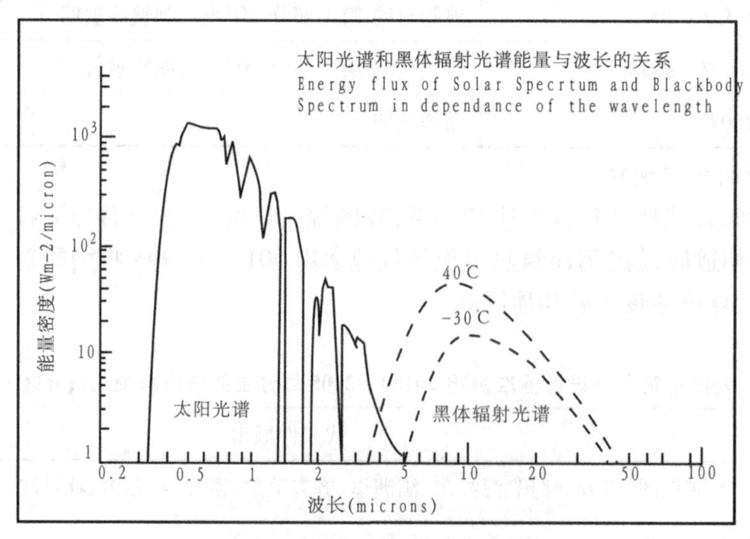

图 1－24 不同光的波长和能量密度关系

阳光控制镀膜玻璃的技术要求：

1）光学性能

光学性能包括：紫外线透射比、可见光透射比、可见光反射比、太阳光直接透射比、太阳光直接反射比和太阳能总透射比，其差值应符合表1－39规定。

阳光控制镀膜玻璃的光学性能要求　**表1－39**

项目	允许偏差最大值（明示标称值）		允许最大差值（未明示标称值）	
可见光透射比大于30%	优等品	合格品	优等品	合格品
	±1.5%	±2.5%	≤3.0%	≤5.0%
可见光透射比小于30%	优等品	合格品	优等品	合格品
	±1.0%	±2.0%	≤2.0%	≤4.0%

注：对于明示标称值（系列值）的产品，以标称值作为偏差的基准，偏差的最大值应符合本表的规定；对于未明示标称值的产品，则取三块试样进行测试，三块试样之间差值的最大值应符合本表的规定。

2）颜色均匀性

阳光控制镀膜玻璃的颜色均匀性，采用CIELAB均匀色空间的色差Δ_{ab}^*来表示，单位CIELAB。阳光控制镀膜玻璃的反射色色差优等品不得大于2.5 CIELAB，合格品不得大于3.0 CIELAB。

3）耐磨性

阳光控制镀膜玻璃的耐磨性，按GB/T 18915.1－2002第6.6节进行试验，试验前后可见光透射比平均值的差值的绝对值不应大于4%。

4）耐酸性

阳光控制镀膜玻璃的耐酸性，按GB/T 18915.1－2002第6.7节进行试验；试验前后可见光透射比平均值的差值的绝对值不应大于4%；并且膜层不能有明显的变化。

5）耐碱性

阳光控制镀膜玻璃的耐碱性，按GB/T 18915.1－2002第6.8节进行试验；试验前后可见光透射比平均值的差值的绝对值不应大于4%；并且膜层不能有明显的变化。

阳光控制镀膜玻璃是在透明玻璃上镀1～3层适当厚度的膜层，镀膜玻璃的透射率、反射率即发生显著变化，镀膜玻璃的可见光及太阳辐射能的透射率降低，反射率升高，此种镀膜玻璃称之为阳光控制镀膜玻璃或太阳能控制镀膜玻璃，又称为热反射玻璃，其膜系的结构示意图如图1－25所示。

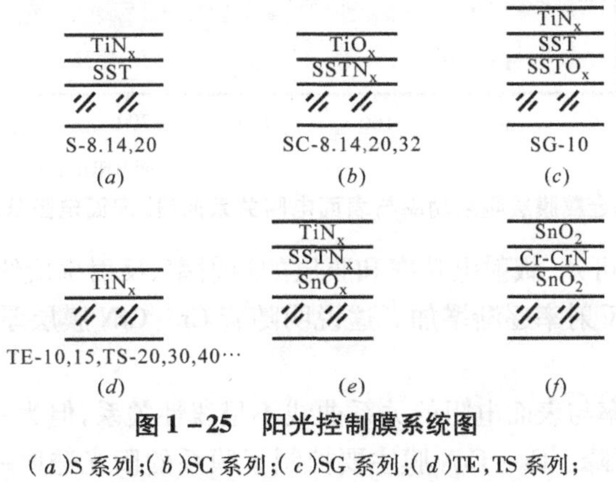

TiN_x / SST — S-8.14,20 (a)
TiO_x / $SSTN_x$ — SC-8.14,20,32 (b)
TiN_x / SST / $SSTO_x$ — SG-10 (c)
TiN_x — TE-10,15,TS-20,30,40… (d)
TiN_x / $SSTN_x$ / SnO_x — (e)
SnO_2 / Cr-CrN / SnO_2 — (f)

图1－25　阳光控制膜系统图

（*a*）S系列；（*b*）SC系列；（*c*）SG系列；（*d*）TE，TS系列；（*e*）PASTELS系列；（*f*）Sn－Cr/CrN－Sn系列

现对具有Sn、Cr、Sn三个靶的生产线所制得的阳光控制镀膜玻璃其各层膜的特性加以阐述，镀膜玻璃生产时，第一、二、三层膜层是顺序镀膜的，从各层不同厚度膜层的阳光控制镀膜玻璃的测定

结果得知，中间一层 Cr－CrN 混合物膜，对阳光控制镀膜玻璃的透射率、反射率起主导作用，它是膜系的主功能层，为了叙述方便，先阐述 Cr－CrN 膜层。由图 1－25 阳光控制膜系图（*f*）可知，中间一层是 Cr－CrN 混合膜，对不同厚度的 Cr－CrN 膜样品，分别测定溅射电功率与透射率、反射率、表面电阻的关系，如图 1－26～图 1－28 所示。

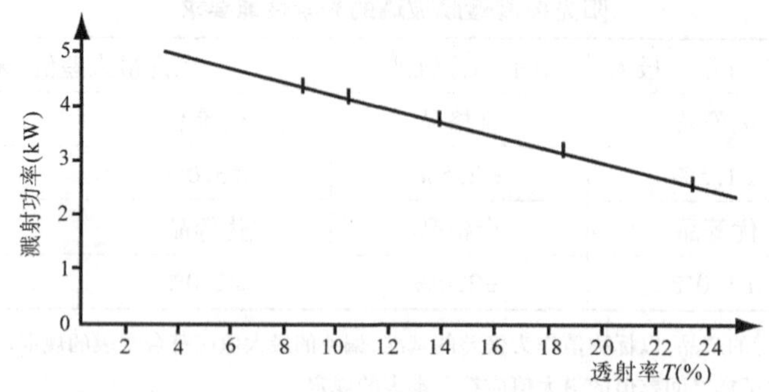

图 1－26 阳光控制膜金属膜层溅射功率与透射率关系曲线（透射率从膜面测得）

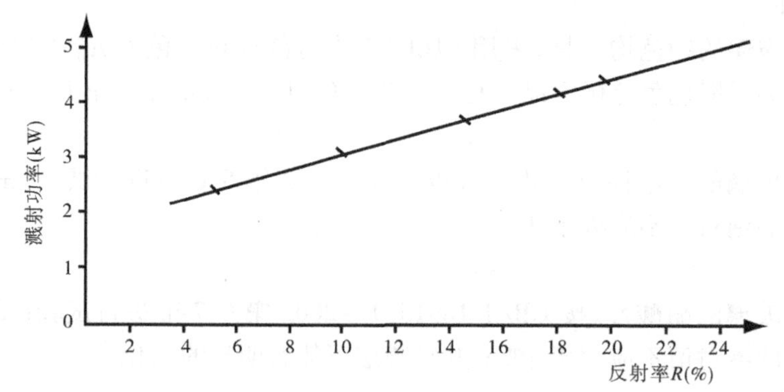

图 1－27 阳光控制膜金属膜层溅射功率与透射率关系曲线（透射率从膜面测得）

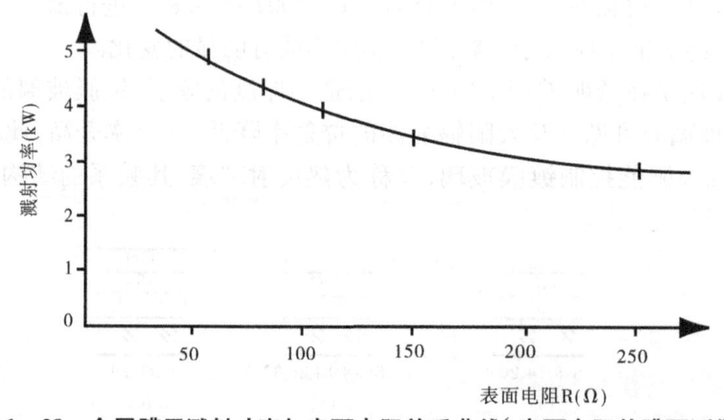

图 1－28 金属膜层溅射功率与表面电阻关系曲线（表面电阻从膜面测得）

由图 1－26、图 1－27 可知，溅射电功率和膜层的透射率、反射率成线性关系。随着溅射电功率的增加，透射率逐渐减小，反射率逐渐增加。这说明随着 Cr－CrN 膜层厚度的增加，透射率减小，反射率增加。

图 1－28 中溅射电功率与表面电阻的关系曲线不呈线性关系，但为一条有规律的曲线，随着膜厚的增加，表面电阻逐渐下降。Cr－CrN 膜主要控制了膜系的阳光透射率和反射率，决定着整个膜系的遮阳系数。当膜层的透射率从 8%～35%变化时，其遮阳系数从 0.25 变化至 0.55。

第一层 SnO_2 膜的测定条件，是在保持第二层 SnO_2 膜层厚度不变，并恒定膜系的光透射率为 20%±1.5%。通过逐步增加第一层 SnO_2 膜的厚度，鉴别反射光的颜色，其结果见表 1－40。

第一层 SnO_2 膜厚与膜系反射色关系表 表 1-40

第一层 SnO_2 膜溅射电功率(kW)	4~6	5	7~9	10~15	17~18
膜厚度(nm)	18~22	30	40	80	90
反射光	灰色	金黄色	青铜色	蓝色	绿色

实际上,随着第一层 SnO_2 膜厚度的变化,各种颜色变化是逐渐过渡的。其中金黄色的区域比较小,银色、青铜色和蓝色比较稳定,反射色区域比较开阔。

在 SnO_2 膜形成过程中,伴随着化学反应:

$$Sn + O_2 \rightarrow SnO_2$$

这一反应是在溅射室内发生的,形成 SnO_2 与玻璃的 SiO_2 在结构上相似,SnO_2 膜与玻璃表面之间是通过分子键的物理结合,能比较牢固地结合在一起,从而保证了膜层的牢固度。图 1-29 所示的第一层介质膜的膜厚与膜反射率的关系曲线存在一个转折点。在介质膜的膜层较薄阶段,膜系的反射率随着膜厚的增加而下降,达到转折点(转折点在溅射功率为 7~9kW 之间,厚度为 35~45nm 之间,反射率为 13%~14%)后,随着厚度的逐渐增加,反射率逐渐上升。这种现象的出现原因如下:金属膜层的反射率比该介质膜层的高,当在较高反射率的膜面上涂加一层反射率较低的膜层时,会降低整个膜系的反射率,而且表面上反射率较低的膜层越厚,其影响越大,因此,就出现了在开始阶段随着第一层介质膜厚度的增加,反射率逐渐下降的现象。但是,当介质膜厚度增加到一定程度时,对光线起主导反射作用的膜,由金属膜转为第一层介质膜,金属膜对反射率的作用已变得较小,所以就会出现经过一个转折点后,膜系的反射率随着第一层介质膜厚度的增加而上升。

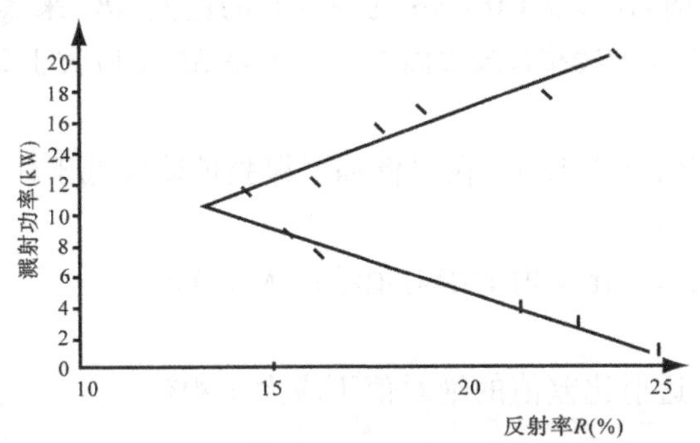

图 1-29 第一层介质膜溅射电功率与膜系反射率关系曲线

当仅镀 Cr-CrN 及第二层 SnO_2 膜,并保持透射率不变(透射率保持在 20% ±1.5%)时,测得不同厚度的第二层 SnO_2 膜与膜系反射率的关系如图 1-30 所示。

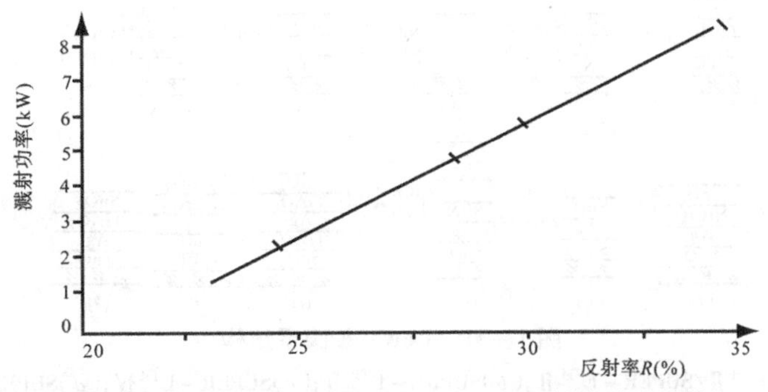

图 1-30 第二层介质膜溅射电功率与反射率关系曲线

由图 1-30 可知:膜系的反射率随着第二层 SnO_2 膜厚度的增加而逐渐上升。这是由于第二层 SnO_2 膜位于反射率较高的 Cr-CrN 膜的后面,增加了膜系的厚度,而使膜系的反射率增加。这与

第一层 SnO_2 膜对膜系反射率的影响有所区别。这层 SnO_2 膜致密度较高，是 Cr－CrN 膜较为理想的保护膜层。

综上所述，阳光控制玻璃各层膜的功能归纳为：第一层膜的厚度决定镀膜玻璃反射光的颜色；第二层膜的厚度决定镀膜玻璃的透射率和反射率；第三层膜对镀膜玻璃的膜层主要起保护作用，其厚度对镀膜玻璃的反射率也有一定的影响。

（2）《镀膜玻璃 第二部份 低辐射镀膜玻璃》GB/T 18915.2－2002（于 2002 年 12 月 17 日发布，2003 年 6 月 1 日实施）。

低辐射镀膜玻璃是一种对波长 4.5～25μm 的远红外线有较高反射比的镀膜玻璃。低辐射镀膜玻璃还可以复合阳光控制功能，称为阳光控制低辐射玻璃。

1）光学性能

低辐射镀膜玻璃的光学性能包括：紫外线透射比、可见光透射比、可见光反射比、太阳光直接透射比、太阳光直接反射比和太阳能总透射比。这些性能的差值应符合表 1－41 规定。

低辐射镀膜玻璃的光学性能要求表 **表 1－41**

项目	允许偏差最大值（明示标称值）	允许最大差值（未明示标称值）
指标	±1.5	≤3.0

注：对于明示标称值（系列值）的产品，以标称值作为偏差的基准，偏差的最大值应符合本表的规定；对于未明示标称值的产品，则取三块试样进行测试，三块试样之间差值的最大值应符合本表的规定。

2）颜色均匀性

低辐射镀膜玻璃的颜色均匀性，以 CIELAB 均匀空间的色差 ΔE^* 来表示，单位：CIELAB。测量低辐射镀膜玻璃在使用时朝向室外的表面，该表面的反射色差 ΔE 不应大于 2.5 CIELAB 色差单位。

3）辐射率

离线低辐射镀膜玻璃应低于 0.15u。在线低辐射镀膜玻璃应低于 0.25u。

4）耐磨性

试验前后试样的可见光透射比差值的绝对值不应大于 4% 。

5）耐酸性

试验前后试样的可见光透射比差值的绝对值不应大于 4% 。

6）耐碱性

试验前后试样的可见光透射比差值的绝对值不应大于 4% 。

低辐射膜（Low－E）镀膜玻璃是表面镀有低辐射膜系的镀膜玻璃，其膜系结构有多种，如图 1－31 所示。

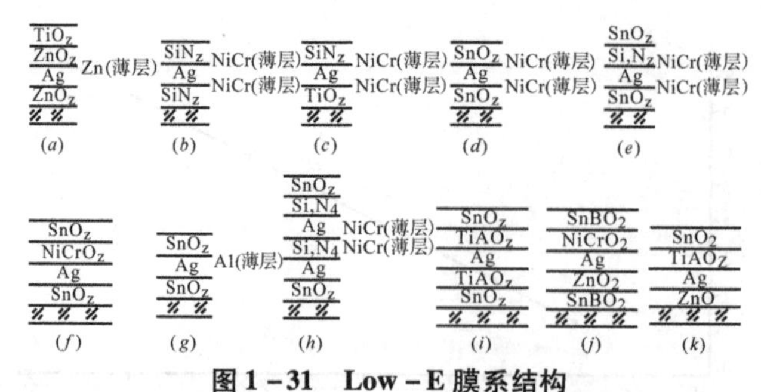

图 1－31 Low－E 膜系结构

（*a*）SUPERE™ Ⅱ/SUPER－E™ Ⅱ；（*b*）SUPRE－E™ Ⅱ；（*c*）SUPER－E™ Ⅳ；（*d*）SUPRE－™ Ⅴ；
（*e*）SUPRE－E™ Ⅵ；（*f*）Sn/NiCr/Ag/Sn；（*g*）Sn/Ag/Sn；（*h*）DOUBLESUPER · E™ Ⅵ；
（*i*）Sn/TiA/Ag/TiA/Sn；（*j*）SnB/NiCr/AG/Zn/SnB；（*k*）Sn/TiA/Ag/Zn

注：TiA 为钛基合金；SnB 为锡基合金

以图 1－31(g)的膜系为例,将各层膜的特性阐述如下:

膜系中第一层是 SnO_2 膜,其作用与阳光控制膜系中的介质膜相同,金属膜是低辐射膜系中的主功能膜层。金属膜的厚度与表面电阻及表面电阻与透射率的关系见图 1－32 及图 1－33。图上的金属膜层是银膜的实测数据。在银膜上再镀上一层很薄(厚度为 1～2nm)的铝膜。

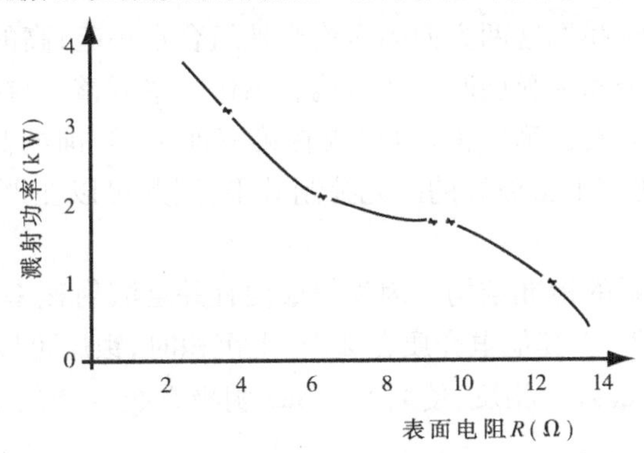

图 1－32　银膜溅射电功率与表面电阻关系曲线

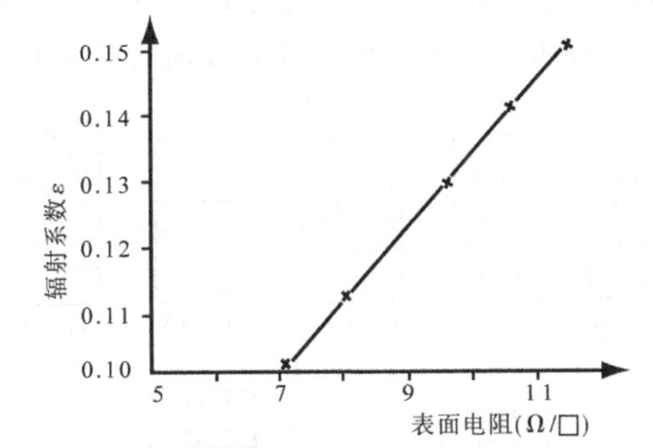

图 1－33　金属膜表面电阻与辐射率关系曲线
(金属膜厚度在 10mm 左右)

金属膜层的表面电阻随膜厚的增加而逐渐减少,无线性关系,如图 1－32 所示。

从另一测定得出:金属膜的表面电阻与其辐射率的关系呈线性关系,表面电阻大,辐射系数 ε 大。如图 1－33 所示。

由图 1－34 可知,金属膜的厚度与透射率呈线性关系,随着膜厚的增加,透射率下降。

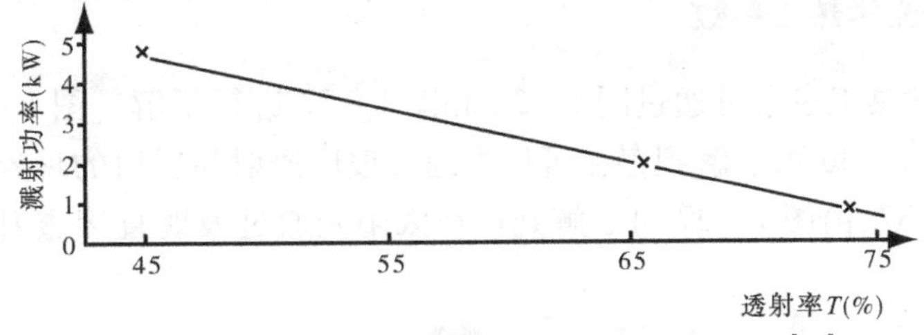

图 1－34　金属膜溅射电功率与透射率关系曲线[22]

低辐射膜系所镀的金属膜层如银膜,膜层的质地较软,与其他膜层的结合力较弱,从而使整个低辐射膜系的强度不高,使用时需防止摩擦,例如在用于中空玻璃时镀膜面常放在第三面。

金属膜层中的铝膜非常薄,其作用是防止银膜等金属膜在生产过程中发生氧化,对银膜起保护作用,铝膜本身对整个膜系的性能没有多大影响。

Low－E 膜的低辐射是针对中远红外线(波长大于 5μm)而言的。在远红外线的区间,物体表面通常在室温下进行辐射。因 Low－E 膜正是用在红外线等长波长区反射率高而在可见光范围内反射率低的产品。

原始设计的 Low－E 膜在冬天使用最为有效。在美国,“Sunbelt”地带指从南到西所有夏季炎热、冬季寒冷的南部各州。在这些地区安装的玻璃要求可见光的透过率高而阳光的透过率低。不久，美国的生产厂商就把阳光控制膜和 Low－E 膜结合在一起。起初阳光控制 Low－E 膜的第一种组装方法是把 Low－E 膜放在 IGU 的内侧（3 表面），标准阳光控制膜被放在它的外侧（2 表面）。随着市场对 Low－E 与阳光控制膜结合产品需要的增长，商家开发出新的产品并投放进市场，改良的镀有银层 Low－E 的阳光控制膜把这两方面因素恰当地组合在一起：高的可见光透过率和低的阳光透过率。即对 Low－E 膜的金属膜膜层厚度和金属膜系作一些调整，只在一个面上镀膜的阳光控制膜低辐射镀膜玻璃（镀膜面可放在第二面，也可放在第三面）。当前的高性能产品是双银 Low－E 膜，这种 Low－E 膜同时也能产生出极好的阳光控制效果，因此可以在严寒的冬季或炎热的夏季里得到广泛的使用。

图 1－35 为 Low－E 膜系的标准结构。因为锌最便宜并且溅射速率非常高，许多 Low－E 膜是以 ZnO_x 为基础的。经验表明，当其他电介质在 ZnO_x 上沉积时，银层可以比较薄而获得导电性能较强的导电膜。但耐磨性不是最好。相反，使用 C－Mag 阴极系统生产的 SiN_x，其产品具有很高的耐磨性。

欧洲传统的膜面都是以 ZnO_x 为基面的，这样，只要增加一个薄的 SiO_X 膜层，膜系就可以具有较高的耐磨性能。所有这些产品都可以扩展为各个性能级别的双银 Low－E 膜。

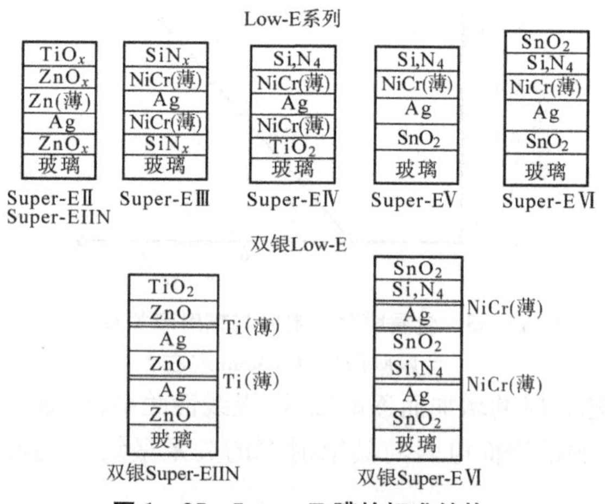

图 1－35　Low－E 膜的标准结构

三、玻璃应用中的光学热工参数

玻璃应用中的光学热工参数可通过图 1－36 和图 1－37 进行了解。图 1－36 是可见光对玻璃的相互作用过程，由图 1－36 可了解到存在可见光通过玻璃透射和反射的现象；太阳光通过玻璃的热量传递过程见图 1－37，由图 1－37 可了解到存在太阳光通过玻璃直接透射、直接反射和直接吸收等现象。

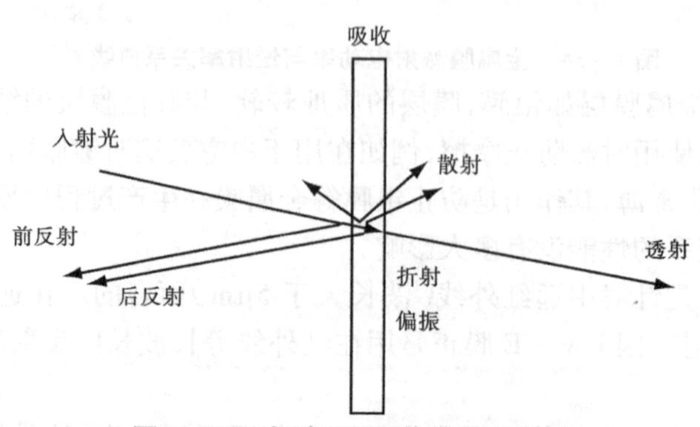

图 1－36　光对于透明体的相互作用

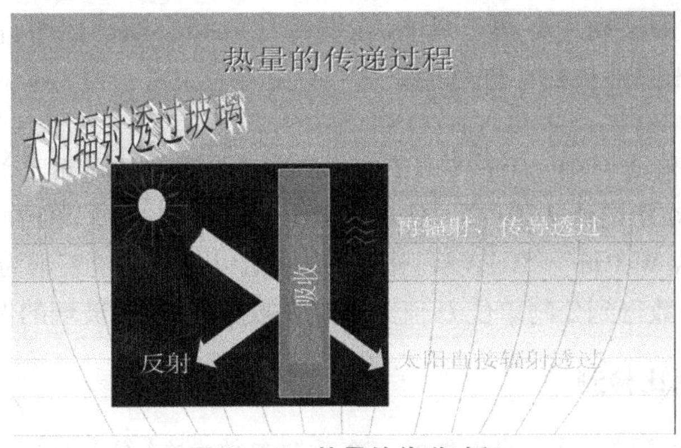

图1-37　热量的传递过程

1. 可见光透射比

可见光透射比 Lighttransmittance：在可见光谱(380～780nm)范围内，透过玻璃的光强度对入射光强度的百分比。是最早被普及使用的玻璃光学性能参数。这一指标不仅影响着建筑的通透效果，还直接影响着室内的照明能耗，所以在《公共建筑节能设计标准》中提出了"当窗墙比小于0.4时，玻璃的可见光透射比不应小于0.4"的限制要求。

2. 可见光反射比

可见光反射比 Lightreflectance：在可见光谱(380～780nm)范围内，玻璃反射的光强度对入射光强度的百分比。

3. 太阳光直接透射比

太阳光直接透射比 Solardirecttransmittance：在太阳光谱(300～2500nm)范围内，直接透过玻璃的太阳能强度对入射太阳能强度的比值。它包括了紫外、可见和近红外能量的透射程度，但不包括玻璃吸收直接入射的太阳光能量后向外界的二次传递的能量部分。

4. 太阳光直接反射比

太阳光直接反射比 Solardirectreflectance：在太阳光谱(300～2500nm)范围内，玻璃反射的太阳能强度对入射太阳能强度的比值。

5. 紫外线透射比

紫外线透射比 UV-transmittance：指在紫外线光谱(280～380nm)范围内，透过玻璃的紫外线光强度对入射光强度的百分比。由于太阳光中的紫外线对皮肤和家具油漆表面有损害，所以在设计大面积窗户和采光顶时，对此指标要予以限制。

6. 太阳能总透射比

太阳能总透射比 Totalsolarenergytransmittance：是通过门窗或幕墙构件成为室内得热量的太阳辐射与投射到门窗或幕墙构件上的太阳辐射的比值。太阳能总透射比包括太阳光直接透射比 Tsol 和被玻璃及构件吸收的太阳辐射再经传热进入室内的得热量。这一指标是建筑节能计算中的重要参考因素，直接影响着室内的采暖能耗和制冷能耗。但是人们在选购玻璃时习惯上使用遮阳系数数据来体现太阳光总透射比的高低。

7. 遮阳系数

遮阳系数 ShadingCoefficient：缩写为 SC，在《建筑玻璃可见光透射比、太阳光直接透射比、太阳能总透射比、紫外线透射比以及有关窗玻璃参数的测定》GB/T 2680-1994 中称之为遮蔽系数(缩写为 *Se*)。是在建筑节能设计标准中对玻璃的重要限制指标，指太阳辐射能量透过窗玻璃的量与透过相同面积3mm 透明玻璃的量之比。SC 用样品玻璃太阳能总透射比除以标准3mm 白玻的太阳能总透射比(GB/T 2680-1994 中理论值取0.889，国际标准中取0.87)进行计算，SC = SHGC ÷ 0.87(或0.889)。遮阳系数越小，阻挡阳光热量向室内辐射的性能越好。但是在炎热气候地区和大窗墙比时，低遮阳系数的玻璃才有利于节能，在寒冷地区和小窗墙比时，高遮阳系数的玻璃更有利于利用太阳热量降低采暖能耗而实现节能。

8. 传热系数

传热系数：简称为 K 值或 U 值（对于玻璃而言，两者仅是简称不同而已）。是建筑节能设计标准对玻璃的重要限定值，指在稳定传热条件下，玻璃两侧空气温差为1°时，单位时间内，通过 $1m^2$ 玻璃的传热量，以 $W/(m^2 \cdot K)$ 或 $W/(m^2 \cdot ℃)$ 表示。国外的 U 值以英制单位表示为 $Btu/hr/ft^2/F$，英制单位 U 值乘以5.678的转换系数得到公制单位 U 值。传热系数越低，说明玻璃的保温隔热性能越好。

四、玻璃可见光透射比检测

玻璃的可见光透射比是描述其采光性能的一个重要参数。在《公共建筑节能设计标准》GB 50189－2005中明确规定，当窗（包括透明幕墙）墙面积比小于0.4时，玻璃的可见光透射比不应小于0.40。

1. 检测依据

国家标准《建筑玻璃 可见光透射比、太阳光直接透射比、太阳能总透射比、紫外线透射比及有关窗参数的测定》GB/T 2680－1994以及国际标准《Glass in bilding－Determination of light transmittance, solar direct transmittance, total solar energy transmittance and ultraviolet transmittance, and related galzing factors》ISO 9050。

2. 检测设备

分光光度计：

该仪器主要用于测试玻璃的光谱反射率和光谱透过率。应该满足以下几个方面的要求：

（1）测定光谱反射比时，配有镜面反射装置。

（2）测试波长范围：紫外区（280～380nm）、可见光区（380～780nm）、太阳光区（350～1800nm）、远红外区（4.5～25μm）。

（3）波长准确度：紫外、可见光区±1nm以内；近红外区±5nm以内；远红外区±0.2μm以内。

（4）光度测量准确度：紫外、可见光区1%以内，重复性0.5%；近、远红外区2%以内，重复性1%。

（5）谱带半宽度：紫外、可见光区10nm以下；近红外区50nm以下；远红外区0.1um以下。

（6）波长间隔：紫外区5nm；可见光区10nm；近红外区50nm或40nm；远红外区0.5μm。

3. 试样制备

试样为6块（3块试验，3块备用）与制品相同材料，在相同工艺条件下制作，或直接从制品上切取的尺寸为100mm×100mm的试验片。试验前用浸有无水乙醇（或乙醚）的脱脂棉清洗试样。

4. 检测要求

（1）在光谱透射比测试中，采用与试样相同厚度的空气层作为参比标准；

（2）在光谱透射比测试中，照明光束的光轴与试样表面法线的夹角不超过10°，照明光束中任一光线与光轴的夹角不超过5°。

5. 检测方法

分光光度计法：

（1）测量参数：

单片玻璃或单层窗玻璃构件，测量参数为：在380～780nm范围内的光谱透射率；

双层或多层窗玻璃构件，测量参数为：

每片玻璃在380～780nm范围内的光谱透射比；

每片玻璃在380～780nm范围内的光谱反射比（包括前反射和后反射）。

（2）计算参数：

可见光透射比 τ_v：

$$\tau_v=\frac{\int_{380}^{780}D_\lambda\cdot\tau(\lambda)\cdot V(\lambda)\cdot d_\lambda}{\int_{380}^{780}D_\lambda\cdot V(\lambda)\cdot d_\lambda}\approx\frac{\sum_{380}^{780}D_\lambda\cdot\tau(\lambda)\cdot V(\lambda)\cdot\Delta\lambda}{\sum_{380}^{780}D_\lambda\cdot V(\lambda)\cdot\Delta\lambda}\tag{1-69}$$

式中　τ_v——试样的可见光透射比；

D_λ——标准照明体 D_{65} 的相对光谱功率分布；

$V(\lambda)$——明视觉光谱光视效率；

λ——波长间隔；

$\tau(\lambda)$——试样的可见光光谱透射比。单片玻璃是实测值，双层玻璃按式 1－70 计算：

$$\tau(\lambda)=\frac{\tau_1(\lambda)\cdot\tau_2(\lambda)}{1-\rho'_1(\lambda)\cdot\rho_2(\lambda)}\tag{1-70}$$

式中　$\tau_{(}\lambda)$——第一片（室外侧）玻璃的可见光光谱透射比；

$\tau_2(\lambda)$——第二片（室内侧）玻璃的可见光光谱透射比；

$\rho'_1(\lambda)$——第一片玻璃，在光由室内侧射向室外侧条件下，所测定的可见光光谱反射比；

$\rho_2(\lambda)$——第二片玻璃，在光由室外侧射入室内侧条件下，所测定的可见光光谱反射比。

可见光反射比 ρ_v

$$\rho_v=\frac{\int_{380}^{780}D_\lambda\cdot\rho(\lambda)\cdot V(\lambda)\cdot d_\lambda}{\int_{380}^{780}D_\lambda\cdot V(\lambda)\cdot d_\lambda}\approx\frac{\sum_{380}^{780}D_\lambda\cdot\rho(\lambda)\cdot V(\lambda)\cdot\Delta\lambda}{\sum_{380}^{780}D_\lambda\cdot V(\lambda)\cdot\Delta\lambda}\tag{1-71}$$

式中　ρ_v——试样的可见光反射比；

$\rho(\lambda)$——试样的可见光光谱反射比。

标准照明体 D_{65} 的相对光谱功率分布 D_λ 与明视觉光谱光视效率 $V(\lambda)$ 和波长间隔 $\Delta\lambda$ 相乘表　表 1－42

λ(nm)	$D_\lambda\cdot V(\lambda)\cdot\Delta\lambda$	λ(nm)	$D_\lambda\cdot V(\lambda)\cdot\Delta\lambda$
380	0.0000	560	9.4306
390	0.0005	570	8.6891
400	0.0030	580	7.8994
410	0.0103	590	6.3306
420	0.0352	600	5.3542
430	0.0948	610	4.2491
440	0.2274	620	3.1502
450	0.4192	630	2.0812
460	0.6663	640	1.3810
470	0.9850	650	0.8070
480	1.5189	660	0.4612
490	2.1336	670	0.2485
500	3.3491	680	0.1255
510	5.1393	690	0.0536
520	7.0523	700	0.0276
530	8.7990	710	0.0146
540	9.4427	720	0.0057
550	9.8077	730	0.0035

续表

λ(nm)	$D_\lambda \cdot V(\lambda) \cdot \Delta\lambda$	λ(nm)	$D_\lambda \cdot V(\lambda) \cdot \Delta\lambda$
740	0.0021	770	0.0000
750	0.0008	780	0.0000
760	0.0001		

6. 检测报告

检测报告的主要内容应包括:(1)检测依据;(2)检测内容;(3)试样的编号、规格;(4)检测日期和检测人员;(5)检测结果;(6)对于镀膜中空玻璃和贴膜中空玻璃必须明确标注膜面、检测面所在位置。如有需要还可以附加试样的实物照片和扫描图谱。

五、玻璃传热系数检测

在我国国家标准和行业标准体系中,关于玻璃传热系数的计算和测量标准还是空白,国家有关部门正在着手制定这方面的标准。

目前我国建筑行业和玻璃行业,有关玻璃传热系数的计算和测量方法,一般均参照国际标准,如ISO10291《建筑玻璃——多层中空玻璃稳定状态下 *U* 值的确定——防护热板法》、ISO10292《建筑玻璃——多层中空玻璃稳定状态下 *U* 值的计算》、ISO10293《建筑玻璃——多层中空玻璃稳定状态下 *U* 值的确定——热流仪表法》。

在 JGJ 113 –2009《建筑玻璃应用技术规程》中,参照 ISO 10292《建筑玻璃——多层中空玻璃稳定状态下 *U* 值的计算》的要求,制定了附录 C 玻璃传热系数 *U* 值的计算方法和附录 D 发射率与气体特性的确定两部分内容。

计算玻璃或建筑整窗的传热系数较为复杂,一般需使用计算软件,现在使用较多的模拟计算软件 Window5.0,由 LBNL(美国劳伦斯伯克利实验室)开发,参照了 ISO 15099 –2003《门、窗和遮蔽装置的热性能 · 详细计算》,用于分析窗传热性能,包括传热系数 *U* 值、太阳辐射得热因子 SHGC、可见光透过率等。该计算软件,可以计算单片玻璃、多层玻璃如夹层玻璃、中空玻璃构件(包括边部密封结构)的 *U* 值。也可以计算整窗的 *U* 值。

《建筑玻璃应用技术规程》JGJ 113 –2009 附录 A 玻璃传热系数 *U* 值的计算方法说明:

(1)该方法用于计算中空玻璃 *U* 值;

(2)用该方法所计算出的 *U* 值只是玻璃中心部位的传热系数,不考虑中空玻璃边部密封系统对 *U* 值的影响;

(3)玻璃的辐射率用红外光谱测定仪进行测量,中空玻璃间隔层内气体如空气、氩气等参数由本书附录一附表 1 –3 获得。

对于传热系数 *U* 值的直接测量,可以采用防护热板法和热流仪表法。两种方法相比,防护热板法测量更精确,受环境、仪表精度和人为因素影响小。

1. 中空玻璃稳定状态下 *U* 值的计算方法

(1)基本公式

本方法是以下列公式为计算基础的:

$$\frac{1}{U}=\frac{1}{h_e}+\frac{1}{h_i}+\frac{1}{h_t} \tag{1-72}$$

式中　h_e——玻璃的室外表面换热系数;

h_t——多层玻璃系统内部传热系数;

h_i——玻璃的室内表面换热系数。

多层玻璃系统内部传热系数:

$$\frac{1}{h_t}=\sum_{s=1}^{n}\frac{1}{h_s}+\sum_{m=1}^{M}d_m r_m \tag{1-73}$$

式中 h_s——气体间隔层的传热系数；

n——间隔层数；

M——材料层数；

d_m——每种材料层的厚度；

r_m——每种材料的热阻（玻璃热阻取 1m·K/W）。

气体间隔层的传热系数：

$$h_s=h_g+h_r \tag{1-74}$$

式中 h_g——间隔层气体传热系数（包括传导和对流）；

h_r——气体空隙的辐射传热系数。

（2）辐射导热系数 h_r

$$h_r=4\sigma\left(\frac{1}{\varepsilon_1}+\frac{1}{\varepsilon_2}-1\right)^{-1}\times T_m^3 \tag{1-75}$$

式中 σ——斯蒂芬－波尔兹曼常数；

ε_1 和 ε_2——间隔层中两表面在平均绝对温度 T_m 下的校正辐射率；

T_m——平均绝对温度。

（3）气体传热系数 h_g：

$$h_g=N_u\frac{\lambda}{s} \tag{1-76}$$

式中 s——气体层厚度（m）；

λ——气体导热率[W/(m·K)]。

N_u 是努塞尔准数，由下式给出：

$$N_u=A(G_r\cdot P_r)^n \tag{1-77}$$

式中 A——常数；

G_r——格拉晓夫准数；

P_r——普朗特准数；

n——幂指数。

G_r 格拉晓夫准数由下式计算：

$$G_r=\frac{9.81s^3\Delta T\rho^2}{T_m\mu^2} \tag{1-78}$$

P_r 普朗特准数由下式计算：

$$P_r=\frac{\mu c}{\lambda} \tag{1-79}$$

式中 ΔT——气体间隔层两侧玻璃表面温度差（K）；

ρ——气体密度（kg/m^3）；

μ——气体动态黏度[kg/(m·s)]；

c——气体的比热[J/(kg·K)]。

对于垂直空间，其中 $A=0.035$，$n=0.38$；水平情况，$A=0.16$，$n=0.28$；

倾斜45°时，$A=0.10$，$n=0.31$。

如果 $N_u\leqslant 1$，表示热流动仅仅由传导完成，N_u 值取1；如果 $N_u>1$，表示中空玻璃间隔层存在对流传热。

（4）辐射率

在计算辐射导热系数 h_r 时，必须用到间隔层内玻璃表面的校正辐射率 ε。对于普通玻璃表面，校正辐射率选用0.837。对于镀膜玻璃表面，标准辐射率 ε_n 由红外光谱仪测得。校正辐射率根据附录A中的A.2计算获得。间隔层的平均温度 T_m 取固定的283K。

计算校正辐射率时需要用到的下列气体特征：

1）导热率 λ[W/(m·K)]

2）密度 ρ(kg/m³)

3）动态黏度[kg/(m·s)]

4）气体的比热[J/(kg·K)]

对于混合气体，气体特性与各种气体的体积百分比成正比。如果使用的混合气体中：

①气体1所占体积百分比为 R_1；

②气体2所占体积百分比为 R_2。

那么：$F = F_1R_1 + F_2R_2 + \cdots\cdots$ （1-80）

F 代表相关的特性，如：导热率、密度、动态黏度或比热。

（5）外部和内部热交换系数

1）室外表面的换热系数 h_e 是玻璃附近风速的函数，可用下式近似表达：

$$h_e = 10.0 + 4.1v$$

式中 v——风速(m/s)。 （1-81）

在比较 U 值时，可选用 $h_e = 23\text{W}/(\text{m}^2\cdot\text{K})$。该计算过程不考虑外侧玻璃具有校正辐射率镀膜表面而使 U 值提高的影响。

如果选用其他的 h_e 值以满足特殊的实验条件，则必须在检测报告中予以说明。

2）室内换热系数 h_i

$$h_i = h_r + h_c \quad (1-82)$$

式中 h_r——辐射导热；

h_c——对流导热。

普通玻璃表面的辐射导热率是4.4W/(m²·K)，如果内表面校正发射率比较低，则辐射导热率由下式给出：

$$h_r = 4.4\varepsilon/0.837$$

这里 ε 是镀膜表面的校正辐射率（0.837是清洁的、未镀膜玻璃的校正辐射率）。镀膜玻璃 $\varepsilon < 0.837$ 的条件是镀膜玻璃表面有冷凝水。镀膜表面的校正辐射率与标准辐射率之间的关系见附录附表A-2。

对于自由对流的情况，h_c 的值是3.6 W/(m²·K)。

通常情况下的普通垂直玻璃表面和自由对流

$$h_i = 4.4 + 3.6 = 8.0\ \text{W}/(\text{m}^2\cdot\text{K}) \quad (1-83)$$

对于窗玻璃 U 值，这个值是标准的。如果选用其他的 h_i 值以满足特殊实验条件，则必须在检测报告中予以说明。

（6）参考值

基本的参考值列示如下：

玻璃热阻率 $r = 1\text{m}\cdot\text{K/W}$，

普通玻璃表面的校正发射率 $\varepsilon = 0.837$，

中空外玻璃表面温度差 $\Delta T = 15\text{K}$，

中空玻璃的平均温度 $T_m = 283\text{K}$，

斯蒂芬-波尔兹曼常数 $\sigma = 5.67\times10^{-8}$ W/(m²·K)，

室外表面换热系数　$h_e = 23\ W/(m^2 \cdot K)$，

室内表面换热系数　$h_i = 8\ W/(m^2 \cdot K)$，

U 值应用 $W/(m^2 \cdot K)$ 表示，精确到小数点后一位即可。对于气体层多于一个多层玻璃窗而言，每一单元的平均温度和平均温度差均应通过轮流执行计算步骤而得出。

六、玻璃遮阳系数检测

玻璃的遮蔽系数是评价玻璃本身阻挡室外太阳辐射进入室内的隔热能力。通过实验室测定其遮蔽系数，为广大地区进行建筑围护结构的节能优化设计提供必要的基础数据。

1. 检测依据

《建筑玻璃 可见光透射比、太阳光直接透射比、太阳能总透射比、紫外线透射比及有关窗参数的测定》GB/T2680－1994 以及国际标准《Glass in building－Determination of light transmittance，solar direct transmittance，total solar energy transmittance and ultraviolet transmittance，and related galzing factors》ISO9050

2. 检测设备

（1）分光光度计

该仪器主要用于测试玻璃的光谱反射率和光谱透过率。应该满足以下几个方面的要求：

1）测定光谱反射比时，配有镜面反射装置。

2）测试波长范围：紫外区（280～380nm）、可见光区（380～780nm）、太阳光区（350～1800nm）、远红外区（4.5～25μm）。

3）波长准确度：紫外、可见光区 ±1nm 以内；近红外区 ±5nm 以内；远红外区 ±0.2μm 以内。

4）光度测量准确度：紫外、可见光区 1% 以内，重复性 0.5%；近、远红外区 2% 以内，重复性 1%。

5）谱带半宽度：紫外、可见光区 10nm 以下；近红外区 50nm 以下；远红外区 0.1um 以下。

6）波长间隔：紫外区 5nm；可见光区 10nm；近红外区 50nm 或 40nm；远红外区 0.5μm。

（2）半球辐射率测试仪器（红外光谱仪）

测试波长范围：远红外区（4.5～25μm）。

波长准确度：±0.2μm 以内。

光度测量准确度：2% 以内，重复性 1%。

波长间隔：0.5μm。

该仪器主要用于测试玻璃的半球辐射率，结合分光光度计的测试结果，计算出遮阳系数。

3. 试样制备

（1）一般建筑玻璃和单层窗玻璃构件的试样，均采用同材质玻璃的切片，尺寸为 100mm × 100mm 的试验片；

（2）多层窗玻璃构件的试样，采用同材质单片玻璃切片的组合体；

（3）试验前对试样进行清洁处理。

4. 检测要求

（1）标样：

1）在光谱透射比测试中，采用与试样相同厚度的空气层作为参比标准；

2）在光谱反射比测试中，采用仪器配置的参比白板作为参比标准；

3）在光谱反射比测试中，采用标准镜面反射体作为工作标准，例如镀铝镜，而不采用完全漫反射体作为工作标准；

（2）照明和探测的几何条件：

1)在光谱透射比测试中,照明光束的光轴与试样表面法线的夹角不超过10°,照明光束中任一光线与光轴的夹角不超过5°。

2)在光谱反射比测试中,照明光束的光轴与试样表面法线的夹角不超过10°,照明光束中任一光线与光轴的夹角不超过5°。

5. 检测方法

(1)半球辐射率 ε_i 的检测

半球辐射率 ε_i 是表征玻璃基本材料特性的一个物理量,计算遮阳系数和辐射导热系数时都用到这个量。对于普通玻璃表面,半球辐射率 ε_i 值选用0.837,对镀膜或贴膜玻璃的表面,由红外光谱仪测出远红外区域4.5~25.0μm(波长间隔为0.5μm)的热辐射光谱反射率 $\rho(\lambda)$,计算出293K温度下的热辐射反射率 ρ_h,再计算出试样的垂直辐射率 α_h,将垂直辐射率 α_h 乘以相应玻璃表面的系数即可计算出试样表面的半球辐射率。

$$\varepsilon_i = \alpha_h \times \text{玻璃表面系数} \tag{1-84}$$

$$\alpha_h \approx 1 - \rho_h(\text{热辐射反射率}) \tag{1-85}$$

$$\rho_h \approx \sum_{4.5}^{25} G_\lambda \cdot \rho_{(\lambda)} \tag{1-86}$$

式中 ε_i——半球辐射率;

α_h——垂直辐射率;

ρ_h——热辐射反射率;

G_λ——293K下,热辐射相对光谱分布(见表1-43)。

$\rho_{(\lambda)}$——实测热辐射光谱反射率%。

玻璃表面系数:

未镀膜的平板玻璃表面取0.94;涂金属氧化物膜的玻璃表面取0.94;涂金属膜或含有金属膜的多层涂膜的玻璃表面取1.0。

293K热辐射相对光谱分布 **表1-43**

波长(μm)	G_λ	波长(μm)	G_λ
4.5	0.0053	12.5	0.0356
5.0	0.0094	13.0	0.0342
5.5	0.0143	13.5	0.0327
6.0	0.0194	14.0	0.0311
6.5	0.0244	14.5	0.0296
7.0	0.0290	15.0	0.0281
7.5	0.0328	15.5	0.0266
8.0	0.0358	16.0	0.0252
8.5	0.0379	16.5	0.0238
9.0	0.0393	17.0	0.0225
9.5	0.0401	17.5	0.0212
10.0	0.0402	18.0	0.0200
10.5	0.0399	18.5	0.0189
11.0	0.0392	19.0	0.0179
11.5	0.0382	19.5	0.0168
12.0	0.0370	20.0	0.0159

续表

波长(μm)	G_λ	波长(μm)	G_λ
20.5	0.0150	23.0	0.0113
21.0	0.0142	23.5	0.0107
21.5	0.0134	24.0	0.0101
22.0	0.0126	24.5	0.0096
22.5	0.0119	25.0	0.0091

(2)遮阳系数的测定

1)测试参数

① 光谱透射率:在 300~2500nm 范围内的光谱透射比;

② 光谱反射率:在 300~2500nm 范围内的光谱透射比;

③ 半球辐射率:GB/T 2680-1994 规定范围为 4.5~25μm。

2)计算参数

①太阳光直接透射比

$$\tau_e = \frac{\int_{300}^{2500} S_\lambda \cdot \tau(\lambda) \cdot \Delta\lambda}{\int_{300}^{2500} S_\lambda \cdot d_\lambda} \approx \frac{\sum_{350}^{1800} S_\lambda \cdot \tau(\lambda) \cdot \Delta\lambda}{\sum_{350}^{1800} S_\lambda \cdot \Delta\lambda} \tag{1-87}$$

式中　τ_e——太阳光直接透射比(%);

S_λ——太阳光辐射相对光谱分布,见表1-44或表1-45;

$\Delta\lambda$——波长间隔(nm);

$\tau(\lambda)$——试样的太阳光光谱透射比(%),其测定和计算方法同可见光透射比中 $\tau(\lambda)$,仅波长范围不同。

大气质量为1时,太阳光辐射相对光谱分布 S_λ 和波长间隔 $\Delta\lambda$ 相乘(CIE1972年公布)　表1-44

λ(nm)	$S_\lambda \cdot \Delta\lambda$	λ(nm)	$S_\lambda \cdot \Delta\lambda$
350	0.026	700	0.046
380	0.032	740	0.041
420	0.050	780	0.037
460	0.065	900	0.139
500	0.063	1100	0.097
540	0.058	1300	0.058
580	0.054	1500	0.039
620	0.055	1700	0.026
660	0.049	1800	0.022

P·Moon 大气质量为2时,太阳光辐射相对光谱分布 S_λ 和波长间隔 $\Delta\lambda$ 相乘　表1-45

λ(nm)	$S_\lambda \cdot \Delta\lambda$	λ(nm)	$S_\lambda \cdot \Delta\lambda$
350	0.0128	500	0.0813
400	0.0353	550	0.0802
450	0.0665	600	0.0788

续表

λ(nm)	$S_\lambda \cdot \Delta\lambda$	λ(nm)	$S_\lambda \cdot \Delta\lambda$
650	0.0791	1250	0.0247
700	0.0694	1300	0.0185
750	0.0595	1350	0.0026
800	0.0566	1400	0.0001
850	0.0564	1450	0.0016
900	0.0303	1500	0.0103
950	0.0291	1550	0.0148
1000	0.0426	1600	0.0136
1050	0.0377	1650	0.0118
1100	0.0199	1700	0.0089
1150	0.0145	1750	0.0051
1200	0.0256	1800	0.0003

② 太阳光直接反射比

$$\rho_e=\frac{\int_{300}^{2500}S_\lambda\cdot\rho(\lambda)\cdot d_\lambda}{\int_{300}^{2500}S_\lambda\cdot d_\lambda}\approx\frac{\sum_{350}^{1800}S_\lambda\cdot\rho(\lambda)\cdot\Delta\lambda}{\sum_{350}^{1800}S_\lambda\cdot\Delta\lambda} \tag{1-88}$$

式中　ρ_e——太阳光直接反射比(%)；

S_λ、$\Delta\lambda$——同式(1-87)；

$\rho(\lambda)$——试样的太阳光光谱反射比(%)。

a. 单层玻璃：$\rho(\lambda)$是实测的可见光光谱反射比。

b. 双层窗玻璃构件：$\rho(\lambda)$用公式(1-89)计算：

$$\rho(\lambda)=\rho_1(\lambda)+\frac{\tau_1^2(\lambda)\cdot\rho_2(\lambda)}{1-\rho_1(\lambda)\cdot\rho_2(\lambda)} \tag{1-89}$$

式中　$\rho(\lambda)$——双层玻璃构件太阳光光谱反射比(%)；

$\rho_1(\lambda)$——第一片(室外侧)玻璃，在光由室外侧射入室内侧条件下，所测定的太阳光光谱反射比(%)；

$\rho'_1(\lambda)$——第一片玻璃，在光由室内侧射向室外侧条件下，所测定的太阳光光谱反射比(%)；

$\rho_2(\lambda)$——第二片玻璃，在光由室外侧射向室内侧条件下，所测定的太阳光光谱反射比(%)；

$\tau_1(\lambda)$——第一片(室外侧)玻璃的可见光光谱透射比(%)。

可见光反射比的计算方法和太阳光直接反射比的计算方法相同，只是波长范围不同。

③ 太阳光直接吸收比

太阳光是指由紫外线、可见光和近红外线组成的辐射光，波长范围300～2500nm，标准GB/T 2680—1994是指太阳光透过大气层直接照射到受光物体上，而不包括地面、建筑物的反射、散射光。太阳光照射到窗玻璃上，可分为三个：太阳光直接透射比(τ_e)、太阳光直接反射比(ρ_e)、太阳光直接吸收比(α_e)。三者关系如下：

$$\tau_e+\rho_e+\alpha_e=1 \tag{1-90}$$

窗玻璃吸收部分以热对流方式通过窗玻璃向室外侧、室内侧传递热量。其中：

$$\alpha_e=q_o+q_i \tag{1-91}$$

式中　q_o——窗玻璃向室外侧的二次传热系数（%）；

q_i——玻璃向室内侧的二次传热系数（%）。

a. 单层玻璃：先测定出试样的太阳光直接透射比、太阳光直接反射比，再用式（1-91）计算。

b. 双层窗玻璃构件第一片玻璃的太阳光直接吸收比用式（1-92）、式（1-94）、式（1-95）计算，第二片玻璃的太阳光直接吸收比用式（1-93）、式（1-96）计算：

$$\alpha_{e1}=\frac{\sum_{300}^{2500}\left\{\alpha_1(\lambda)+\frac{\alpha_1(\lambda)\tau_1(\lambda)\rho_2(\lambda)}{1-\rho_1(\lambda)\rho_2(\lambda)}\right\}S_\lambda\Delta\lambda}{\sum_{300}^{2500}S_\lambda\Delta\lambda} \tag{1-92}$$

$$\alpha_{e2}=\frac{\sum_{300}^{2500}\left\{\frac{\alpha_2(\lambda)\tau_1(\lambda)}{1-\rho_1(\lambda)\rho_2(\lambda)}\right\}S_\lambda\Delta\lambda}{\sum_{300}^{2500}S_\lambda\Delta\lambda} \tag{1-93}$$

$$\alpha_1(\lambda)=1-\tau_1(\lambda)-\rho_1(\lambda) \tag{1-94}$$

$$\alpha'_1(\lambda)=1-\tau_1(\lambda)-\rho'_1(\lambda) \tag{1-95}$$

$$\alpha_2(\lambda)=1-\tau_2(\lambda)-\rho_2(\lambda) \tag{1-96}$$

式中　α_{e1}——双层窗玻璃构件第一片玻璃的太阳光直接吸收比（%）；

α_{e2}——双层窗玻璃构件第二片玻璃的太阳光直接吸收比（%）；

$\alpha_1(\lambda)$——第一片玻璃，在光由室外侧射入室内侧条件下，测定的太阳光光谱吸收比（%）；

$\alpha'_1(\lambda)$——第一片玻璃，在光由室内侧射入室外侧条件下，测定的太阳光光谱吸收比（%）；

$\alpha_2(\lambda)$——第二片玻璃，在光由室外侧射入室内侧条件下，测定的太阳光光谱吸收比（%）；

$\tau_1(\lambda)$——第一片玻璃的太阳光光谱透射比（%）；

$\tau_2(\lambda)$——第二片玻璃的太阳光光谱透射比（%）；

$\rho_1(\lambda)$——第一片玻璃，在光由室外侧射入室内侧条件下，所测定的太阳光光谱反射比（%）；

$\rho'_1(\lambda)$——第一片玻璃，在光由室内侧射向室外侧条件下，所测定的太阳光光谱反射比（%）；

$\rho_2(\lambda)$——第二片玻璃，在光由室外侧射向室内侧条件下，所测定的太阳光光谱反射比（%）；

S_λ、$\Delta\lambda$——同式（1-87）。

④ 太阳能总透射比

$$g=\tau_e+q_i \tag{1-97}$$

式中　g——试样的太阳能总透射比（%）；

τ_e——太阳光直接透射比（%）；

q_i——玻璃向室内侧的二次传热系数（%）。

a. 单层玻璃：τ_e 即为单片玻璃的太阳光直接透射比，其 q_i 用式（1-98）、式（1-99）计算：

$$q_i=\alpha_e\times\frac{h_i}{h_i+h_e} \tag{1-98}$$

$$h_i=3.6+\frac{4.4\varepsilon_i}{0.83} \tag{1-99}$$

式中　q_i——单层玻璃向室内侧的二次传热系数（%）；

α_e——单层玻璃太阳光直接吸收比(%);

h_i——玻璃试样内侧表面的热传递系数[W/(m²·K)];

h_e——玻璃试样外侧表面的热传递系数,$h_e=23W/(m^2 \cdot K)$;

ε_i——半球辐射率。

b. 双层玻璃构件:τ_e 即为双层玻璃构件的太阳光直接透射比,其 q_i 用式(1-100)计算:

$$q_i = \frac{\dfrac{\alpha_{e1}+\alpha_{e2}}{h_e}+\dfrac{\alpha_{e2}}{G}}{\dfrac{1}{h_e}+\dfrac{1}{h_i}+\dfrac{1}{G}} \tag{1-100}$$

式中 q_i——双层玻璃构件向室内侧的二次传热系数(%);

α_{e1}——双层窗玻璃构件第一片玻璃的太阳光直接吸收比(%);

α_{e2}——双层窗玻璃构件第二片玻璃的太阳光直接吸收比(%);

G——两片玻璃之间的热导[W/(m²·K)]。

⑤ 遮(蔽)阳系数

$$S_e = \frac{g}{\tau_s} \tag{1-101}$$

式中 s_e——试样的遮(蔽)阳系数;

g——试样的太阳能总透射比(%);

τ_s——3mm 厚普通透明平板玻璃的太阳能总透射比,理论值取 0.889(国际标准取 0.87)。

(3)遮蔽系数检测框图

1)单层玻璃遮蔽系数测试及计算过程如图 1-38 所示。

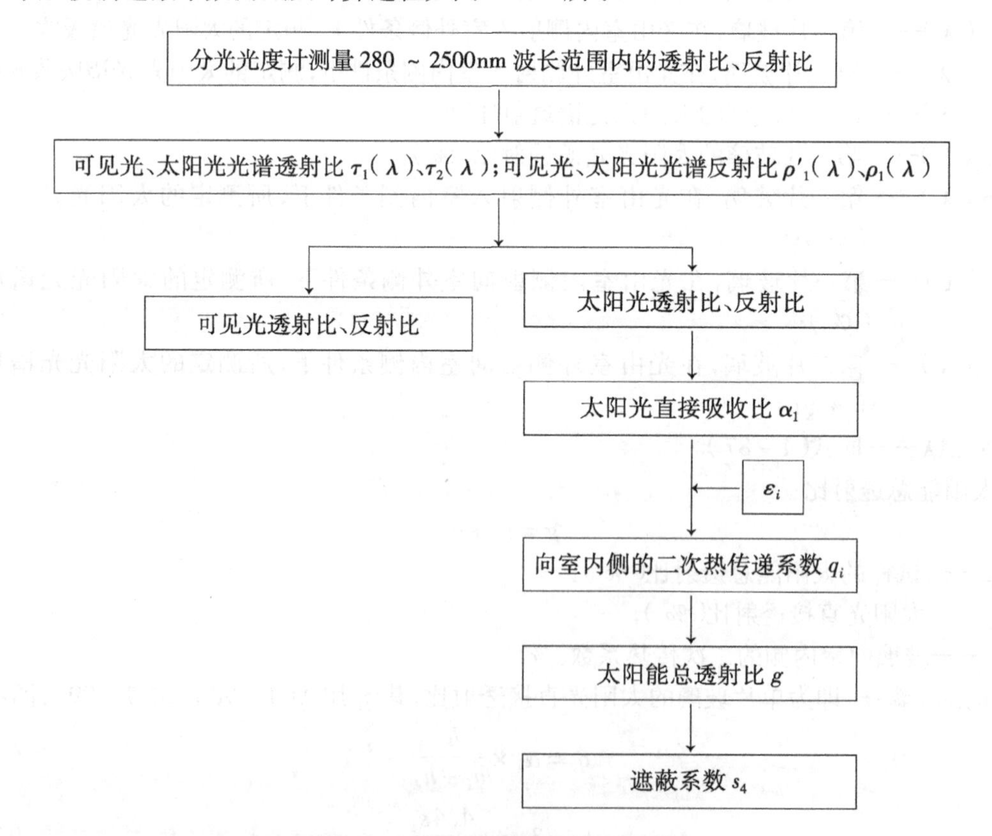

图 1-38 单层玻璃遮蔽系数测试过程

2)多层玻璃构件(以双层玻璃构件为例)遮蔽系数测试及计算过程如图1-39所示。

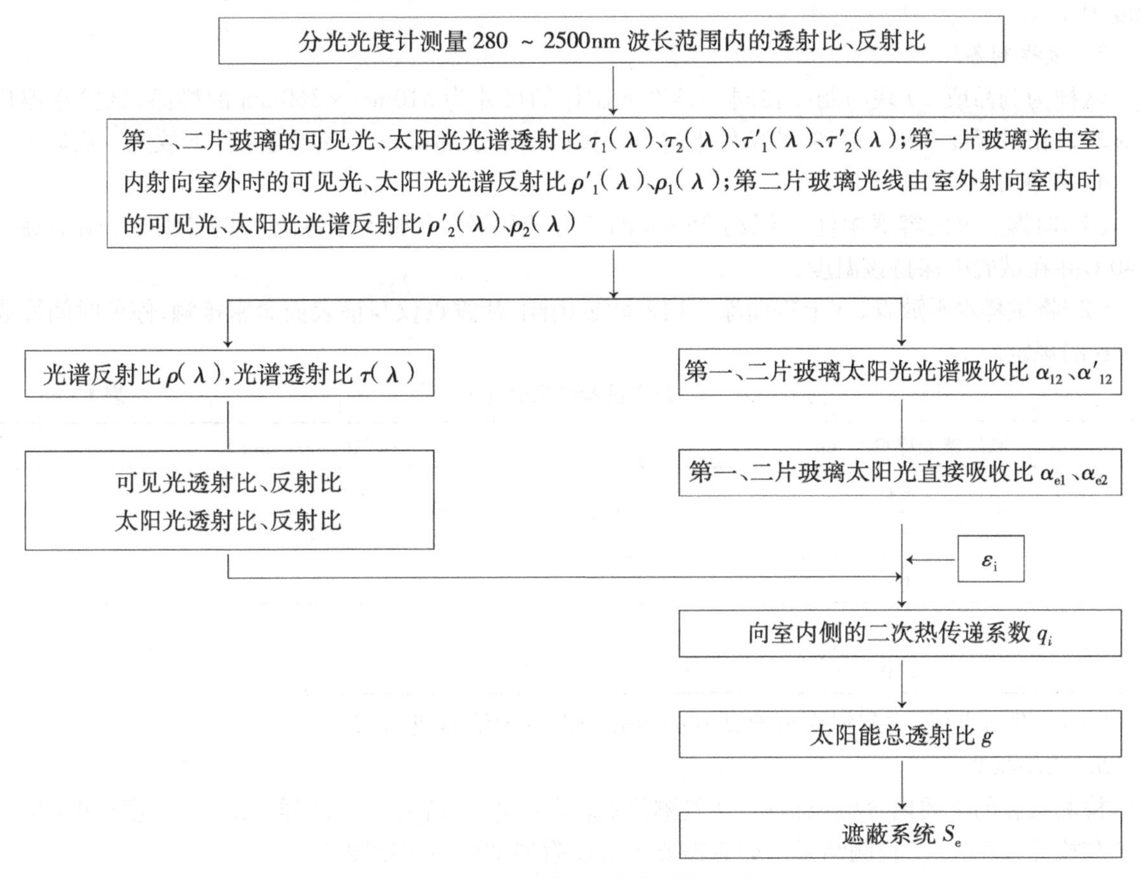

图1-39　双层玻璃构件遮蔽系数测试过程

6. 检测报告

检测报告的主要内容应包括:(1)检测依据;(2)检测内容;(3)试样的编号、规格;(4)检测日期和检测人员;(5)检测结果;(6)对于镀膜中空玻璃和贴膜中空玻璃必须明确标注膜面、检测面所在位置。如有需要还可以附加试样的实物照片和扫描图谱。

七、中空玻璃露点检测

中空玻璃是在两片或多片玻璃中间,用注入干燥剂的铝间隔条或胶条,将玻璃均匀隔开,四周用密封胶密封,使中间腔体始终保持干燥气体,具有节能、隔声等性能的玻璃制品。与普通玻璃相比节能性能提高30%左右,降低噪声30~40dB。中空玻璃的节能性是通过构造中空玻璃的空间结构实现的,其中干燥的不对流的空气层可阻断热传导的通道,从而有效降低其传热系数以达到节能的目的。

中空玻璃之所以具有隔热、隔声性能,是因为在两层玻璃中间构造了一个密封而干燥的气体间隔层,是隐藏在铝隔条中的干燥剂吸附掉了其中的水气,只有干燥的气体空间才能更好地阻断热量、声音的传播。露点这一指标就是测量中空玻璃气体间隔层内水气的含量。如果露点不合格,那么中空玻璃的U值[传热系数,单位W/($m^2\cdot K$)]会升高,影响节能效果。严重时会在玻璃内表面形成水雾,影响玻璃的美观和光线、视线的通透,这种现象经常能够见到。

1. 检测依据

《中空玻璃》GB/T 11944-2002

2. 检测设备

露点仪：测量管的高度为300mm，测量表面直径为ϕ50mm；温度计的测量范围为－80～30℃，精度为1℃。

3. 试样制备

试样为制品或20块与制品在同一条件下制作的尺寸为510mm×360mm的样品，试验在温度23±2℃，相对湿度30%～75%的条件下进行。试验前将全部试样在该环境条件下放置一周以上。

4. 检测方法

（1）向露点仪的容器中注入深约25mm的乙醇或丙酮，再加入干冰，使其温度冷却到不高于－40℃并在试验中保持该温度。

（2）将试样水平放置，在上表面涂一层乙醇或丙酮，使露点仪与该表面紧密接触，停留时间按表1－46的规定。

露点试验停留时间 **表1－46**

原片玻璃厚度/（mm）	接触时间/（min）
≤4	3
5	4
6	5
8	7
≥10	10

（3）移开露点仪，立刻观察玻璃试样的内表面上有无结露或结霜。

5. 检测报告

检测报告的主要内容应包括：（1）检测依据；（2）检测内容；（3）试样的编号、厚度；（4）检测日期和检测人员；（5）检测结果。如有需要还可以附加试样的实物照片。

八、隔热型材抗拉强度、抗剪强度检测

隔热型材是以隔热材料连接铝合金型材而制成的具有隔热功能的复合型材。根据隔热材料的连接方式分为穿条式隔热型材和浇注式隔热型材。穿条式是通过开齿、穿条、滚压等工序，将条形隔热材料穿入铝合金型材穿条槽内，并使之被铝合金型材牢固咬合的复合方式；浇注式是把液态隔热材料注入铝合金型材浇注槽内并固化，切除铝合金型材浇注槽内的临时连接桥使之断开金属连接，通过隔热材料将铝合金型材断开的两部分结合在一起的复合方式。横向抗拉强度是在隔热型材横截面方向施加在铝合金型材上的单位长度的横向拉力；抗剪强度是在垂直隔热型材横截面方向施加的单位长度的纵向剪切力。

1. 检测依据

《铝合金建筑型材 第6部分：隔热型材》GB 5237.6－2004

《建筑用隔热铝合金型材 穿条式》JG/T 175－2005

2. 检测设备

万能材料试验机，配有满足标准要求的夹具。

纵向剪切试验装置：试验夹具应能够有效防止试样在加载时发生旋转或偏移，作用力宜通过刚性支承传递给型材截面，既要保证负载的均匀性，又不能与隔热材料相接触。

横向拉伸试验装置：试验夹具应能够有效防止试样由于装夹不当造成的破坏（如在加载初始，型材即发生撕裂等破坏）。

3. 试样制备

（1）每批取2根，每根于中部和两端各取5个试样，共10个试样，做好标识。

（2）试样长 100 ±1mm，拉伸试验试样的长度允许缩短 18mm。

（3）试验前试样应在温度为 23 ±2℃ 和相对湿度 45% ~55% 的环境条件下放置 48h。

4. 检测方法

（1）将 10 个试样在温度为 23 ±2℃ 和相对湿度 45% ~55% 的环境条件下放置 10min；

（2）剪切试验：分别将 10 个试验放在试验装置中，用夹具将试样夹好，以 1 ~5mm/min 的加载速度加载，所加的载荷和相应的剪切位移应做记录，直至最大载荷出现，或隔热材料与铝型材出现 2.0mm 的剪切滑移量（此时称剪切失效）。滑移量应直接在试样上测量。

（3）计算试样的抗剪强度 T：

$$T = F/l \tag{1-102}$$

式中　T——抗剪强度（N/mm）；

F——最大抗剪力（取 10 个试样中的最小值）（N）；

l——试样长度（mm）

（4）横向抗拉试验：取 10 个剪切力失效的样品为试样，用夹具将试样夹好，试样在设定的试验温度下放置 10min 后，以 1 ~5mm/min 的加载速度加载，直至试样抗拉失效（出现型材撕裂或隔热材料断裂或型材与隔热材料脱落等现象），测定其最大载荷。

（5）计算试样的横向抗拉强度 Q：

$$Q = F/l \tag{1-103}$$

式中　Q——横向抗拉强度（N/mm）；

F——最大抗拉力（取 10 个试样中的最小值）（N）；

l——试样长度（mm）。

《建筑用隔热铝合金型材 穿条式》JG/T 175 -2005 中规定：

门窗用隔热型材必须：横向抗拉强度 Q 不小于 24N/mm；抗剪强度 T 不小于 24N/mm。

幕墙用隔热型材必须：横向抗拉强度 Q 不小于 30N/mm；抗剪强度 T 不小于 30N/mm。

5. 检测报告

检测报告的主要内容应包括：（1）检测依据；（2）检测内容；（3）试样的编号、厚度；（4）检测日期和检测人员；（5）检测结果。如有需要还可以附加试样的实物照片。

第十节　门 窗 检 测

建筑外窗是建筑物围护结构一部分，同时也起到通风和采光的作用，对建筑物内部环境有着重要的影响。外窗工程是装饰装修的一个子分部工程，外窗产品也是国家工业产品生产许可证管理的项目之一。

按材料来分，目前市场上较为常见的是铝合金窗和塑料窗，其他还有彩钢板、木窗以及其他复合形式。

按开启方向来分，较为常见的是推拉窗和平开窗、固定窗以及组合形式，其他开启方式还有上悬、内倒等。

不管材料和开启方法如何不同，外窗物理性能的试验方法是一致的。外窗物理性能主要有气密性、水密性、抗风压性、保温性、隔热性、隔声性。根据《建筑装饰装修工程质量验收规范》GB 50210 -2001 第 5.1.3 条规定"对金属窗、塑料窗的抗风压性、气密性、水密性进行复验"，目前建筑外窗的物理性能一般特指上述的三性。随着国家建设节约性社会和对节能建材的推广，保温和隔热性能将会越来越重要，而门窗的型材、门窗玻璃的使用直接影响门窗的物理性能。本节分别介绍门窗物理性能、型材、玻璃的检测方法。

一、定义

外窗　有一个面朝向室外的窗。

气密性能　外窗在关闭状态下阻止空气渗透的能力。

标准状态　标准状态条件为：温度293K(20℃)、压力101.3kPa、空气密度1.202kg/m^3。

整窗空气渗透量　在标准状态下，单位时间通过整窗的空气量(m^3/h)。

开启缝长度　外窗开启扇周长的总和，以内表面测定值为准。如遇两扇相互搭接时，其搭接部分的两段缝长按一段计算(m)。

单位缝长空气渗透量　在标准状态下，单位时间通过单位缝长的空气量[m^3/(m·h)]。

窗面积　窗框外侧范围内的面积，不包括安装用附框的面积(m^2)。

单位面积空气渗透量　在标准状态下，单位时间通过单位面积的空气量[m^3/(m^2·h)]。

压力差　外窗室内外表面所受到的空气压力的差值。当室外表面空气压力大于室内表面时，压力差定为正值；反之定为负值。压力单位以帕(Pa)表示。

二、检测依据与技术要求

1. 检测依据

《建筑外门窗气密、水密、抗风压性能分级及检测方法》GB/T 7106－2008

《建筑装饰装修工程质量验收规范》GB 50210－2001

《未增塑聚氯乙烯(PVC－U)塑料窗》JG/T 140－2005

《铝合金门窗》GB/T 8478－2008

2. 分级指标

建筑外窗气密性能分级表　　**表1－47**

分级代号	1	2	3	4	5
单位缝长分级指标值 q_1 [m^3/(m·h)]	$6.0\geqslant q_1>4.0$	$4.0\geqslant q_1>2.5$	$2.5\geqslant q_1>1.5$	$1.5\geqslant q_1>0.5$	$q_1\leqslant0.5$
单位面积分级指标值 q_2 [m^3/(m^2·h)]	$18\geqslant q_2>12$	$12\geqslant q_2>7.5$	$7.5\geqslant q_2>4.5$	$4.5\geqslant q_2>1.5$	$q_2\leqslant1.5$

产品标准中规定的最低合格要求，见表1－48(由于塑料窗和彩板窗的产品标准没有随检测标准的更新而修订，所以气密性只列出单位缝长分级指标值。此表中技术要求参数随相关产品标准的变更而改变)。满足相关产品标准的合格要求也是工程检测应该达到的要求。如果委托时没有对三项指标做出具体要求，检测中可以以此作为判断依据。

各项指标的技术要求　　**表1－48**

窗型	抗风压性能(kPa)	水密性能(Pa)	气密性能 [m^3/(m·h)]	标准
塑料推拉窗	1000	1000	2.5	JG/T 140
塑料平开窗	1000	1000	2.0	
铝合金推拉窗	1000	1000	2.5	GB/T8478
铝合金平开窗	1000	1000	2.5	
彩钢推拉窗	1500	150	2.5	《平开、推拉彩色涂层钢板门窗》JG/T 3041－1997
彩钢平开窗	2000	250	1.5	

三、试验设备及环境

2002年以后开发的室内和现场外窗检测设备的自动化程度较成熟，工作设备主要由动风压箱体构成，控制完全由计算机完成。除水密性需要人员实时监控外，其他都实现了自动采集与评判。

试验方法标准上没有对检测环境提出特殊要求，一般室温条件可以。但对于塑料窗，产品标准JG/T 140上规定在检测前对于PVC塑料窗试件应在18～28℃的条件下状态调节16h以上，同时检测也要求在同样的环境条件下进行，所以建议检测室的温度控制在18～28℃范围内。

四、试验准备

1. 顺序

试验顺序按气密性、水密性、抗风压性进行，先做正压，后做负压。

2. 试件要求

试件应为按提供图样生产的合格品，不得有附加的零配件和特殊组装工艺或改善措施，不得在开启部位打密封胶。

3. 试件安装

调整镶嵌框尺寸，并保证有足够的刚度。

用完好的塑料布覆盖试件的外侧面。

试件的外侧面朝向箱体，如需要，选用合适的垫木垫在静压箱底座上，垫木的厚度应使试件排水顺畅，试件的安装高度应保证排水顺畅，安装好的试件要求垂直，下框要求水平，夹具应均匀分布，避免出现变形，建议安装附框，安装完毕后，应将试件开启部分开关5次，最后夹紧。

4. 录入基本参数

测量并记录试件品种，外形长、宽和厚，开启缝长，开启密封材料，受力杆长，玻璃品种、规格、最大尺寸、镶嵌方法、镶嵌材料，气压，环境温度，五金配件配制。

5. 设备检查

五、气密性检测方法

1. 预备加压

在正负压检测前分别施加三个压力脉冲。压力绝对值为500Pa，加载速度约为100Pa/s，压力稳定作用时间3s，泄压时间不少于1s。待压力差回零后，将试件上所有开启部分开关5次，最后关紧。

2. 附加空气渗透量的测定

附加空气渗透量指除通过试件本身的空气渗透量以外的通过设备和镶嵌框，以及部件之间连接缝等部位的空气渗透量。在试件开启部位密封的情况下选择程序记录10、50、100、150、100、50、10压力等级下的空气渗透量，见图1－40。

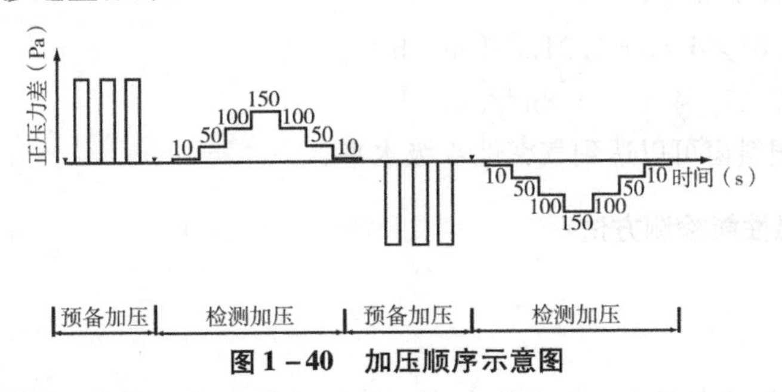

图1－40　加压顺序示意图

3. 总渗透量的测定

用刀片划开密封部位的塑料布，选择总渗透量的测定，程序同上。

4. 分级与计算

监控系统根据记录下的正、负各压力级总渗透量和附加渗透量计算出每一试件在100Pa 时的空气渗透量的测定值 $\pm q_t$；换算成标准状态下的空气渗透量 $\pm q'$；除以开启缝长度得出单位开启缝长的空气渗透量 $\pm q'_1$；除以试件面积得出单位面积的空气渗透量 $\pm q'_2$；换算成 10Pa 检测压力下的相应值 $\pm q_1$ 和 $\pm q_2$ 的计算公式分别见式(1－104)和式(1－105)。

$$\pm q_1 = (\pm q_t \times 293 \times p)/(4.65 \times 101.3 \times T \times l) \quad (1-104)$$

$$\pm q_2 = (\pm q_t \times 293 \times p)/(4.65 \times 101.3 \times T \times A) \quad (1-105)$$

式中 p——实验室气压值(kPa)；

l——开启缝的总长度(m)；

A——窗户试件的面积(m^2)。

作为分级指标值，对照按缝长和按面积各自所属级别，最后取两者中的不利级别为所属等级，正压、负压分别定级。

我国大部分窗型开启缝长与面积比大约为 1: 3，故评定等级也大致采用这个比列关系。

下面举一个我们现场检测的实际例子(这里只列出一樘窗的正压数据)如何计算气密性：

规格型号：TSC80－1515

外型尺寸：1500mm×1500mm×80mm

试件面积：2.25m^2

开启缝长：7.090m

气压：101.1kPa

环境温度：299K

检测类型		检测压力(Pa)			
		10	50	100	150
总渗透量 q_z(m^3/h)	升 压	9.26	22.23	41.21	58.95
	降 压	9.15	23.72	42.46	
附加渗透量 q_f(m^3/h)	升 压	0.00	0.35	1.26	2.24
	降 压	0.00	0.36	1.11	

$\bar{q}_Z = 41.835, \bar{q}_f = 1.185$

$q^t = \bar{q}_z - \bar{q}_f = 41.835 - 1.185 = 40.65$

$$q' = \frac{293}{101.3} \times \frac{q_t \times P}{T} = \frac{293}{101.3} \times \frac{40.65 \times 101.1}{299} = 39.76$$

$q'_1 = q' / l = 39.76 / 7.090 = 5.61$

$q'_2 = q' / A = 39.76/2.25 = 17.67$

$q_1 = q'_1 / 4.65 = 5.61 / 4.65 = 1.21 m^3/(m \cdot h)$

$q_2 = q'_2 / 4.65 = 17.67 / 4.65 = 3.8 m^3/(m \cdot h)$

可以判定这一樘塑料窗可以达到气密性 4 级水平。

六、建筑外窗保温性能检测方法

1. 定义

传热系数 K

在稳定传热条件下，外窗两侧空气温差为 1K，单位时间内通过单位面积的传热量，以[W/(m^2·K)]计。

热阻 R

在稳定状态下，与热流方向垂直的物体两表面温度差除以热流密度，以($m^2 \cdot K/W$) 计。

热导率 Λ：

稳定状态下，通过物体的热流密度除以物体两表面的温度差，以[$W/(m^2 \cdot K)$]计。

总的半球发射率 ε：

表面的总的半球发射密度与相同温度黑体的总的半球发射密度之比。

2. 原理

《建筑外门窗保温性能分级及检测方法》GB/T 8484－2008 基于稳定传热原理，采用标定热箱法检测窗户保温性能。试件一侧为热箱，模拟采暖建筑冬季室内气候条件，另一侧为冷箱，模拟冬季室外气候条件。在对试件缝隙进行密封处理，试件两侧各自保持稳定的空气温度、气流速度和热辐射条件下，测量热箱中电暖器的发热量，减去通过热箱外壁和试件框的热损失(两者均由标定试验确定，见附录二)，除以试件面积与两侧空气温差的乘积，即可计算出试件的传热系数 K 值。

3. 检测装置

检测装置主要由热箱、冷箱、试件框和环境空间四部分组成，如图 1－41 所示。

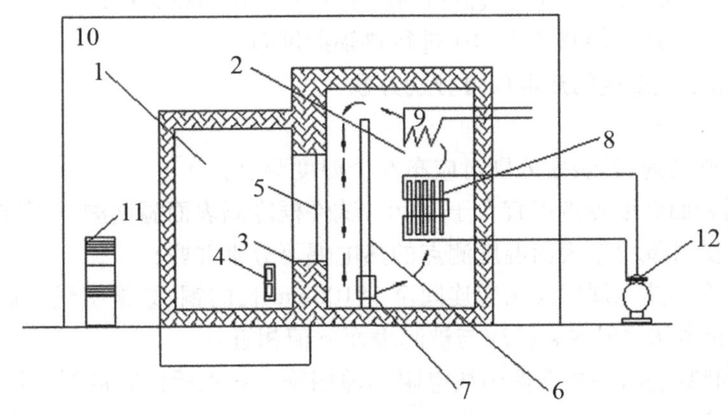

图 1－41　检测装置示意图

1—热箱；2—冷箱；3—试件箱；4—电暖箱；5—试件；6—隔风板；
7—风机；8—蒸发器；9—加热器；10—环境空间；11—空调器；12—冷冻机

(1)热箱要求

热箱开口尺寸不宜小于 2100mm × 2400mm(宽 × 高)，进深不宜小于 2000mm。热箱外壁构造应是热均匀体，其热阻值不得小于 $3.5m^2 \cdot K/W$。热箱内表面的总的半球发射率 ε 值应大于 0.85。

(2)冷箱要求

冷箱开口尺寸应与试件框外边缘尺寸相同，进深以能容纳制冷、加热及气流组织设备为宜。冷箱外壁应采用不透气的保温材料，其热阻值不得小于 $3.5m^2 \cdot K/W$，内表面应采用不吸水、耐腐蚀的材料。冷箱通过安装在冷箱内的蒸发器或引入冷空气进行降温。利用隔风板和风机进行强迫对流，形成沿试件表面自上而下的均匀气流，隔风板与试件框冷侧表面距离宜能调节。隔风板宜采用热阻不小于 $1.0m^2 \cdot K/W$ 的板材，隔风板面向试件的表面，其总的半球发射率 ε 值应大于 0.85。隔风板的宽度与冷箱内净宽度相同。蒸发器下部应设置排水孔或盛水盘。

(3)试件框

试件框外缘尺寸应不小于热箱开口部处的内缘尺寸。试件框应采用不透气、构造均匀的保温材料，热阻值不得小于 $7.0m^2 \cdot K/W$，其容量应为 $20kg/m^2$ 左右。安装试件的洞口尺寸不应小于 1500mm × 1500mm。洞口下部应留有不小于 600mm 高的窗台。窗台及洞口周边应采用不吸水、导热系数小于 0.25 $W/(m^2 \cdot K)$的材料。

（4）环境空间

检测装置应放在装有空调器的试验室内，保证热箱外壁内、外表面面积加权平均温差小于1.0K。试验室空气温度波动不应大于0.5K。试验室围护结构应有良好的保温性能和热稳定性。应避免太阳光通过窗户进入室内，试验室内表面应进行绝热处理。热箱外壁与周边壁面之间至少应留有500mm的空间。

4. 感温元件的布置

（1）感温元件

感温元件采用铜—康铜热电偶，测量不确定度应小于0.25K。铜—康铜热电偶必须使用同批生产、丝径为0.2～0.4mm的铜丝和康铜丝制作。铜丝和康铜丝应有绝缘包皮。铜—康铜热电偶感应头应作绝缘处理。铜—康铜热电偶应定期进行校验[见附录三（标准的附录）]。

（2）铜—康铜热电偶的布置

1）空气温度测点

① 应在热箱空间内设置两层热电偶作为空气温度测点，每层均匀布4点；

② 冷箱空气温度测点应布置在符合《绝热稳态传热性质的测定　标定和防护热箱法》GB/T 13475－2008规定的平面内，与试件安装洞口对应的面积上均匀布9点；

③ 测量空气温度的热电偶感应头均应进行热辐射屏蔽；

④ 测量热、冷箱空气温度的热电偶可分别并联。

2）表面温度测点

① 热箱每个外壁的内、外表面分别对应布6个温度测点；

② 试件框热侧表面温度测点不宜少于20个，试件框冷侧表面温度测点不宜少于14个点；

③ 热箱外壁及试件框每个表面温度测点的热电偶可分别并联；

④ 测量表面温度的热电偶感应头应连同至少100mm长的铜、康铜引线一起，紧贴在被测表面上。粘贴材料的总的半球发射率ε值应与被测表面ε值相近。

（3）凡是并联的热电偶，各热电偶引线电阻必须相等。各点所代表被测面积应相同。

5. 热箱加热装置

热箱采用交流稳压电源供电暖气加热。窗台板至少应高于电暖气顶部50mm。计量加热功率Q的功率表的准确度等级不得低于0.5级，且应根据被测值大小转换量程，使仪表示值处于满量程的70%以上。

6. 风速

冷箱风速可用热球风速仪测量，测点位置与冷箱空气温度测点位置相同。不必每次试验都测定冷箱风速。当风机型号、安装位置、数量及隔风板位置发生变化时，应重新进行测量。

7. 试件安装

被检试件为一件。试件的尺寸及构造应符合产品设计和组装要求，不得附加任何多余配件或特殊组装工艺。试件安装位置：单层窗及双层窗外窗的外表面应位于距试件冷侧表面50mm处；双层窗内窗的内表面距试件框热侧表面不应小于50mm，两玻间距应与标定一致。试件与试件洞口周边之间的缝隙宜用聚苯乙烯泡沫塑料条填塞，并密封。试件开启缝应采用塑料胶带双面密封。当试件面积小于试件洞口面积时，应用与试件厚度相近，已知导热率Λ值的聚苯乙烯泡沫塑料板填堵。在聚苯乙烯泡沫塑料板两侧表面粘贴适量的铜—康铜热电偶，测量两表面的平均温差，计算通过该板的热损失。在试件热侧表面适当布置一些热电偶。

8. 检测条件

热箱空气温度设定范围为18～20℃，温度波动幅度不应大于0.1K。热箱空气为自然对流，其相对湿度宜控制在30%左右。冷箱空气温度设定范围为－21～－19℃，温度波动幅度不应大于

0.3K。《建筑热工设计分区》中的夏热冬冷地区、夏热冬暖地区及温和地区，冷箱空气温度可设定为 -11 ~ -9℃，温度波动幅度不应大于0.2K。与试件冷侧表面距离符合 GB/T 13475 - 2008 规定平面内的平均风速设定为3.0m/s（气流速度系指在设定值附近的某一稳定值。）

9. 检测程序

检查热电偶是否完好。启动检测装置，设定冷、热箱和环境空气温度。当冷、热箱和环境空气温度达到设定值后，监控各控温点温度，使冷、热箱和环境空气温度维持稳定。4h 后，如果逐时测量得到热箱和冷箱的空气平均温度 t_h 和 t_c，每小时变化的绝对值分别不大于0.1℃和0.3℃；温差 $\Delta\theta_1$ 和 $\Delta\theta_2$ 每小时变化的绝对值分别不大于0.1K和0.3K，且上述温度和温差的变化不是单向变化，则表示传热过程已经稳定。

传热过程稳定之后，每隔30min测量一次参数 t_h、t_c、$\Delta\theta_1$、$\Delta\theta_2$、$\Delta\theta_3$、Q，共测六次。

测量结束之后，记录热箱空气相对湿度，试件热侧表面及玻璃夹层结露、结霜状况。

10. 数据处理

各参数取六次测量的平均值。试件传热系数 K 值〔W/(m²·K)〕按下式计算：

$$K = \frac{Q - M_1 \cdot \Delta\theta_1 - M_2 \cdot \Delta\theta_2 - S \cdot \Lambda \cdot \Delta\theta_3}{A \cdot \Delta t} \quad (1-106)$$

式中 Q——电暖气加热功率(W)；

M_1——由标定试验确定的热箱外壁热流系数(W/K)(见附录二)；

M_2——由标定试验确定的试件框热流系数(W/K)(见附录二)；

$\Delta\theta_1$——热箱外壁内、外表面面积加权平均温度之差(K)；

$\Delta\theta_2$——试件框热侧冷侧表面面积加权平均温度之差(K)；

S——填充板的面积(m²)；

Λ——填充板的热导率[W/(m²·K)]；

$\Delta\theta_3$——填充板两表面的平均温差(K)；

A——试件面积(m²)；按试件外缘尺寸计算，如试件为采光罩，其面积按采光罩水平投影面积计算；

Δt——热箱空气平均温度 t_h 与冷箱空气平均温度 t_c 之差(K)。

$\Delta\theta_1$、$\Delta\theta_2$ 的计算见附录四。如果试件面积小于试件洞口面积时，式(1-106)中分子 $S \cdot \Lambda \cdot \Delta\theta_3$ 项为聚苯乙烯泡沫塑料填充板的热损失。

试件传热系数 K 值取两位有效数字。

11. 外窗保温性能分级(表1-49)

外窗保温性能分级[W/(m²·K)] 表1-49

分级	1	2	3	4	5
分级指标	$K \geq 5.5$	$5.5 > K \geq 5.0$	$5.0 > K \geq 4.5$	$4.5 > K \geq 4.0$	$4.0 > K \geq 3.5$
分级	6	7	8	9	10
分级指标	$3.5 > K \geq 3.0$	$3.0 > K \geq 2.5$	$2.5 > K \geq 2.0$	$2.0 > K \geq 1.5$	$K < 1.5$

第十一节 设备系统节能性能检测

一、设备系统节能对建筑节能的意义

建筑物除建筑、结构外，附属的设备专业还有很多，包括通风空调、采暖、给水排水、消防、热水

供应、电力供应、灯光照明等。这些专业在建筑节能方面发挥着重要的作用。建筑物主体(尤其是围护结构)是建筑节能的基础,但最终能源是消耗在各种设备上的。《建筑节能工程施工质量验收规范》GB50411－2007 中第 14.2.1 条提出采暖、通风与空调、配电与照明工程安装完成后,应进行系统节能性能的检测,受季节影响未进行的节能性能检测项目,还应在保修期内补做。要求检测的项目见表 1－50:

系统节能性能检测 **表 1－50**

序号	检测项目	抽样数量	允许偏差或规定值
1	室内温度	居住建筑每户抽测卧室或起居室 1 间,其他建筑按房间总数抽测 10%	冬季不得低于设计计算温度 2℃,且不应高于 1℃;夏季不得高于设计计算温度 2℃,且不应低于 1℃
2	供热系统室外管网的水力平衡度	每个热源与换热站均不少于 1 个独立的供热系统	0.9～1.2
3	供热系统的补水率	每个热源与换热站均不少于 1 个独立的供热系统	0.5%～1%
4	室外管网的热输送效率	每个热源与换热站均不少于 1 个独立的供热系统	≥0.92
5	各风口的风量	按风管系统数量抽查 10%,且不得少于 1 个系统	≤15%
6	通风与空调系统的总风量	按风管系统数量抽查 10%,且不得少于 1 个系统	≤10%
7	空调机组的水流量	按系统数量抽查 10%,且不得少于 1 个系统	≤20%
8	空调系统冷热水、冷却水总流量	全数	≤10%
9	平均照度与照明功率密度	按同一功能区不少于 2 处	≤10%

根据夏热冬冷地区的气候特点和建筑工程质量检测的要求,我们在本节主要介绍通风与空调系统的节能检测,对照明工程中的平均照度与照明功率密度的检测方法也做了介绍。

空调系统的能耗主要有两个方面,一方面是为了生产冷冻水和热水(蒸汽等),冷热源设备消耗的能源,如压缩式制冷机的耗电,吸收式制冷机耗蒸汽或燃气,锅炉耗煤、燃油、燃气或电等;另一方面是为了给房间送风和输送空调循环水,风机和水泵所消耗的电能。建筑物的空调需冷量和需热量的影响因素有室外气象参数(如室外空气温度、空气湿度、太阳辐射强度等),室内空调设计标准,外墙门窗的传热特性,室内人员、照明、设备的散热、散湿状况以及新风量的多少等多种因素决定。风机、水泵的输送能耗受所输送的空气量、水量和水系统、风系统的输送阻力的影响。风系统、水系统的流量和阻力的影响因素有系统形式、送风温差、供回水温差、送风和送水流速、空气处理设备和冷热源设备的阻力和效率等。空调系统能耗的影响因素较多,需要从多方面、多环节共同节能才能起到较好的效果。

二、检测参数与方法

室内温度

(1)标准要求

夏季室温过冷或冬季室温过热,不仅消耗能源,而且对人体舒适和健康来说都是不适宜的。《采暖通风与空气调节设计规范》GB 50019－2003 中规定舒适性空气调节室内计算参数应符合表1－51。

舒适性空气调节室内计算参数　　**表1－51**

参数	冬季	夏季
温度(℃)	18～24	22～28
风速(m/s)	≤0.2	≤0.3
相对湿度(%)	30～60	40～65

室内计算温度的高低与能耗有密切的关系。计算分析，在冬季供暖工况下，室内计算温度每降低1℃，能耗可减少5%～10%左右；在夏季供冷工况下，室内计算温度每升高1℃，能耗可减少8%～10%左右。所以应自觉控制室内温度，夏季不得高于设计计算温度2℃，且不应低于1℃，冬季不得低于设计计算温度2℃，且不应高于1℃。住房和城乡建设部制定的《公共建筑室内温度控制管理办法》提出公共建筑室内温度控制是空调系统节能运行中的重要一环，要求公共建筑夏季工况不低于26℃，冬季工况不高于20℃，在实际检测中应该注意到相互的关系和区别。

(2)检测仪器

室内温度可采用铂电阻温度计、热电偶温度计、玻璃温度计等测量仪器进行测量。这里介绍常用的热电偶温度计。热电偶具有构造简单、适用温度范围广、使用方便、承受热、机械冲击能力强以及响应速度快等特点，常用于高温区域、振动冲击大等恶劣环境以及适合于微小结构测温场合。它的工作原理见图1－42示意。

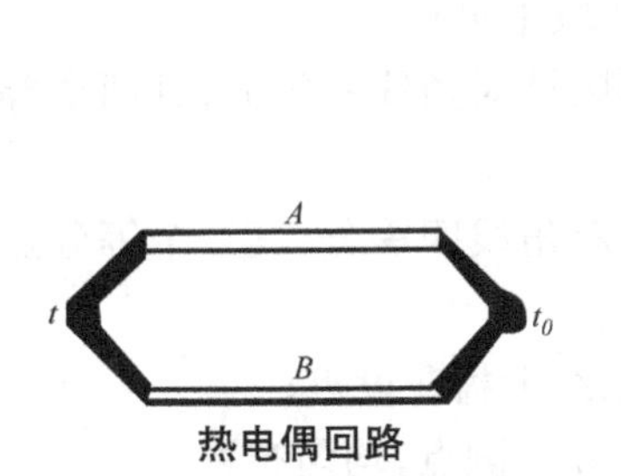

热电偶回路

热电偶示意图

1—热电偶；2—连接导线；3—显示仪表

图1－42　热电偶工作原理

如果两种不同成分的均质导体形成回路，直接测温端叫测量端，接线端子端叫参比端，当两端存在温差时，就会在回路中产生电流，两端之间就会存在热电势，即塞贝克效应。热电势的大小只与热电偶导体材质以及两端温差有关，与热电偶导体的长度、直径无关。按照热电偶的组成结构分为热电偶测温导线、铠装热电偶、装配式热电偶。其中热电偶测温导线是用外带绝缘的热电偶丝材焊接而成，是测温产品里结构最为简单的一种，响应速度也比较快。

测温产品　　**表1－52**

分度号	规格/丝径(mm)	测温范围　(℃)	精度	外观
K	聚四氟外包/0.32	0～200	Ⅰ级 Ⅱ级	
	金属网外包/0.6	0～400		
T	聚四氟外包/0.32	－200～200		
	聚四氟外包/0.2			
	聚四氟外包/0.1			
E	金属网外包/0.6	0～400		
J	金属网外包/0.6	0～400		

记录仪器推荐选择具有连续测量记录功能的仪器，温度分辨率不应低于0.1℃、准确度不应低于0.5级。应能提供记录仪器（图1－43）和热电偶的有效的计量检定证书。

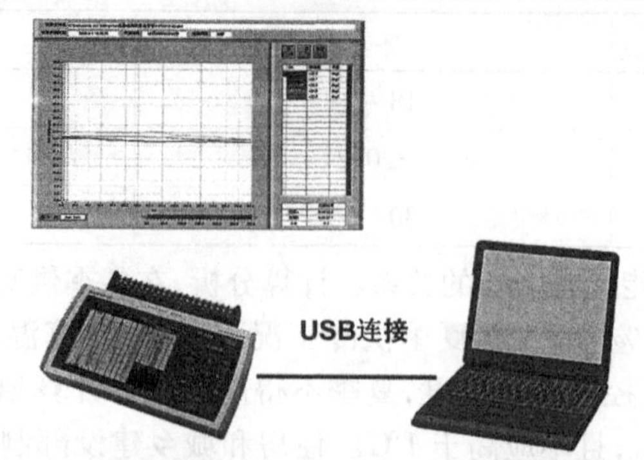

图1－43 某热电偶型多通道温湿度自动采集记录仪器

（3）检测条件

现场检测时，采暖空调系统应正常运行，且门窗处于关闭状态。测点应设于室内活动区域，且距楼面700～1800mm范围内有代表性的位置，温、湿度传感器不应受到太阳辐射或室内热源的直接影响。检测时间不少于6h，数据记录时间间隔最长不得超过30min。

（4）测点位置及数量应符合

居住建筑每户抽测卧室或起居室1间，应按照空调系统分区进行选取；其他建筑按房间总数抽测10%，尽量选取底层、中间层、顶层的代表性房间。

1）室内面积不足16m²，设测点1个，测点布在室内活动区域中央；

2）室内面积16m²及以上不足30m²，设测点2个，将检测区域对角线三等分，其两个等分点作为测点；

3）室内面积30m²及以上不足60m²，设测点3个，将居室对角线四等分，其三个等分点作为测点；

4）室内面积60m²及以上不足100m²，设测点5个，两对角线上梅花设点；

5）室内面积100m²及以上每增加20～50m²酌情增加1～2个测点，均匀布置。

（5）判定方法

室内平均温度应按下列公式计算：

$$t_{rm}=\frac{\sum_{i=1}^{n}t_{rm,i}}{n} \tag{1-107}$$

$$t_{rm,i}=\frac{\sum_{j=1}^{p}t_{i,j}}{p} \tag{1-108}$$

式中 t_{rm}——检测持续时间内受检房间的室内平均温度（℃）；

$t_{rm,i}$——检测持续时间内受检房间第i个室内逐时温度（℃）；

n——检测持续时间内受检房间的室内逐时温度的个数；

$t_{i,j}$——检测持续时间内受检房间第i个测点的第j个温度逐时值（℃）；

p——检测持续时间内受检房间布置的温度测点的点数。

三、风量

空调系统的风量测定的范围有送风量、新风量和回风量以及各分支风管或风口的出口风量。本节主要介绍风管系统及风口处的风量测定方法，选用的仪器有热式风速仪、毕托管、风量罩等。

1. 风管系统风量测定

风管系统风量测定的常用方法是用毕托管和微压计测出风管内各点的动压，然后求出平均风速。此外也可用性能稳定的热线风速仪或热球风速仪直接测量风速，求出平均风速后利用公式求出风量。特别是当动压差小于10Pa时，推荐用风速仪。

（1）现场试验的一般条件

1）由试验机组至流量和压力测量截面之间的风管应不漏气。

2）试验机组，应在额定风量下测量，其波动应在额定风量±10%之内。

3）变风量机组，至少应测量三个工况点，即最大、最小和中间风量工况。

4）机组的测试工况点，可通过系统风阀调节，但不得干扰测量段的气流流动。

（2）风管内部风量的计算公式为：

$$L = 3600\bar{v}F \qquad (1-109)$$

式中　L——风量（m^3/h）；

$\bar{v}$——风管内的平均风速（m/s）；

F——测定断面面积（m^2）。

当使用毕托管测得的直接数据是动差压，需要通过伯努利公式换算成风速。

$$v = k\sqrt{\frac{2\Delta p}{p}} \qquad (1-110)$$

式中　k——测量装置系数；

Δp——动差压（Pa）；

ρ——表示气体密度（kg/m^3）。

3）测点布置

为了准确测定风管内的平均流速首先要正确地选择测定断面和确定测点数。根据流体的流动特点，测定断面应尽可能地选在气流稳定的直管段上。实际测定中的选择原则如下：测定断面应选在局部管件（如三通、弯头等）之后4～5倍管径处或选在局部管件之前的1.5～2倍管径处。当实际工程条件不能满足以上选择的原则时，可适当缩小选择距离，并尽可能地远离上游局部管件。

增加测量次数，可以保证测量到的数据尽可能地接近实际情况。在测量断面上确定测点数取决于断面大小和流场的均匀性。一般测点数取得越多，所测平均流速就越准确。

对于矩形截面风管，将测定截面分成若干相等的小截面，尽可能接近正方形，边长最好不大于200 mm，截面面积不大于0.05m^2，测点在各截面中心处，具体规定如下：

① 当矩形截面长短边之比小于1.5时，在截面上至少应布置25个点，见图1-44、表1-53。对于长边大于2m的截面，至少应布置30个点（6条纵线，每个纵线上5个点）。

② 矩形截面长短边之比大于等于1.5时，在截面上至少应布置30个点（6条纵线，每个纵线上5个点）。

③ 对于长边小于1.2m的截面，可按等面积划分成若干个小截面，每个小截面的边长200～250mm。

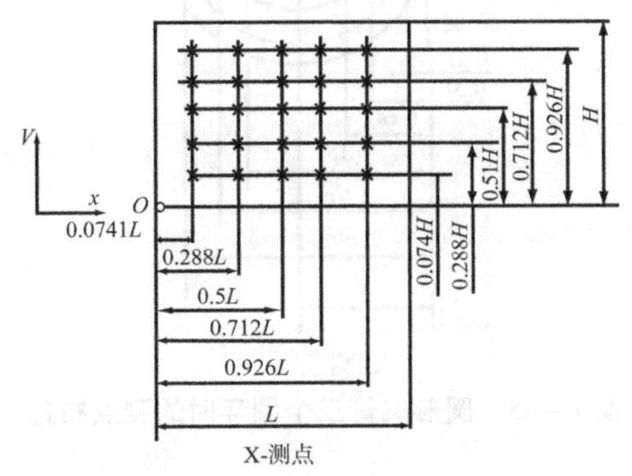

图1-44　矩形风管25点时的布置

矩形截面测点位置　　表 1-53

纵线数	每条线上的点数	X_i/L 或 y_i/H
5	1	0.074
	2	0.288
	3	0.5
	4	0.712
	5	0.926
6	1	0.061
	2	0.235
	3	0.437
	4	0.563
	5	0.765
	6	0.939
7	1	0.053
	2	0.203
	3	0.366
	4	0.5
	5	0.634
	6	0.797
	7	0.947

对于圆形截面风管的测点分布应遵循以下原则：设想将圆管断面划分为若干个面积相等的同心圆环，每个圆环相互垂直的两条直径上的四个点就是测点的位置，见图 1-45、表 1-54。

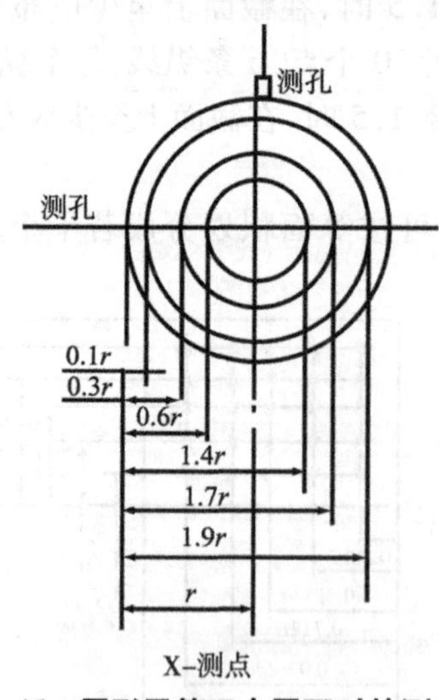

图 1-45　圆形风管三个圆环时的测点布置

圆形截面的测点布置　表 1-54

风管直径(mm)	≤200	200~400	400~700	≥700
圆环个数	3	4	5	5~6
测点编号	测点到管壁的距离(r 的倍数)			
1	0.1	0.1	0.05	0.05
2	0.3	0.2	0.2	0.15
3	0.6	0.4	0.3	0.25
4	1.4	0.7	0.5	0.35
5	1.7	1.3	0.7	0.5
6	1.9	1.6	1.3	0.7
7		1.8	1.5	1.3
8		1.9	1.7	1.5
9			1.8	1.65
10			1.95	1.75
11				1.85
12				1.95

2. 风口的风量测定

风口处的气流比较复杂，测定工作难度较大。只有不能在风支管上测量时，才在风口处测定。常用仪器有热球式风速仪、叶轮式风速仪(图 1-46)、风量罩(图 1-47)。风量罩能迅速准确地测量风口平均通风量，无论是安装在顶棚、墙壁或地面上的送、回、排风口，配备相应的传感器都可以直接读出风速、压力，尤其适用于散流器式风口。

使用时将罩口紧贴顶棚，使风口整体完全包容，就可以直接读取。但加罩会增加系统阻力，使测定风量小于实际风量。所以这种方法只能适用于系统原有阻力很大的情况，加罩对供风量的影响很小，可忽略不计。为了克服加罩的影响，可在罩子的出口加一可调速的轴流风机，在使用时，改变风机的转速，使风口出口处的静压为0，这样就保证了既不增加风口出风的阻力，也不产生吸引作用，测出的结果是比较准确的。

如果是格栅风口或者条缝形风口，测量时可用叶轮式风速仪或热球电风速仪紧贴送风口进行测量。面积较大的风口可用定点测量法，即把边长划分为等于两倍风速仪直径的小方块，在每个小方块的中心逐个测定风速，最后取其平均值，同时量取有效送风面积，通过计算得出实际风量。但这种方法的误差较大，在必要的时候应进行修正。但修正系数的确定需要一些实验室典型风口的数据。对于回风口的风量，由于吸气气流比较均匀，采用这种方法比较可行。

图 1-46　叶轮式风速仪

图 1-47　风量罩

3. 风压的测定

可利用毕托管得到各测点的动压、静压、全压。压力的计算公式为：

$$p_q = p_d + p_j \tag{1-111}$$

式中　p_q——全压(Pa)；

p_d——动压(Pa)；

p_j——静压(Pa)。

一般情况下，通风机压出段的全压、静压均是正值。吸入段的全压、静压均是负值。而动压全是正值。可取各测点的压力的算术平均作为压力平均值。

4. 系统漏风量的测定

风管系统在施工安装过程中会存在一些不严密之处，造成系统漏风。如果漏风量超出了允许的范围，将会造成很大的能量浪费，甚至会影响系统的工作能力以至达不到原设计的要求。检查漏风量的方法是将系统待检部分出进通路封死，利用外接风机向管道内送风，测量所测部分内外静压差。漏风量与内外静压差存在如下的关系式：

$$\Delta p_j = AL_1^m \tag{1-112}$$

式中　Δp_j——所测部分内外静压差(Pa)；

A, m——系数和指数，和被测对象的孔隙或孔口结构特性有关；

L_1——漏风量(m^3/h)。

漏风量确定后，按下式计算漏风率α：

$$\alpha = \frac{L_1}{L} \times 100\% \tag{1-113}$$

式中　L——系统正常运行时被测部分的风量(m^3/h)。

四、空调机组水流量检测

1. 空调系统水流量对建筑节能的意义

空调系统水流量是确保制冷系统正常运行的前提和保障。首先空调系统是靠流动的水带走冷量和热量来确保换热器的可靠换热的，没有水流就没有所谓的制冷或制热；其次当无水流或水流少时，对于蒸发器来说，蒸发器负荷减少，蒸发温度降低，如果压缩机持续运行将导致蒸发器结冰，如果蒸发器防冻不能及时保护，蒸发器将有可能胀裂，导致制冷系统的水侧和冷媒侧串通，整个制冷系统报废。另外如果冷冻水系统的水流量长期过低，将导致回气压力长期过低，压缩机排出的润滑油不能顺利回到压缩机可能导致压缩机“咬缸”。对于冷凝器来说，冷却水量的减少，导致冷凝器负荷减少，冷凝温度和压力上升，造成冷凝器出口的冷媒经过膨胀阀时的流量大幅减少，制冷量下降，如果压缩机持续在高冷媒压力下运行将容易发生故障。空调系统水流量现场测量也是水系统水力平衡的需要，而且如果系统水流量远大于机组运行需要的流量，水泵和冷水机组的能耗都会比较大。

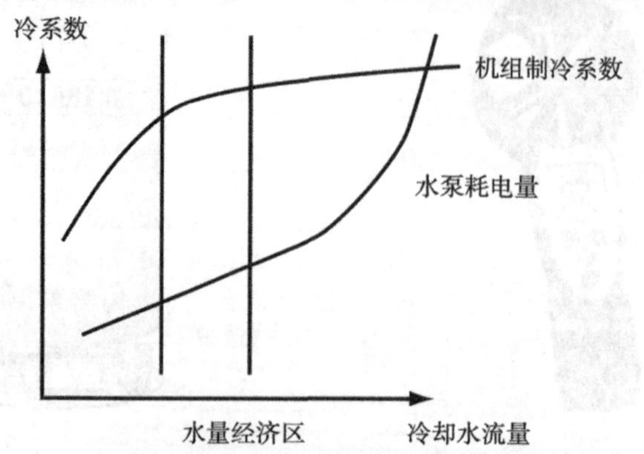

图1-48　冷却水流量对制冷系数和水泵耗电量的影响

由图1－48可以看出，水量改变时，机组的制冷系数和水泵的耗电量都会发生不同的变化。水量越大则机组的制冷系数也升高，当增至一定程度时，将不再有明显的变化，同时冷却水泵的耗电量将急剧增加。因此在保证机组的设计制冷量的前提下一定存在着冷却水流量的经济区域。

2. 空调系统水流量检测的方法

我们这里介绍采用超声波流量计（图1－49）的非接触流量测量方法，其工作原理是利用测量超声波在管道中传播时间原理而实现的。介质（液体）在管道中的流速，与超声波沿介质顺流和逆流传播的时间差存在着线性关系，只要分别测量出超声波顺流、逆流的传播时间，就可以依据线性关系得到沿管道路径上各点流速的瞬时平均流速。这样，介质流量即可以通过流速、管道截面积以及雷诺数等得到。

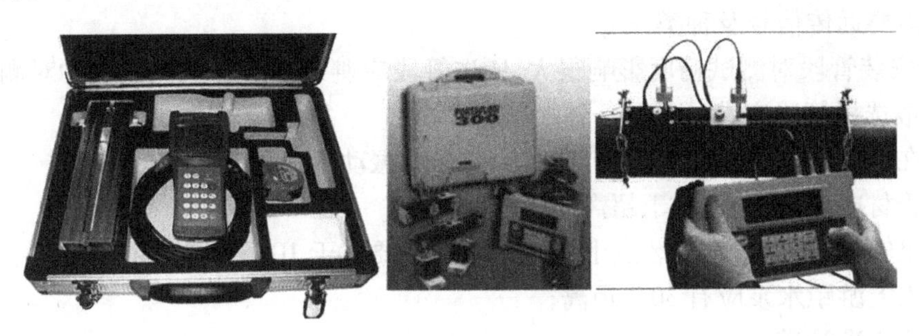

图1－49　超声波流量计

3. 安装流程（见图1－50）

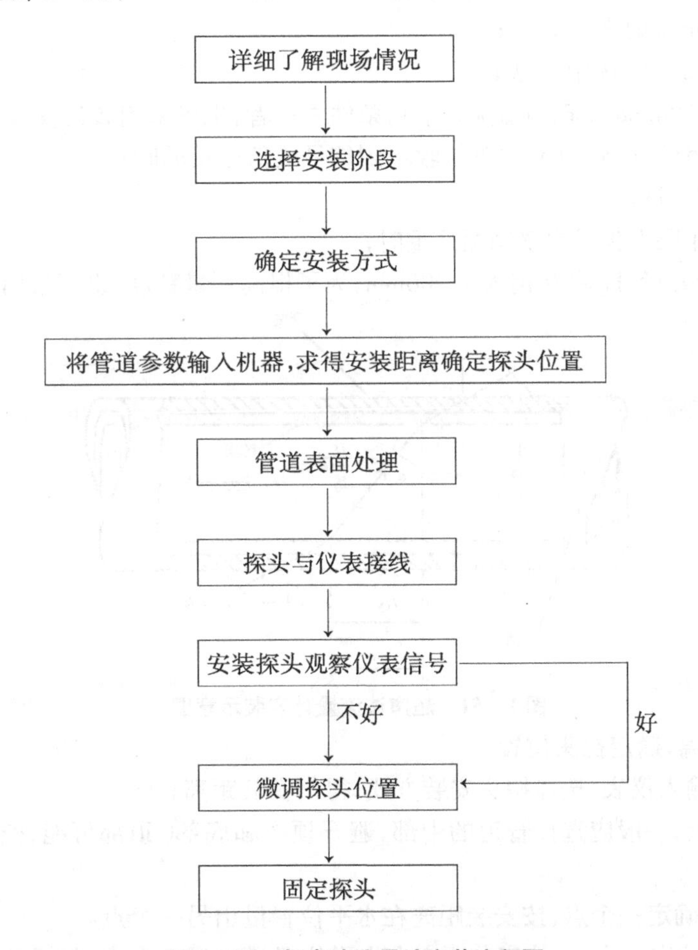

图1－50　超声波流量计安装流程图

（1）超声波流量计在安装之前应了解现场情况，包括：

1）安装传感器处距主机距离为多少；

2）管道材质、管壁厚度及管径；

3）管道年限；

4）流体类型、是否含有杂质、气泡以及是否满管；

5）流体温度；

6）安装现场是否有干扰源（如变频、强磁场等）；

7）主机安放处四季温度；

8）使用的电源电压是否稳定；

9）是否需要远传信号及种类；

（2）选择安装管段对测试精度影响很大，所选管段应避开干扰和涡流这两种对测量精度影响较大的情况，一般选择管段应满足下列条件：

1）避免在水泵、大功率电台、变频，即有强磁场和振动干扰处安装机器；

2）选择管材应均匀致密，易于超声波传输的管段；

3）要有足够长的直管段，安装点上游直管段必须要大于 10*D*（*D* 为直径），下游要大于 5*D*；

4）安装点上游距水泵应有 30*D* 距离；

5）流体应充满管道；

6）管道周围要有足够的空间便于现场人员操作。

（3）超声波流量计（图 1－51）一般有两种探头安装方式，即 Z 法和 V 法。通常情况下：

管径 *D* 大于 200mm 时选用 Z 法；

管径 *D* 小于 200mm 时选用 V 法；

但是，当 *D* 小于 200mm 而现场情况为下列条件之一者，也可采用 Z 法安装：

1）当被测量流体浊度高，用 V 法测量收不到信号或信号很弱时；

2）当管道内壁有衬里时；

3）当管道使用年限太长且内壁结垢严重时；

对于管道条件较好者，即使 *D* 稍大于 200mm，为了提高测量精度，也可采用 V 法安装。

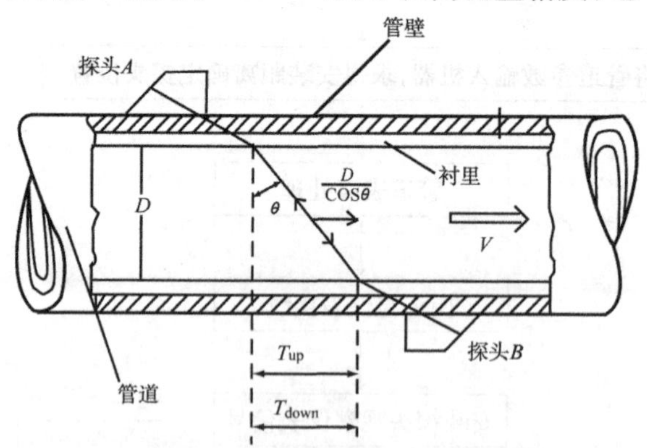

图 1－51　超声波流量计安装示意图

（4）求得安装距离，确定探头位置

1）将管道参数输入仪表，选择探头安装方式，得出安装距离；

2）在水平管道上，一般应选择管道的中部，避开顶部和底部（顶部可能含有气泡、底部可能有沉淀）；

3）V 法安装：先确定一个点，按安装距离在水平位置量出另一个点。

Z 法安装：先确定一个点，按安装距离在水平位置量出另一个点，然后测出此点在管道另一侧的对称点。

(5)管道表面处理

确定探头位置之后,在两安装点 ±100mm 范围内,使用角磨砂轮机、锉、砂纸等工具将管道打磨至光亮平滑无蚀坑。

要求:光泽均匀,无起伏不平,手感光滑圆润。需要特别注意,打磨点要求与原管道有同样的弧度(切忌将安装点打磨成平面),用酒精或汽油等将此范围擦净,以利于探头粘结。

(6)在传感器底面均匀地涂抹耦合剂,放置在管道上,然后观察仪表的信号强度与传输时间比,如发现不好,则细微调整探头位置,直到仪表的信号达到规定的范围之内:

(7)读取示值

五、平均照度与照明功率密度

1. 概述

平均照度与照明功率密度的节能性能反映了照明用电必须致力于提高利用效率,《建筑照明设计标准》GB 50034-2004 提出在提高照度和照明质量的同时,需要强调提高照明系统能效,节约能源。规定了居住建筑、办公、学校、商业等五类公共建筑及三类工业建筑共108个房间或场所的"照明功率密度"(LPD)的最大允许值(表1-55)。

办公建筑照明功率密度及对应照度　　表1-55

房间或场所	照明功率密度(W/m²)		对应照度(lx)
	现行值	目标值	
普通办公室	11	9	300
高档办公室	18	15	500
会议室	11	9	300
营业厅	13	11	300
文件整理、复印、发行室	11	9	300
档案室	8	7	200

2. 概念

照度:单位受光面积内的光通量,单位 lx(勒克斯)。

光通量:光源在空间各角度发出人眼能感觉的光能,单位 lm(流明)。

照明功率密度(LPD):单位建筑使用面积的照明总安装功率密度(W/m²),是建筑照明的评价指标。

单位建筑使用面积:是指房间使用的面积(m²),不包括公共使用的面积。

总安装功率:是指照明系统的总安装功率,它包括所采用光源的功率、镇流器、限流器、照明控制器的全部功率,室内照明安装功率应以室内最大功率(W)的照明作为基准计算。

3. 测量仪器照度计介绍

(1)照度的测试原理

图1-52　照度计

照度计是用于测量被照面上的光照度的仪器(图1-52)。测量时将光电池放在被测量的地方,当它的全部表面被照射时,由表头可以直接读出光照度的数值。由于携带方便,操作简单,因此是光照度测量中用得最多的仪器之一。

（2）照度计的结构原理（图 1－53）

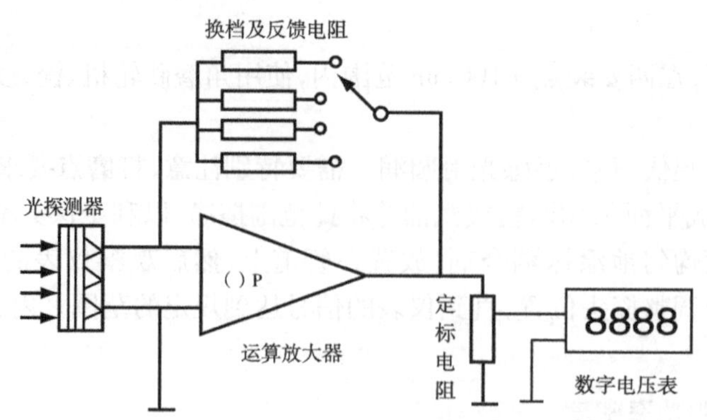

图 1－53 照度计结构原理

照度计由光度头[又称受光探头，包括接收器、$V(\lambda)$对滤光器、余弦修正器]和读数显示器两部分组成。

4. 测量步骤和方法

（1）在被测房间距离墙面 1m、距离地面 0.8m 的工作台面或者假定工作面进行测试，每个测量点的照度 E_i，其平均照度等于各点照度的平均值，即

$$E_{av} = \frac{\sum E_i}{N} \tag{1-114}$$

式中 E_{av}——测量区域的平均照度（lx）；

E_i——每个测量点的照度（lx）；

N——测点数。

照度均匀度是指规定表面上的最小照度与平均照度之比，即：

$$\varepsilon = \frac{E_{min}}{E_{av}} \tag{1-115}$$

式中 E_{min}——指所测表面上的最小照度（lx）。标准要求不低于 0.7lx。

如果 E_{av}的允许测量误差为 ±10%，可以用根据室形指数选择最少测点的办法减少工作量，两者的关系列于表 1－56。若灯具数与表给出的测点数恰好相等，则必须增加测点。

室形指数与测点数的关系 表 1－56

室形指数 K_r	最少测点数	室形指数 K_r	最少测点数
<1	4	2～3	16
1～2	9	≥3	25

$$K_r = \frac{LW}{h_r(L+W)} \tag{1-116}$$

式中 L、W——房间的长和宽；

h_r——由灯具至测量平面的高度。

（2）实际 LPD 值的计算方法：LPD 为单位面积的照明安装功率，包括光源、镇流器或变压器的功率，计算式如式（1－117）。

$$LPD = \Sigma P / S \tag{1-117}$$

式中 ΣP——房间或场所装设的光源（含镇流器或变压器）功率总和（W）；

S——房间或场所面积（m^2）。

T12 的荧光灯管的功率 40W，电感镇流器的功耗 9W，该系统的功耗 49W。

T8 灯管功率 36W，电子镇流器的功耗 3W，该系统的功耗 39W。比 T12 荧光灯系统功耗减少

10W 之多。

5. 照度计的使用很简单，主要的注意事项有以下：

（1）环境温度对测量结果的影响。照度计的指示值是在要求较高的计量室中标定并校正的，当实际使用的环境温度与标定条件相差很大时，要考虑对照度计的指示值进行修正。修正系数与照度计所使用的光探测器、电路特性和表头电阻有关。

（2）湿度对测量结构的影响。湿度对照度计最灵敏挡的低照度测量影响很大，因此要求照度计的光度头要有较好的密封性能。长期不用也应每隔一段时间通一次电。

（3）疲劳对测量结果的影响。如发现照度计显示超量程，应及时换挡或关闭照度计。超量程使用会使光电探测器造成疲劳与老化。

（4）确定测试面位置。计算光源到测试点的距离时，需知照度计的测试面位置，它不与光探测器的光接受面重合，而与余弦修正器的表面形状有关。若余弦修正器是平板状，则测试面为余弦修正器向外的表平面；若余弦修正器是球冠状、曲面状，测试面可能在光接受面，和余弦修正器的前端面之间的某个截面上。

（5）新建的照明设施的白炽灯应点燃 30min 之后再测量与记录。灯的光通量会随着电压的变化而波动，白炽灯尤为显著，所以测量中需要记录照明电源的电压值，必要时根据电压偏差进行光通量的修正。

第十二节 风机盘管试验室检测

一、概念

风机盘管机组为空调系统末端设备，主要由离心风机、换热盘管组成，用水作为制冷或加热介质。它广泛适用于商店、办公室、宾馆、住宅、工厂、银行、医院等房间，工业或民用中央空调场合，以满足降温、去湿、采暖等要求。

对于风机盘管的检测，适用于外供冷水、热水，具有供冷、供热能力，对其间直接送风，其送风量在 2500m^3/h 以下的机组。不适用于自带冷热源和直接蒸发盘管、蒸汽盘管、电加热等的风机盘管机组。

二、检测依据

《风机盘管机组》GB/T 19232－2003

三、风机盘管的定义、用途、分类与命名

1. 风机盘管的定义

风机盘管机组主要由低噪声电机、盘管、接水盘等组成。风机将室内空气或室外混合空气通过表冷器进行冷却或加热后送入室内，使室内气温降低或升高，以满足人们的舒适性要求。盘管内的冷（热）媒水由冷热源机房集中供给。

2. 风机盘管的应用场所

广泛应用于宾馆、办公楼、医院、商住、科研机构。

3. 分类与命名

（1）风机盘管的类型与命名

风机盘管可根据不同情况进行分类。

1）根据结构型式不同可分为卧式，代号为 W；立式，代号 L；立式含柱式和低矮式两种，代号为 LZ、LD；卡式，代号为 K；壁挂式，代号为 B。

2)根据安装型式不同可分为明装,代号为 M;暗装,代号为 A。

3)根据进水方位不同可分为左式:面对机组出风口,供回水管在左侧,代号 Z;右式:面对机组出风口,供回水管在右侧,代号 Y。

4)根据出口静压不同可分为低静压型、高静压型,代号为 G30 和 G50。

5)根据特征不同可分为单盘管机组:机组内一个盘管冷热兼用;双盘管机组:机组内有两个盘管,分别供冷和供热,代号为 ZH。

(2)风机盘管机组命名如下 6 部分组成,用"—"隔开:

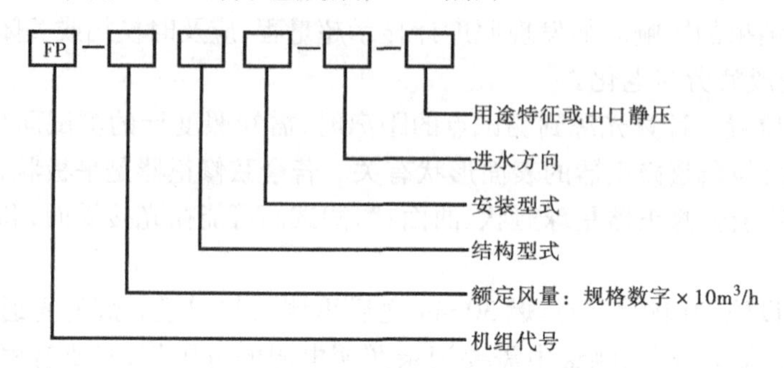

命名示例

FP-68LM-Z-ZH:

表示额定风量为 680m³/h 的立式明装、左进水、低静压、双盘管机组。

FP-51WA-Y-G30:

表示额定风量为 510m³/h 的卧式暗装、右进水、高静压 30Pa 单盘管机组。

FP-85K-Z:

表示额定风量为 850m³/h 的卡式、左进水、低静压、单盘管机组。

(3)名词解释

额定风量:在标准空气状态和规定的实验工况下,单位时间进入机组的空气体积流量,单位为 m³/h 或 m³/s。

额定供冷量:机组在规定的试验工况下的总除热量,即显热和潜热量之和,单位为 W 或 kW。

额定供热量:机组在规定的试验工况下供给的总显热量,单位为 W 或 kW。

出口静压:机组在额定风量时克服自身阻力后,在出风口处的静压,单位为 Pa。

四、检测内容

1. 基本要求

(1)机组额定风量和输入功率的试验工况如表 1-57 所示。

额定风量和输入功率的试验参数 **表 1-57**

项目			试验参数
机组进口空气干球温度(℃)			14~27
供水状态			不供水
风机转速			高挡
出口静压(Pa)	低静压机组	带风口和过滤器等	0
		不带风口和过滤器等	12
	高静压机组	不带风口和过滤器等	30 或 50

(2)机组额定供冷量、供热量的试验工况如表 1-58 所示,其他性能试验参数应按表 1-59 所示。

额定供冷量、供热量的试验工况参数　　**表1－58**

项目			供冷工况	供热工况
进口空气状态	干球温度(℃)		27.0	21.0
	湿球温度(℃)		19.5	—
供水状态	供水温度(℃)		7.0	60.0
	供回水温差(℃)		5.0	—
	供水量(kg/h)		按水温差得出	与供冷工况同
风机转速			高挡	
出口静压(Pa)	低静压机组	带风口和过滤器等	0	
		不带风口和过滤器等	12	
	高静压机组		30或50	

其他性能试验试验工况参数　　**表1－59**

项目		凝露试验	凝结水处理试验	噪声试验
进口空气状态	干球温度(℃)	27.0	27.0	常温
	湿球温度(℃)	24.0	24.0	
供水状态	供水湿度(℃)	6.0	6.0	—
	水温差(℃)	3.0	3.0	—
	供水量(kg/h)	—	—	不通水
风机转速		低挡	高挡	高挡
出口静压(Pa)	带风口和过滤器机组	0	0	0
	不带风口和过滤器机组	按低挡风量时的静压值	12	12
	高静压机组		30或50	30或50

2. 试验条件

(1)机组按铭牌上的额定电压和额定频率试验。

(2)机组各项试验工况参数应按表1－57～表1－59的要求。

(3)试验用的各类测量仪器应有计量检定有效期内的合格证,其准确度应符合表1－60的规定。

各类测量仪器的准确度　　**表1－60**

测量参数	测量仪表	测量项目	单位	仪表准确度
湿度	玻璃水银温度计、电阻温度计、热电偶	空气进、出口干、湿球温度、水温	℃	0.1
		其他温度		0.3
压力	倾斜式微压计 补偿式微压计	空气动压、静压	Pa	1.0
	U型水银压力计、水压表	水阻力	hPa	1.5
	大气压力计	大气压力	hPa	2

续表

测量参数	测量仪表	测量项目	单位	仪表准确度
水量	各类流量计	冷、热水量	%	1.0
风量	各类计量器具	风量	%	1.0
时间	秒表	测时间	s	0.2
重量	各类台秤	称重量	%	0.2
电特性	功率表	测量电气特性	缓	0.5
	电压表			
	电流表			
	频率表			
噪声	声缓计	机组噪声	dB(A)	0.5

(4)试验读数的允许偏差应符合表1-61的规定。

试验读数的允许偏差 **表1-61**

项　目		单次读数与规定试验工况最大偏差	读数平均值与规定试验工况的偏差
进口空气状态	干球温度(℃)	±0.5	±0.3
	湿球温度(℃)	±0.3	±0.2
水温	供冷(℃)	±0.2	±0.1
	供热(℃)	±1.0	±0.5
	进出口水温差(℃)	±0.2	—
出口静压(Pa)		±2.0	—
电源电压(%)		±2.0	—

3. 耐压和密封性检查试验

(1)性能要求

机组的盘管在1.6MPa压力下应能正常运行和密封性检查时应无渗漏。

(2)试验方法

气压浸水法进行耐压和密封性试验,要求:

1)耐压试验时,保压至少5min。

2)密封性检查试验时,保压至少1min。

3)试验时环境温度应不低于5℃。

4. 启动和运载试验

(1)机组在额定电压90%条件下启动,稳定运转10min,切断电源,停止运转,应对风机各挡转速至少反复进行3次。出厂试验时,可只进行低挡转速下的启动和运转试验。

(2)检查零部件有无松动、杂声和发热等异常现象。

5. 风量试验

(1)试验装置

1)试验装置由静压室、流量喷嘴、穿孔板、排气室(包括风机)组成,如图1-54所示。

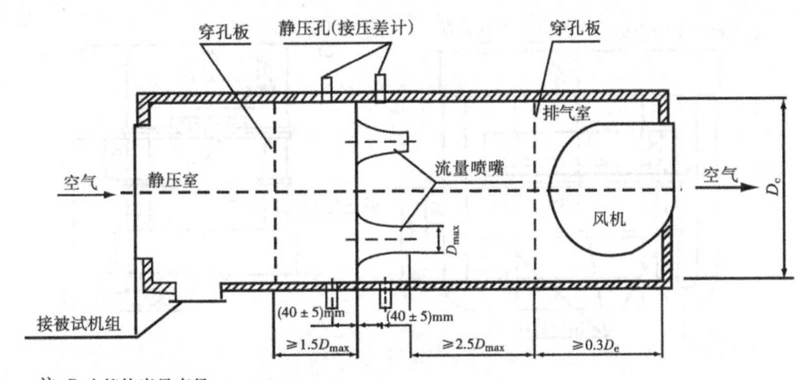

注：D_c为箱体当量直径。

图 1－54　风量试验装置

2）空气流量测量装置中流量喷嘴如图 1－55 所示。

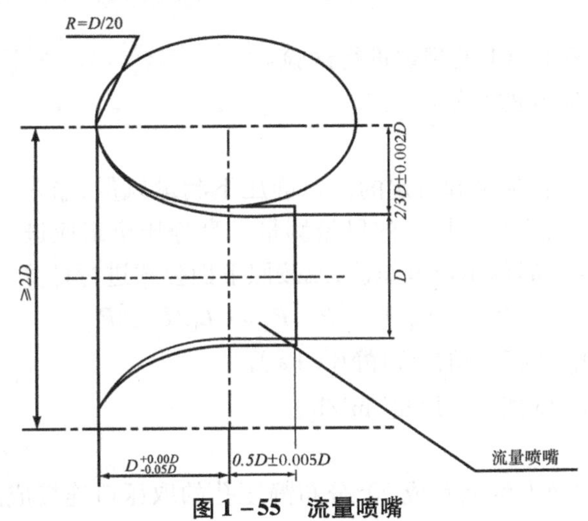

图 1－55　流量喷嘴

① 喷嘴喉部速度必须在 15～35m/s；

② 两个喷嘴之间中心距离不得小于 3 倍最大喷嘴喉部直径（D_{max}），喷嘴距箱体距离不得小于 1.5 倍最大喷嘴喉部直径；

③ 喷嘴加工应按图 1－55 的要求，喷嘴的出口边缘应呈直角，不得有毛刺。

3）穿孔板的穿孔率约为 40%。

4）被测试机组的安装见图 1－56。

① 卧式、立式风机盘管机组按图 1－56（*a*）方式安装，也可将机组出口直接与静压箱连接。

② 卡式风机盘管机组按图 1－56（*b*）方式安装。

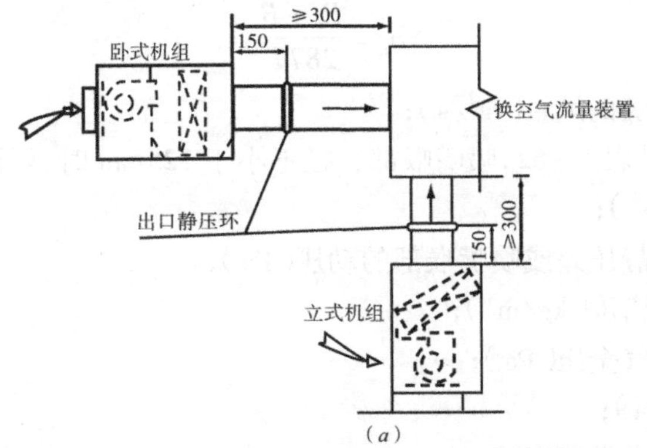

图 1－56　（一）风机盘管机组安装（单位为 mm）

（*a*）卧式、立式风机盘管机组

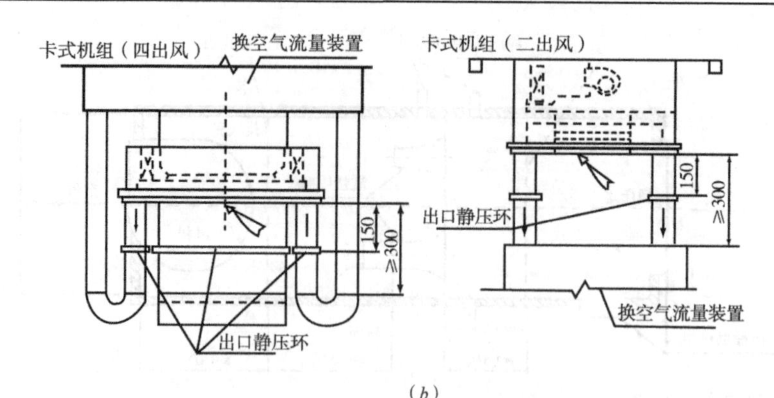

（b）

图1-56 （二）风机盘管机组安装

（b）卡式风机盘管机组

（2）试验条件

1）应按照表1-57～表1-61的规定进行试验。

2）试验机组应为安装完好的产品。

（3）试验方法

1）机组应在高、中、低三挡风量和规定的出口静压下测量风量、输入功率、出口静压和温度、大气压力。无级调速机组，可仅进行高挡下的风量测量。高静压机组应进行风量和出口静压关系的测量，得出高、中、低三挡风量时的出口静压值，或按照下面公式进行计算

$$P_M=(L_M/L_H)^2P_H、P_L=(L_L/L_H)^2P_H$$

式中 P_H、P_M、P_L——高、中、低三挡的出口静压（Pa）；

L_H、L_M、L_L——高、中、低挡三挡风量（m^3/h）。

2）出口静压测量

① 在机组出口测量截面上将相互成90°分布静压孔的取压口连接成静压环，将压力计一端与该环连接，另一端和周围大气相通，压力计的读数为机组出口静压；

② 管壁上静压孔直径应取1～3mm，孔边必须呈直角、无毛刺，取压接口管的内径应不小于两倍静压孔直径。

（4）风量计算

1）单个喷嘴的风量按如下公式计算

$$L_n=CA_n\sqrt{\frac{2\Delta P}{\rho_n}} \tag{1-118}$$

其中：

$$\rho_n=\frac{P_t+B}{287T} \tag{1-119}$$

式中 L_n——流经每个喷嘴的风量（m^2/s）；

C——流量系数，见表1-62，喷嘴喉部直径不小于125mm时，可设定$C=0.99$；

A_n——喷嘴面积（m^2）；

ΔP——喷嘴前后的静压差或喷嘴喉部的动压（Pa）；

ρ_n——喷嘴处空气密度（kg/m^3）；

P_t——机组出口空气全压（Pa）；

B——大气压力（Pa）；

T——机组出口热力学温度（K）。

2）若采用多个喷嘴测量时，机组风量等于各单个喷嘴测量的风量总和L。

3）试验结果换算为标准空气状态下的风量。

$$L_2=\frac{L\rho_n}{1.2} \tag{1-120}$$

喷嘴流量系数 **表1-62**

雷诺数 R_e	流量系数 C	雷诺数 R_e	流量系数 C	备 注
40000	0.973	150000	0.988	$R_e=\omega D/\nu$ 式中 ω——喷嘴喉部速度（m/s）； ν——空气的运动黏性系数（m^2/s）
50000	0.977	200000	0.991	
60000	0.979	250000	0.993	
70000	0.981	300000	0.994	
80000	0.983	350000	0.994	
100000	0.985			

6. 供冷量、供热量试验

（1）试验参数

1）测量湿工况风量；

2）测量风侧和水侧各参数，计算出风侧和水侧的供冷（热）量，两侧热平衡偏差在5%以内为有效；

3）取风侧和水侧的供冷（热）量的算术平均值为实测值。

（2）试验装置

由空气预处理设备、风路系统、水路系统及控制系统组成。整个试验装置应保温。

1）空气预处理设备

① 应包括加热器、加湿器、冷却器及制冷设备等；

② 空气预处理设备要有足够的容量，应能确保被试机组入口空气状态参数的要求。

2）风路系统

① 由测试段、静压室、空气混合室、空气流量测量装置、静压环和空气取样装置等组成。

② 测试段截面尺寸应与被试机组出口尺寸相同。

③ 风路系统应满足：a. 便于调节机组测量所需的风量，并能满足机组出口所需求的静压值；b. 保证空气取样处的温度、湿度、速度分布均匀；c. 机组出口至流量喷嘴段之间的漏风量应小于被试机组风量1%；d. 测试段和静压室至排气室之间应隔热，其漏热量应小于被试机组换热量的2%。

3）水路系统

水路系统包括空气预处理设备水路设备和被试机组水路系统。

① 预处理设备水系统应包括冷、热水输送和水量、水温的控制调解处理功能；

② 被试机组水系统应包括水温、水阻测量装置、水量测量、水箱和水泵、量筒（应能贮存至少2min的水量）及称重设备、调节阀等，水管应保温；

③ 水路系统测量时应满足：便于调节水量，并确保测量时水量稳定；确保测量时所规定的水温。

（3）试验方法

1）湿球温度测量时应符合下列要求：

① 流经湿球温度计的空气速度在3.5～10m/s之间，最好保持在5m/s；

② 湿球温度计的纱布应洁净，并与温度计紧密贴住，不应有气泡，用蒸馏水使其保持湿润；

③ 湿球温度计应安装在干球温度计的下游。

2）测量步骤

① 进行机组供冷量或供热量测量时，只有系统在试验工况下工作 30min 后，才能进行测量记录；

② 连续测量 30min，按相等时间间隔（5min 或 10min）记录空气和水的各参数，至少记录 4 次数值。在测量期间内，允许对试验工况参数作微量调节；

③ 取每次记录的平均值作为测量值进行计算；

④ 应分别计算风侧和水侧的供冷量或供热量，两侧热平衡偏差在 5% 以内为有效。取风侧和水侧的算术平均值的供冷量或供热量。

（4）测量结果计算

1）湿工况风量计算

$$L_z = CA_n\sqrt{\frac{2\Delta P}{\delta\rho}} \tag{1-121}$$

$$L_s = \frac{L_s\rho}{1.2} \tag{1-122}$$

式中

$$\rho = \frac{(B+P_t)(1+d)}{461T(0.622+d)} \tag{1-123}$$

2）供冷量计算

① 风侧供冷量和显冷量

$$Q_a = L_s\rho(I_1 - I_2) \tag{1-124}$$

$$Q_{se} = L_s\rho C_{pa}(t_{a1} - t_{a2}) \tag{1-125}$$

② 水侧供冷量

$$Q_w = GC_{pw}(t_{w2} - t_{w1}) - N \tag{1-126}$$

③ 实测供冷量

$$Q_L = \frac{1}{2}(Q_a + Q_w) \tag{1-127}$$

④ 两侧供冷量平衡误差

$$\left|\frac{Q_a - Q_w}{Q_L}\right| \times 100\% \leqslant 5\% \tag{1-128}$$

3）供热量计算

① 风侧供热量

$$Q_{ah} = L_s\rho C_{pa}(t_{a2} - t_{a1}) \tag{1-129}$$

② 水侧供热量

$$Q_{wh} = GC_{pw}(t_{w1} - t_{w2}) + N \tag{1-130}$$

③ 实测供热量

$$Q_h = \frac{1}{2}(Q_{ah} + Q_{wh}) \tag{1-131}$$

④ 两侧供热量平衡误差

$$\left|\frac{Q_{ah} - Q_{wh}}{Q_K}\right| \times 100\% \leqslant 5\% \tag{1-132}$$

式中 L_z——湿工况风量（m^3/s）；

L_s——标准状态下湿工况的风量（m^3/s）；

A_n——喷嘴面积（m^2）；

C——喷嘴流量系数可由表 1-62 查得；

ΔP——喷嘴前后静压差或喷嘴喉部处的动压(Pa);

P_t——在喷嘴进口处空气的全压(Pa);

B——大气压力(Pa);

ρ——湿空气密度(kg/m^3);

d——喷嘴处湿空气的含湿量[kg/kg(干空气)];

T——被试机组出口空气绝对温度(K)$T = 273 + t_{a2}$;

G——供水量(kg/s);

t_{a1}、t_{a2}——被试机组进、出口空气温度(℃);

t_{w1}、t_{w2}——被试机组进、出口水温(℃);

C_{pa}——空气定压比热[kJ/(kg·℃)];

C_{pw}——水的定压比热[kJ/(kg·℃)];

N——输入功率(kW);

I_1、I_2——被试机组进、出口空气焓值[kJ/kg(干空气)];

Q_a——风侧供冷量(kW);

Q_{se}——风侧显热供冷量(kW);

Q_w——水侧供冷量(kW);

Q_{ah}——风侧供热量(kW);

Q_{wh}——水侧供热量(kW);

Q_L——被试机组实测供冷量(kW);

Q_h——被试机组实测供热量(kW)。

7. 水阻试验

(1)试验装置,如图 1-57 所示。

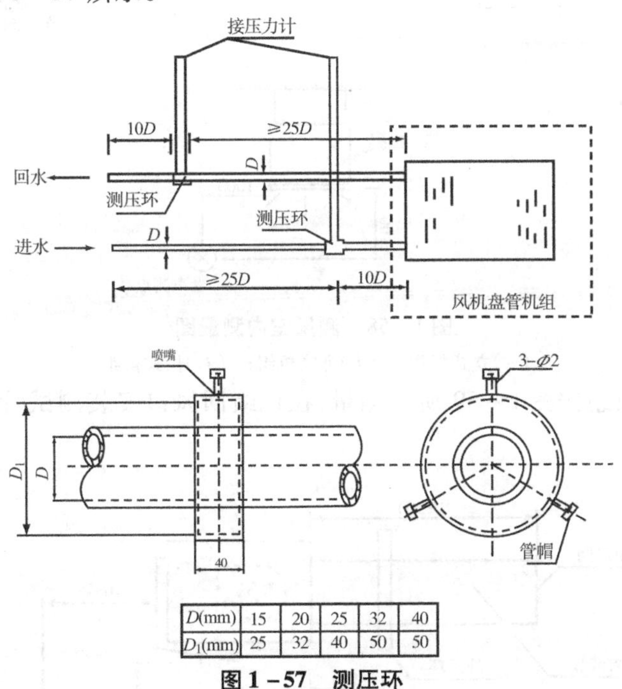

D(mm)	15	20	25	32	40
D1(mm)	25	32	40	50	50

图 1-57 测压环

(2)水温可用低于 12℃,至少进行 5 组水量下的水阻试验,其水量应包括机组使用时的最大和最小流量值,将试验结果列表或绘制水量与水阻曲线。

8. 噪声试验

(1)测量室要求

噪声测量室为消声室或半消声室，半消声室地面为反射面，声学环境应符合表 1-63 的要求。

声学环境要求　　表 1-63

测量室类型	1/3 倍频带中心频率(Hz)	最大允许差(dB)
消声室	<630	±1.5
	800～5000	±1.0
	>6300	±1.5
半消声室	<630	±2.5
	800～5000	±2.0
	>6300	±3.0

(2) 测量条件

被测机组电源输入为额定电压、额定功率，并可进行高、中、低档三挡风量运行；出口静压应与风量测量时一致。

(3) 测量方法

用声级计测出机组高、中、低三档风量时的声压级 dB(A)。

1) 立式机组、卧式机组、卡式机组在测量室内按图 1-58 所示，在半消声室内测量时测点距反射面大于 1m。

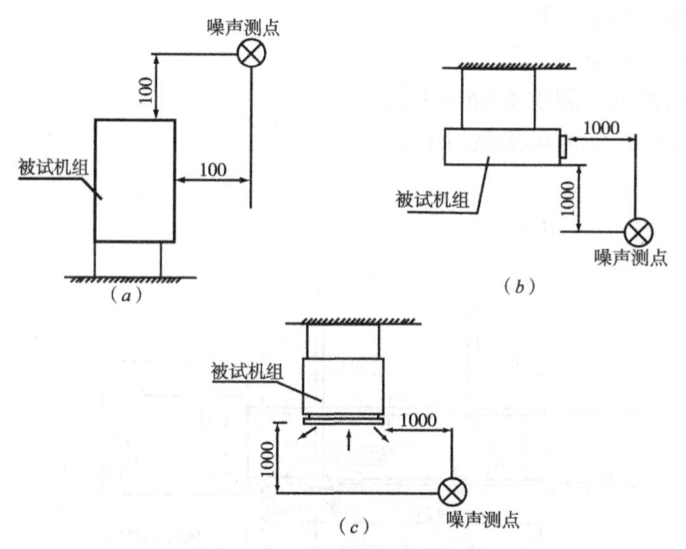

图 1-58　测量室内测量图

(a)立式机组；(b)卧式机组；(C)长式机组

2) 有出口静压的机组按图 1-59 所示测量，在机组回风口安装测试管段，并在端部安装阻尼网，调节到要求静压值。

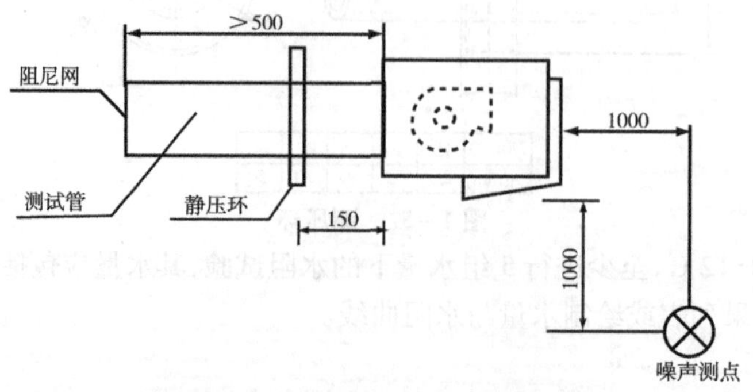

图 1-59　有出口静压的机组测量图

9. 凝露试验

在表 1－59 规定的试验工况下进行试验，在低挡转速下运行，等工况稳定后，再连续运行 4h。

10. 凝结水处理试验

在表 1－59 规定的试验工况下进行试验，在高挡转速下运行，等工况稳定后，再连续运行 4h。

11. 绝缘电阻试验

（1）在常温、常湿条件下，用 500V 绝缘电阻表测量机组带电部分和非带电金属部分之间的绝缘电阻（冷态）。

（2）按表 1－59 规定的凝结水处理试验工况连续运行 4h 后，用 500V 绝缘电阻表测量机组带电部分和非带电金属部分之间的绝缘电阻（热态）。

12. 电气强度试验

机组在带电部分和非带电金属部分之间施加额定频率和 1500V 的交流电压，开始施加电压应不大于规定值的一半，然后快速升为全值，持续时间 1min；大批量生产时可用 1800V 电压及 1s 时间来代替。

13. 电机绕组温升试验

按表 1－59 规定的凝露试验工况，用电阻法进行测量，分别于试验前和连续运行 4h 后，测量电机绕组电阻和温度。

电机绕组温升公式如下：

$$\Delta t = \frac{R_2 - R_1}{R_1}(235 + t_1) + t_1 - t_2 \quad (1-133)$$

式中　Δt——电机绕组温升（K）；

R_2——试验结束时的绕组电阻（Ω）；

R_1——试验开始时的绕组电阻（Ω）；

t_1——试验开始时的绕组温度（℃）；

t_2——试验结束时的空气温度（℃）。

14. 泄露电流试验

按表 1－59 规定的凝结水处理试验工况，连续运行 4h 后，施加 110% 额定电压，测量机组外露的金属部分与电源线之间的泄漏电流。

15. 接地电阻测量

用接地电阻表测量机组外壳与接地端子之间的电阻

16. 湿热试验

在恒湿的条件下，连续运行 48h 后进行测量，要求机组带电部分与非带电金属部分之间绝缘电阻值不小于 2MΩ；施加 1250V 电压时 1min，应无击穿或闪络。

17. 外观检查

用目测法检查，并记录所观察的结果。

思考题

1. 风机盘管的组成和主要用途。
2. 名词解释：额定风量，额定供冷量，额定供热量，出口静压。
3. 风机盘管机组检测的内容。
4. 风机盘管机组风量试验装置有哪些组成？
5. 风机盘管机组供冷量和供热量试验装置有哪些组成？
6. 风机盘管机组噪声测量室有何要求？
7. 如何计算流经每个喷嘴的风量？

8. 如何计算湿工况风量？如何计算供冷量？如何计算供热量？

9. 如何测量并计算风机盘管机组电机绕组温升？

10. 已知大气压力为101325Pa，温度$t=20$℃，求：①干空气的密度；②相对湿度为90%时的湿空气密度（干空气的气体常数$R_g=287$J/（kg·K），20℃时水蒸汽饱和压力$P_{q,b}=2331$Pa）。

第十三节　太阳能热水系统现场检测

一、概念

太阳，是离地球最近的一颗恒星，它的表面辐射温度在6000K左右，中心的温度高达几千万开尔文，压强高达3×10^{16}Pa，是一个直径约1390000km的巨大炽热球体，不断地向空间释放能量。地球大气层上界接收到的太阳辐射总功率约为1.73×10^{14}kW。据科学家估计，目前太阳上氢的储量还足以继续进行核聚变反应达数百亿年。太阳，对于人类来说是一个取之不尽、用之不竭的巨大能源库。

我国太阳能利用起步较晚，近十年来的发展速度较快，但大量的产品是价格便宜的非承压式太阳能热水器产品，主要在广大的农村地区、边远地区使用。随着科学技术和经济条件的不断发展，政府和百姓对能源危机意识的增强，节能减排任务的逐步落实，城市居民和公共设施已开始使用太阳能热水器了。政府建设主管部门已开始从设计、安装、验收，着手规范太阳能热水系统的管理，并进一步考虑太阳能与建筑一体化的问题。

对于太阳能热水系统的检测，主要是太阳能集热器和家用太阳能热水器进行型式检验以及太阳能热水系统热性能、安全性能等项目的检测评定。

二、检测判定依据

1. 标准名称及代号

《家用太阳热水系统技术条件》GB/T 19141－2003

《太阳热水系统性能评定规范》GB/T 20095－2006

《太阳热水系统设计、安装及工程验收技术规范》GB/T 18713－2002

《家用太阳热水系统热性能试验方法》GB/T 18708－2002

《建筑太阳能热水系统设计、安装与验收规范》

《太阳能热水系统检测规程》

2. 热性能判定指标

（1）贮热水箱容积小于0.6m³的家用热水系统

试验结束时贮水温度　≥45℃

日有用得热量（紧凑式与闷晒式）　≥7.5MJ/m²

日有用得热量（分离式与间接式）　≥7.0MJ/m²

平均热损因数（紧凑式与分离式）　≤22W/（m³·K）

平均热损因数（闷晒式）　≤90W/（m³·K）

（2）单个贮水箱有效容积不小于0.6m³的热水系统

日有用得热量：对于直接系统 $q_{17}\geq7.0$MJ/m²

对于间接系统 $q_{17}\geq6.3$MJ/m²

升温性能：系统的$\Delta t_{17}\geq25$℃

贮水箱保温性能：　$V\leq2$m³时，$\Delta t_{sd}\leq8$℃；

$2m^3 < V \leqslant 4m^3$ 时，$\Delta t_{sd} \leqslant 6.5℃$；

$V > 4m^3$ 时，$\Delta t_{sd} \leqslant 5℃$；

三、太阳热水器的定义、分类与命名

1. 定义

太阳能热水器的定义：太阳能热水器是利用温室原理，将太阳能转变为热能，以达到将水加热之目的的整套装置。通常由太阳能集热器、储水箱、连接管道、支架、控制器和其他配件组合而成，必要时，还要增加辅助热源。

2. 分类与命名

（1）太阳能热水系统的类型

1）根据太阳能热水器的结构组合不同可分为紧凑式太阳能热水器（集热部件插入热水箱）和分离式太阳能热水器（集热部件离开水一段距离）。

2）按太阳能热水器集热原理可分为闷晒型太阳能热水器（集热器和水箱合二为一）、平板型太阳能热水器、全玻璃真空管型太阳能热水器、热管真空管型太阳能热水器和热泵型太阳能热水器。

3）按太阳能热水器的使用时间可分为季节性太阳能热水器（冬季不使用）、全年用太阳能热水器和全天候太阳能热水器（指任何时间都有热水供应）。

4）考虑到工质循环次数不同，可分为一次循环太阳能热水器（或称直接系统）和二次循环太阳能热水器（或称间接系统）。

（2）太阳热水器系统产品命名

1）家用太阳能热水系统的命名分为五个部分，见表 1－64。

家用太阳能热水系统命名的五个部分 **表 1－64**

第一部分	第二部分	第三部分	第四部分	第五部分
P：平板 Q：金属真空管 B：玻璃－金属真空管 M：闷晒	B：水在玻璃管内 J：水在金属管内 R：热管	J：紧凑 F：分离 M：闷晒	1：直接 2：间接	贮热水箱标称水量（L）/标称采光面积（m^2）/额定压力

2）命名示例

以全玻璃真空管太阳能家用热水器系统为例：

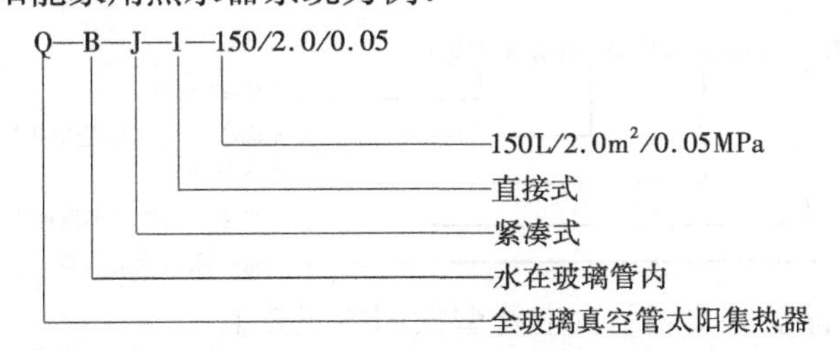

3） 平板型集热器的命名

① 产品标记内容：

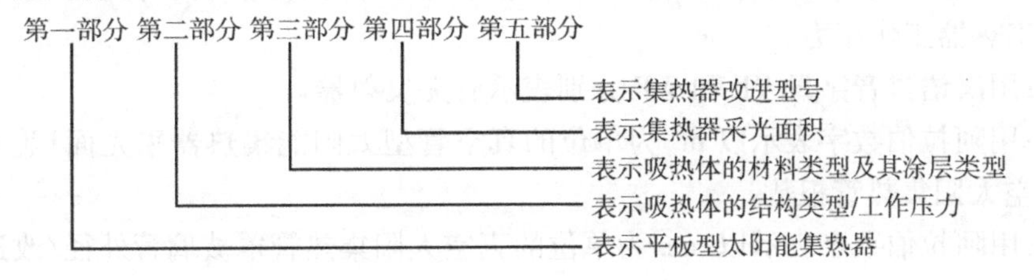

第一部分:用汉语拼音字母 P 表示平板型太阳能集热器。

第二部分:用表 1 - 65 所示的汉语拼音字母表示吸热体的结构类型。

用阿拉伯数字表示以 MPa 为单位的太阳能集热器的工作压力,小数点后保留一位数字。

平板型太阳能能集热器吸热体结构类型符号表　　**表 1 - 65**

符号	G	Y	B	S
类型	管板式	翼管式	扁盒式	蛇管式

第三部分:用表 1 - 66 所示的汉语拼音字母表示吸热体材料的类型,下表没有表示的新型材料一般用其汉语拼音的第一个字母表示。对由不同材料组成的吸热体,应采用下列形式表达其材料类型管材代号/板材代号,如铜铝复合的表达形式为"T/L"。

平板型太阳能集热器吸热体材料类型符号表　　**表 1 - 66**

符号	材料	符号	材料	符号	材料
T	铜	L	铝	B	玻璃
U	不锈钢	G	钢	HG	黑铬
S	塑料	X	橡胶		

吸热体涂层类型一般用其汉语拼音的第一个字母表示。吸热体材料类型和吸热体涂层类型之间用"/"隔开。

第四部分:用阿拉伯数字表示以 m^2 为单位的平板型太阳能集热器的采光面积,小数点后保留一位数字。

第五部分:用阿拉伯数字表示该型号平板型太阳能集热器的改进序号。

② 产品标记示例

采光面积为 $2m^2$ 的铜管板式涂层为黑铬的 2 型平板型太阳能集热器产品标记如下:

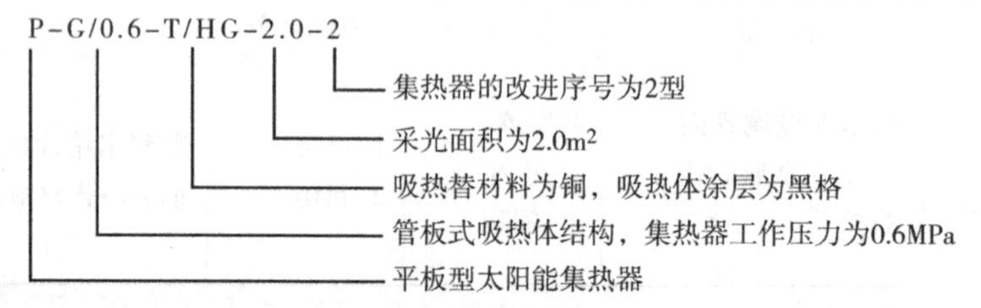

4) 真空管型太阳能集热器产品标记由如下部分组成:

① 产品标记内容

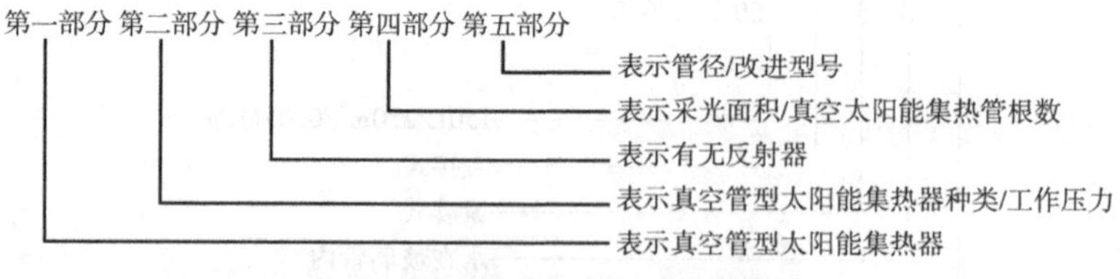

第一部分:用汉语拼音字母 Z 表示真空管型太阳能集热器。

第二部分:用汉语拼音字母 QB、BJ 和 RG 分别表示全玻璃真空集热管型太阳能集热器、玻璃 - 金属真空管型太阳能集热器和热管式真空型太阳能集热器/用阿拉伯数字表示以 MPa 为单位的真空管型太阳能集热器工作压力。

第三部分:用汉语拼音字母 YF 和 WF 分别表示有无反射器。

第四部分:用阿拉伯数字表示以 m^2 为单位的真空管型太阳能集热器采光面积(小数点后保留一位数字)/真空太阳集热管根数。

第五部分:用阿拉伯数字表示以 mm 为单位的真空太阳集热管罩玻璃管外径/改进型号。

在各相邻部分之间用“—”隔开。

② 产品标记示例

以10根全玻璃真空太阳集热管构成的全玻璃真空型太阳能集热器产品为例。

a. 无反射器的示例

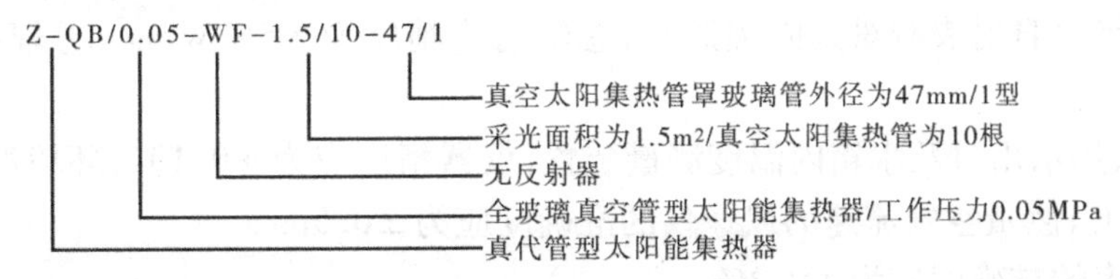

b. 有反射器的示例

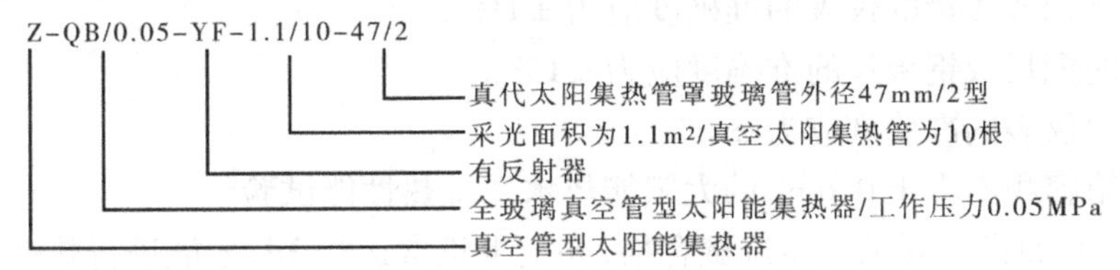

四、热性能检测

1. 检测条件

(1)太阳辐照量测量

1)总日射表传感器应安装在太阳集热器高度的中间位置,并与太阳能集热器采光面平行,两平行面的平行度相差应小于1°。

2)总日射表传感器的安装位置应避免太阳能集热器的反射对其测量结果产生影响。

3)应防止总日射表的座体及其外露导线被太阳晒热。

4)在整个测试期间,总日射表不应遮挡太阳集热器采光,并不被其他物体遮挡。

5)对于太阳能集热器处在不同采光平面上的太阳能热水系统,应根据太阳能集热器不同的采光平面分别设置总日射表。各台总日射表的放置位置和要求同1)~4)条。

(2)周围空气速率测量

应分别测量太阳能集热器和贮水箱周围的空气流速。风速仪应分别放置在与太阳能集热器中心点同一高度和贮水箱中心点同一高度的遮荫处,分别距离太阳能集热器和贮水箱1.5~10.0m的范围内,环境空气的平均流动速率不大于4m/s 。

(3)环境温度测量

应分别测量太阳能集热器和贮水箱周围的环境温度。温度测量仪表应分别放置在与太阳能集热器中心点相同高度和贮水箱中心点相同高度的遮荫通风处,分别距离太阳能集热器和贮水箱1.5~10.0m的范围内,试验期间环境温度应保持在8~39℃。

(4)太阳能集热器轮廓采光面积测量

根据GB/T 19141-2003中第3.3节的定义和计算方法,测量计算太阳能集热器的轮廓采光面积。

(5)主要测量仪器及精度要求

1)主要仪器

① 一级总日射辐射表;

② 地球辐射表(散射辐射表);

③ 水温测量系统;

④ 环境温度测量装置;

⑤ 风速仪；

⑥ 超声波流量仪；

⑦ 直尺。

2）检测精度

① 应使用一级总日射表测量太阳辐照量，总辐射表精度为 ±5% W/m^2，总辐射表应该按国家规定进行校准；

② 冷水入口、热水出口及水箱内温度测量装置，仪器精度应为 ±0.1℃，环境温度测量装置，仪器精度应为 ±0.2℃；测量空气流速的风速仪的准确度应为 ±0.5m/s。

③ 计时的钟表的准确度应为 ±0.2%。

④ 测量冷水体积或质量的仪表的准确度应为 ±1%。

⑤ 测量长度的钢尺或钢板尺的准确度应为 ±1%。

⑥ 测量压力的仪表的准确度应为 ±5%。

2. 单个贮水箱容积不小于 $0.6m^3$ 的太阳能热水系统热性能试验

（1）系统应按照原设计要求安装调试合格，并至少正常运行 3d，才能进行热性能试验。

（2）试验所用冷水为该系统投入正常使用时的实际用水，水温 8℃ $\leqslant t_e \leqslant$ 25℃。

（3）日有用得热量和升温试验

1）对于太阳能集热器采光面正南放置和南偏东、南偏西放置且试验时间可以达到 8h 的太阳热水系统，$H \geqslant 17MJ/m^2$；对于太阳能集热器采光面南偏东、南偏西、正东、正西放置但试验时间达不到 8h 的太阳能热水系统，在当地太阳正午时前 4h 到太阳正午后 4h 期间，正南方向与太阳能集热器同一倾角斜面上的太阳辐照量应不小于 $17MJ/m^2$。

2）试验只测试系统的太阳能加热部分。对于太阳能带辅助热源系统，试验期间应关闭辅助热源。

3）试验起止时间

当太阳能集热器采光面正南放置时，对于自然循环和强制循环系统，试验起止时间为当地太阳正午时前 4h 到正午后 4h，共计 8h；对于直流式系统，试验起止时间为当地太阳正午前 4h 左右到太阳正午时后 4h 左右，共计 8h ±0.5h。

当太阳能集热器采光面南偏东、南偏西、正东、正西放置时，试验起止时间应调整到太阳能集热器能够最大限度地采集太阳光的时间区间，但试验时间最长不超过太阳能集热器采光面正南放置时规定的试验时间，最短不少于 4h。

4）贮水箱内的水是自然循环或强制循环的太阳能热水系统的试验方法

① 打开系统冷水阀门向系统充水，充水过程中，应及时排除系统内的空气。系统充满水后，应测量计算出系统贮水箱的试验水量 V_s。

② 在试验开始前 30min，启动贮水箱的混水装置进行混水，使贮水箱上下部水温差别在 1℃以内。对于强迫循环系统，还应同时手动启动太阳能热水系统的循环泵。

③ 试验开始时，应同时记录总日射表太阳辐照量读数，并将强制循环系统循环泵置于正常运行控制状态，同时应关闭贮水箱的混水装置，记录贮水箱上下部水温。贮水箱上下部水温的平均值就是试验开始时贮水箱内的水温 t_b。

④ 试验结束时，应记录总日射表太阳辐照量读数，同时关闭系统上下循环管路与贮水箱之间的阀门，关闭强制循环系统的循环泵，启动贮水箱的混水装置。当贮水箱上下部水温差值降到 1℃以内时，记录贮水箱上下部水温，取其平均值，作为试验结束时贮水箱内的水温 t_e。

⑤ 试验结束与开始时太阳辐照量读数的差值就是试验期间单位轮廓采光面积的太阳辐照量 H。对处在不同采光面积上的太阳能热水系统，应分别计算试验期间不同采光平面单位轮廓采光面

积的太阳辐照量。

5）贮水箱内的水是单一的直流式加热的太阳能热水系统和刚开始加热时是直流式加热、待贮水箱内的水位达到设定高度后又转入强制循环的太阳能热水系统的试验方法。

① 手动打开系统进水管路上起定温作用的阀门或水泵，向系统充水。充水过程中，应及时排除系统内的空气。系统充满水后，将定温控制器置于正常工作状态。打开系统贮水箱的排污阀，排净贮水箱内的水，并使排污阀一直处于打开状态，以排除系统试验开始前产生的热水。

② 当地太阳正午前4h左右，当系统产生定温热水，起定温作用的阀门或水泵自动启动又自动停止后，试验开始。此时应记录试验开始时间、冷水进水管路上的流量仪表的流量读数和冷水温度、总日射表太阳辐照量读数等数据。当贮水箱排出系统试验开始前产生的热水后，关闭贮水箱的排污阀，确保系统试验开始后所产生的热水全部贮存在贮水箱内。

③ 试验开始后，起定温作用的阀门或水泵每次启动又停止后，应记录停止的时间、冷水进水管路上的流量和冷水温度 t_c、总日射表太阳辐照量读数等数据，直到试验结束。

④ 对于单一的直流式加热的太阳能热水系统，如果试验期间系统产生的热水可能使贮水箱满水溢流时，以贮水箱可能溢流前系统起定温作用的阀门或水泵自动启动又自动停止后的时间作为试验结束时间；如果试验期间系统产生的热水不会使贮水箱满水溢流的，以当地太阳正午后4h，起定温作用的阀门或水泵自动启动又自动停止后的时间作为试验结束时间；如果过了当地时间正午后4h，系统30min内未产生热水，则以系统前一次产生热水的时间作为试验结束时间。

⑤ 对于刚开始加热时是直流式加热、待到贮水箱内的水位达到设定高度后又转入强制循环的太阳能热水系统，如果试验期间系统一直处于直流式加热状态的，应按单一的直流式加热的太阳能热水系统来确定试验结束时间；如果试验期间系统转入了强制循环的，以当地太阳正午后4h作为试验结束时间。

⑥ 系统试验结束时，对于单一的直流式加热的太阳能热水系统，应立即关闭系统起定温作用的阀门或水泵前后的阀门；对于刚开始加热时是直流式加热、待到贮水箱内的水位达到设定高度后又转入强制循环的太阳能热水系统，还应关闭系统上下循环管路与贮水箱之间的阀门，关闭贮水箱的循环泵。同时应记录试验结束时间、冷水进水管路上的流量和冷水温度、总日射表太阳辐照量、贮水箱上下部水温等数据，并同时启动贮水箱混水装置，使贮水箱上下部水温差值降到1℃以内，记录贮水箱上下部水温。贮水箱上下部水温的平均值就是试验结束时贮水箱内的水温 t_e。

⑦ 计算记录贮水箱的试验水量、试验期间冷水水温 t_b、结束时的水温 t_e、轮廓采光面积、不同采光平面单位面积的太阳辐照量。

（4）日有用得热量和升温性能计算

系统试验期间单位轮廓采光面积的日有用得热量计算式：

$$q=\frac{\rho_w C_{pw} V_s (t_e - t_b)}{100A_c} \tag{1-134}$$

式中　q——太阳能热水系统单位轮廓采光面积的日有用得热量（MJ/m^2）；

ρ_w——水的密度（kg/m^3）；

C_{pw}——水的比热容[kJ/(kg·℃)]；

V_s——贮水箱内的试验水量（m^3）；

t_e——集热试验结束时贮水箱中水的平均温度（℃）；

t_b——集热试验开始时贮水箱中水的平均温度（℃）；

A_c——太阳能热水（器）系统中太阳能集热器的轮廓采光面积（m^2）；

换算成太阳辐照量为17MJ/(d·m^2)时的日有用得热量 q_{17} 用式（1-135）进行运算：

$$q_{17}=17\frac{q}{H} \tag{1-135}$$

式中 H——集热器采光面上日太阳辐照量(MJ/m^2)。

当系统的太阳能集热器不在同一采光平面时,可根据不同的采光平面用式(1 - 136)计算系统的 q 值:

$$q_{17}=\frac{17\rho_{w}C_{pw}V_{s}(t_{e}-t_{b})}{1000\sum_{i=1}^{n}H_{iAci}} \tag{1-136}$$

式中 q_{17}——日太阳辐照量为 17 MJ/m^2 时,太阳能热水系统单位轮廓采光面积的日有用得热量(MJ/m^2);

H_i——太阳能热水系统第 i 个采光平面的日太阳辐照量(MJ/m^2);

A_{ci}——太阳能热水系统中第 i 个采光面积中太阳集热器的轮廓采光面积;

太阳辐射量为 17MJ/(d · m^2)时,贮水箱的温升 Δt_{17} 用式(1 - 137)计算:

$$\Delta t_{17}=\frac{17(t_{e}-t_{b})}{H} \tag{1-137}$$

当系统的太阳能集热器不在同一采光平面时,可根据不同的采光平面用式(1 - 138)计算系统的贮水箱的温升 Δt_{17} 值:

$$\Delta t_{17}=\frac{17(t_{e}-t_{b})\sum_{i=1}^{n}A_{ci}}{\sum_{i=1}^{n}H_{i}A_{ci}} \tag{1-138}$$

(5) 贮水箱保温性能试验

1) 试验用水温水量要求:

在保温性能试验开始前,应将贮水箱充满不低于 50℃ 的热水。贮水箱上所有的阀门,避免贮水箱保温试验受到管路、太阳能集热器或换热器散热和使用热水等因素的影响。

2) 其他要求:

该试验只测试贮水箱的保温性能。对于太阳能单独系统,可按照规定的步骤进行试验;对于太阳能带辅助热源系统,试验期间应关闭辅助热源。

3) 试验时间

贮水箱保温性能试验一般应在 20:00 ~ 次日 6:00 进行,试验时间共计 10h。

4) 试验方法

① 以每小时的流量不小于贮水箱容量 30% 的流量,启动贮水箱的混水装置,直到贮水箱上下部分水温差值在 1℃ 以内。

② 试验开始时,关闭贮水箱的混水装置,记录贮水箱上下部分水温并计算试验开始时的平均温度 t_r,并同时记录时间、贮水箱周围的环境温度和风速等。以后每隔 1h 记录一次上述数据。

③ 试验结束前 15min,启动贮水箱的混水装置,使试验结束时贮水箱上下部分水温差值在 1℃ 以内。当试验时间达到 10h 时,试验结束。记录贮水箱上下部分水温并计算试验结束时的平均温度 t_f。

④ 计算试验期间 11 次环境温度的平均值,得出贮水箱附近的平均环境温度 $t_{as(av)}$。

(6)贮水箱保温性能计算

贮水箱试验期间的温降用式(1 - 139)计算

$$\Delta t_{fr}=t_{r}-t_{f} \tag{1-139}$$

贮水箱水温在当地标准温差下的温降 Δt_{sd} 用公式(1 - 140)计算:

$$\Delta t_{sd}=\frac{(t_{r}-t_{f})\Delta t_{s}}{(t_{r}+t_{f})/2-t_{as(av)}} \tag{1-140}$$

式中 Δt_s——太阳能热水系统的当地标准温差,单位为摄氏度(℃);

t_r——贮水箱保温性能试验开始时贮水箱中水的平均温度,单位为摄氏度(℃);

t_f——贮水箱保温性能试验结束时贮水箱中水的平均温度,单位为摄氏度(℃);

$t_{as(av)}$——贮水箱保温性能试验期间贮水箱周围的环境空气平均温度,单位为摄氏度(℃);

3. 贮热水箱容积在 0.6m³ 以下的太阳能热水系统热性能试验

(1)试验系统的预定条件

检查系统外观并记录任何损坏情况,彻底清洁集热器的采光面。

每天开始试验前,罩上集热器以避免太阳直射,风速 μ 不大于 4m/s,用进水温度为 t_b 的冷水,以 400~600L/h 的流量进行循环,以使整个系统的温度一致,至少 5min 内贮热水箱的入口温度的变化不大于 1℃时,即认为该系统达到均匀的预定温度。在试验即将开始前停止通水循环,并用阀门来截断旁通回路以防止自然循环。

当系统达到均匀温度时,停止通水循环;但就强迫循环系统而言,应让太阳能集热器回路的泵继续运行。

(2)试验期间的测量

应从太阳正午时前 4h 到太阳正午后 4h 的试验期间按小时平均值进行记录。

1)在集热器采光面上的太阳辐照量 H;

2)临近集热器的环境空气温度 t_a;

3)周围空气速率 μ。

(3)系统日热性能的确定

1)混水法测定贮热水箱内水体积中所含的得热量

系统工作 8h,从太阳正午时前 4h 到太阳正午时后 4h。集热器应有太阳正午后 4h 时遮挡起来,启动混水泵,以 400~600L/h 的流量,将贮热水箱底部的水抽到顶部进行循环来混合贮热水箱中的水,使贮热水箱内的水温均匀化,至少 5min 内贮热水箱的入口温度的变化不大于 0.2℃,记录水箱内三个测温点的温度,贮热水箱的入口温度或三个测温点的平均值即为集热试验结束时贮水箱内的水温 t_e。

贮热水箱内水中所含的得热量 Q_S,应用式(1-141)进行计算:

$$Q_s = \rho_w C_{pw} V_s (t_e - t_b) \tag{1-141}$$

式中 Q_s——贮热水箱中水体积 V_S 内所含的系统得热量(MJ);

t_e——集热试验结束时贮水箱中水的平均温度(℃);

t_b——集热试验开始时贮水箱中水的平均温度(℃);

ρ_w——水的密度(kg/m³);

V_s——贮水箱内的试验水量(m³);

C_{pw}——水的比热容[kJ/(kg·℃)];

集热器中贮存的热量不计入在内。

日有用得热量 q,应用式(1-142)进行计算:

$$q = \frac{Q_s}{A_c} \tag{1-142}$$

2)贮热水箱热损的确定

在试验开始以前,关掉辅助加热器,并用混水泵将贮热水箱底部的水抽到顶部进行循环来混合贮热水箱中预先准备的水。当贮热水箱的入口水温在 5min 内变化不大于 1℃时,认为贮热水箱中的水温已达到均匀。贮热水箱内的平均水温就作为贮热水箱的初始温度 t_m 不得低于 50±1℃。然后停止循环,关掉装有混水泵的管道的阀门,让水箱降温 8h。

在试验期间,在贮热水箱所在处的附近每小时测量一次环境温度,共 9 次,得出热水箱附近的环境平均温度 $t_{as(av)}$。

试验至460min时，启动如图所示的小泵，运行5min，以不低于50℃的水温使贮热水箱外管的水温达到水箱内的水温，并使贮热水箱入口的水温在1min内变化不大于1℃；试验至465min时，调整阀门，运用小泵，使贮热水箱中的水循环以使它的温度均匀。当贮热水箱入口处的水温在5min内变化不大于1℃时，即认为温度均匀。在这5min期间的平均温度即为贮热水箱内水的最终温度t_n。如图1－60所示。

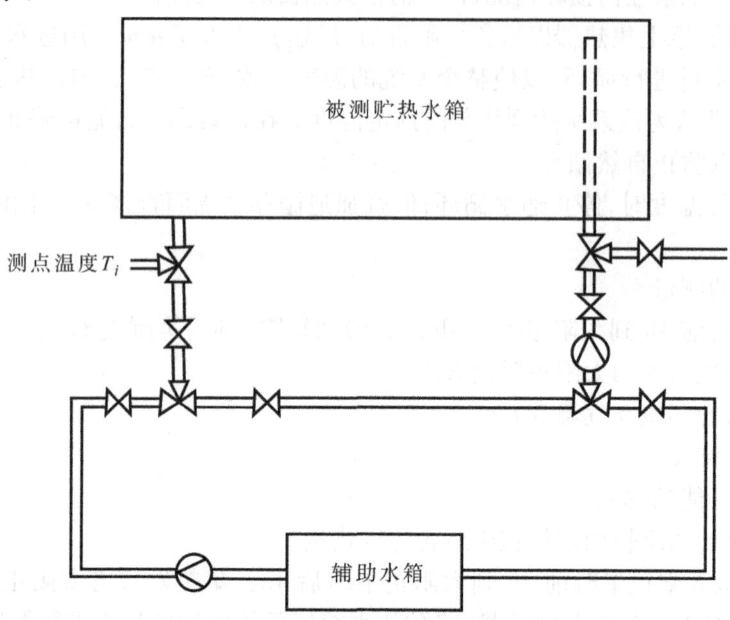

图1－60　热损系数测定示意图

水箱的热损系数U_s（W/K），用（1－143）式计算：

$$U_s=\frac{\rho_w C_{pw} v_s}{\Delta\tau}\ln\left[\frac{t_m-t_{as(av)}}{t_n-t_{as(av)}}\right] \tag{1－143}$$

式中　U_s——水箱的热损系数（W/K）；

$\Delta\tau$——贮热水箱初始水温t_m到重新启动混水泵后达到贮热水箱最终温度t_n之间的时间（S）；

t_m——热损试验中贮热水箱内的初始水温（℃）；

t_n——热损试验中贮热水箱内的最终水温（℃）；

$t_{as(av)}$——贮水箱保温性能试验期间贮水箱周围的环境空气平均温度（℃）。

（4）平均热损因数计算U_{sl}[W/(m^3·K)]

$$U_{sl}=\frac{U_s}{V_s} \tag{1－144}$$

思考题

1. 简要叙述在太阳能热水系统中热性能判定指标。
2. 按太阳能热水器集热原理可分为哪些种类?
3. 以全玻璃真空管太阳能家用热水器系统为例，列出其中的产品标记分别代表的含义：

（1）Q－B－J－1－120/1.83/0；

（2）Z－QB/0.05－WF－1.8/12－58/1。

4. 简述太阳能热水系统热性能检测中检测仪器及精度要求。
5. 某太阳能系统工程运行试验中，对太阳能热水系统热性能参数进行测算。已知系统的太阳能集热器不在同一采光平面，其采光平面的轮廓采光面积为6.2m^2、6.6m^2，两轮廓采光平面的日太阳辐照量分别为17.90MJ/m^2、18.70MJ/m^2。

问:(1)当日太阳辐照量为 $17MJ/m^2$ 时,太阳能热水系统需得到多少日有用得热量,才可以使600L 的水,从20℃加热到59℃;贮水箱中水的升温值是多少?

(2)又知当地室外环境空气平均温度为18℃,贮水箱保温性能试验中贮水箱中水的平均温度由59℃降至57℃,贮水箱水温在当地标准温差下的温降值为多少?

水的密度为 $1000kg/m^3$,水的比热容为4.186kJ/(kg·℃),答案保留小数点后两位小数

6. 对家用热水器(紧凑式)做日有用得热量和夜间热损试验,在白天8h 试验期间,水箱中120L水的水温由20.0℃升至50.4℃,在夜间8h 期间,水箱中的水温由50.4℃降至47.8℃,其间测得平均环境温度为28.1℃,已知集热器轮廓采光面积为 $1.9m^2$,水的密度为 $1000kg/m^3$,水的比热容为4.186kJ/(kg·℃)。

求:(1)这台家用热水器的日有用得热量为多少?

(2)夜间试验得出的平均热损因数为多少(取到小数点后2位)?

7. 当集中供热系统的集热器为40个,其中有30个集热器的方位角为南偏东10°,10个集热器的方位角为正南。每个集热器的轮廓采光面积为 $2.5m^2$,非正南方向集热器的日太阳辐照量为20.80MJ/ m^2,正南方向集热器的日太阳辐照量为21.50 MJ/m^2,开始试验时的水温是16℃,结束试验时的水温为58℃,试验水量为 $12m^3$,请计算当太阳辐照量为 $17MJ/m^2$ 时,该系统的日有用得热量?水的密度为 $1000kg/m^3$,水的比热容为4.186kJ/(kg·℃),答案保留小数点后两位小数

8. 南京地区18层住宅楼,平面布置为对称的两个单元,每个单元36户,按每户3.5人计算共126人。要求按单元集中全天供应生活热水。热水用水标 $q_r=60L$/人·d,热水温度 $t_r=60$℃,冷水温度 $t_1=10$℃。建筑朝向正南北向,屋面为平顶。计算本系统太阳集热器总采光面积。已知水的比热 C 为4.187kJ/(kg·℃);热水密度 $\rho_r=1kg/L$ 年平均日太阳辐照量 $J_r=13316KJ/m^2$;太阳能保证率 f 为50%;集热器年平均集热效率 η 为0.5;贮热水箱及管路热损失率 η_L 为0.20。

第十四节　太阳能热水设备试验室检测

一、概念

太阳能的实验室检测,涉及的材料种类、检测标准和仪器设备的内容多、范围广;这里仅针对 $0.6m^3$ 以下家用太阳能热水器系统及各类太阳能集热器质量的检测;这类检测与太阳能热水系统现场检测相比,从理论知识、检测参数、检测方法、使用标准等方面,差别都比较大。

1. 术语

(1)太阳高度角

太阳光线与在地平面投影线间的夹角。

(2)太阳方位角

地平面正南方向与太阳光线在地平面投影线间的夹角。

(3)太阳赤纬角

地球中心和太阳中心的连线与地球赤道平面的夹角。

(4)太阳时角

太阳观测点的逐时位置与太阳位于正南方向(即正午)时的角距离,每小时为15°,上午为正,下午为负。

(5)集热器的方位角

集热器采光面法线方向在地面的投影线与正南方向的夹角。

(6)集热器的倾角

集热器采光面与水平面间的夹角。

（7）太阳直接日射入射角

太阳光线与集热器法线方向的夹角。

（8）太阳辐照度 G

在垂直于太阳光线的平面上，单位时间内在单位面积上所获得的太阳辐射能。单位为 kW/m^2。

（9）太阳辐照量

太阳辐照度对时间的积分。单位为 MJ/m^2。

（10）轮廓采光面积

太阳光投射到集热器的最大有效面积。

（11）单位面积日有用得热量

在一定日太阳辐照量下，贮水箱内的水温不低于规定值时，单位轮廓采光面积贮水箱内的日得热量。

（12）平均热损因数

在无太阳辐照条件下的一段时间内，单位时间内、单位水体积太阳能热水系统贮水温度与环境温度之间单位温差的平均热量损失。

（13）总热损系数

集热器中吸热体对环境空气的平均传热系数。单位为 $W/(m^2 \cdot ℃)$。

2. 热力学基本知识（传热知识）

（1）**稳定导热**

1）*导热基本定律——傅里叶定律*

单位时间内所传导的热量与垂直于导热方向的截面面积及温度差（高温—低温）成正比，与壁面厚度成反比。上述稳定导热的基本公式为：

$$\Phi = \lambda \frac{(t_1 - t_2)A}{\delta} \tag{1-145}$$

式中　Φ——由高温表面传给低温表面的热流量（W）；

t_1、t_2——导热两表面高温、低温的温度（℃）；

A——垂直于导热方向的截面积（m^2）；

δ——导热壁面的厚度（m）；

λ——热导率，它表明材料导热能力大小的一个热物理量。在数值上等于壁的两表面温度差为 1K、壁厚为 1m、在 $1m^2$ 壁面积上每秒钟传导的热量。

2）*单层平壁的导热*

通过单层平壁热流量，其表达式可将上式改写成

$$\Phi = \frac{t_1 - t_2}{\dfrac{\delta}{\lambda A}} = \frac{t_1 - t_2}{R} \tag{1-146}$$

式（1-146）与电学中欧姆定律表达式（电流＝电位差/电阻）类似：热流量对应电流；温度差对应电位差，则对应电阻的（$\dfrac{\delta}{\lambda A}$）称为热阻，用符号 R（K/W）表示：

$$R = \frac{\delta}{\lambda A} \tag{1-147}$$

可以看出，壁厚愈厚，热导率愈小，则热阻愈大，这正表明热量通过的“阻力”愈大，也就是热量愈难以通过。因此，在导热过程中热阻正像电阻在导电过程中起着“阻碍”的作用一样。

3）对于 n 层的多层平壁导热，其热流量计算公式为

$$\Phi = \frac{t_1 - t_{n+1}}{\frac{\delta_1}{\lambda_1 A} + \frac{\delta_2}{\lambda_2 A} + \cdots + \frac{\delta_n}{\lambda_n A}} \qquad (1-148)$$

或$t_2 = t_1 - \Phi R_1$

$t_3 = t_2 - \Phi R_2$

……

$t_{n+1} = t_n - \Phi R_n$

4）通过圆筒壁的导热

由于圆筒壁内、外表面积不相等，所以不能用平壁导热式来计算。圆筒壁导热计算公式比较复杂，工程上常用类似平壁导热计算公式来计算圆筒壁热流量。圆筒壁相应用平均直径来计算传热面积，但应指出，只有对于直径较大而圆筒壁较薄的情况下，才能采用简化近似公式。通过分析，在圆筒壁外径与内径之比小于 2 的情况下，用简化近似公式计算引起的误差不超过 4%，这样的误差在热力计算中是允许的。

一段单层圆筒管道，设其长度为 L，内外壁直径分别为 d_1、d_2，壁的热导率为 λ，内外表面温度分别为 t_1，t_2（设 $t_1 > t_2$）。此单层圆筒壁导热以平均面积简化的近似公式为

$$\Phi = \frac{t_1 - t_2}{\frac{\delta}{\lambda(\pi d_{av} l)}} = \frac{t_1 - t_2}{R} \qquad (1-149)$$

式中 δ——圆筒壁的厚度（m），$\delta = \frac{1}{2}(d_2 - d_1)$；

d_{av}——圆筒壁的平均直径（m），$d_{av} = \frac{1}{2}(d_2 + d_1)$；

R——圆筒壁的热阻，$R = \frac{\delta}{\lambda(\pi d_{av} l)}$。

对于多层（设为 n 层）圆筒壁的导热，公式可写为

$$\Phi = \frac{t_1 - t_{n+1}}{R_{tot}} \qquad (1-150)$$

式中 R_{tot}——多层圆筒壁的总热阻，即

$$R_{tot} = \frac{\delta_1}{\lambda_1(\pi \frac{d_1 + d_2}{2} l)} + \frac{\delta_2}{\lambda_2(\pi \frac{d_2 + d_3}{2} l)} + \cdots + \frac{\delta_n}{\lambda_n(\pi \frac{d_n + d_{n+1}}{2} l)} \qquad (1-151)$$

（2）对流换热

在许多热力设备中，热量的交换都是在流动的流体和固体壁面之间进行的，这种在流体与固体壁面之间的热量交换称为对流换热。例如，在太阳平板集热器内与吸热面板有良好结合的管道或通道内，水与管壁之间的传热。再如，真空管热管壁与管内水被加热都属于对流换热。太阳辐射照射在吸热板面或真空集热管的内管外表面上，把辐射能转变为热能，被照射面的表面温度提高，通过固体（玻璃或金属）导热将热量传递到壁的内侧，然后在与流体接触的一面，以对流方式传给流体并将其加热。这时传热主要靠流体分子的随机运动和流体宏观位移运动来实现。

若流体的运动是靠外力，如风、泵和风机等产生的称为受迫对流（强迫对流）若流体的运动是由流体内存在温差导致密度差而产生的浮升力所引起。则称为自然对流。

对流的换热热流量可用牛顿定律公式计算：

$$\Phi_c = hA(t_s - t_f) \qquad (1-152)$$

式中 Φ——对流热流量（W）；

A——与流体接触的固体壁面面积（m^2）；

t_s——固体壁面的表面温度(℃);

t_f——流体温度(℃);

h——对流换热系数[W/(m²·K)]。

由上式看出,流体与壁面间的温差愈大,换热面积愈大,对流换热系数愈大则换热热流量就愈大。

类似电学中欧姆定律表达式,将上式转换为

$$\Phi_c = \frac{(t_s - t_f)}{\frac{1}{hA}} \tag{1-153}$$

则可写出对流换热热阻 R_c 为

$$R_c = \frac{1}{hA} \tag{1-154}$$

(3)辐射换热的基本概念

前面所讲的导热和对流换热都是在物体或物质中进行的热量交换,还有一种不需要物质直接接触而进行的热量传递方式,这就是热辐射。像太阳向地球以及炉中火焰传递热量就是这种热辐射。实际上它是一种以电磁波形式传递能量的过程。从物理学中知道,可见光射到物体有反射、穿透和吸收现象,热辐射同样也有这种性质,落在物体上的辐射能,总是部分被吸收、部分被反射和部分被透射。如图 1-58 所示。

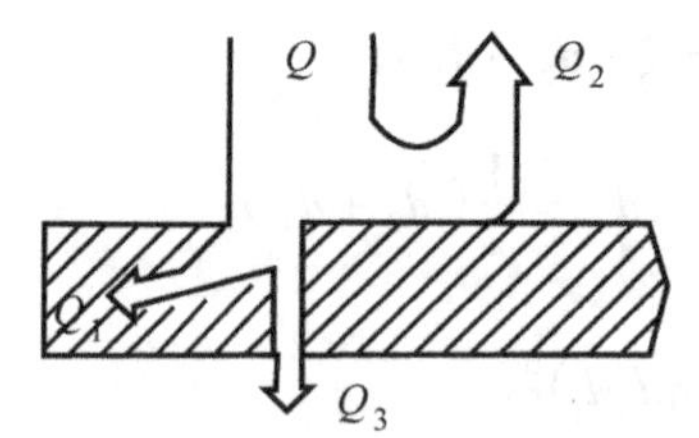

图 1-61 辐射落在物体上的吸收、反射和透射

Q—总辐射量;Q_1—被物体所吸收的辐射能;

Q_2—被物体所反射的辐射能;Q_3—透射物体的辐射能;

由图 1-61 可见,吸收比 $\alpha = Q_1/Q$,反射比 $\rho = Q_2/Q$,透射比 $\tau = Q_3/Q$,且 $\alpha + \rho + \tau = 1$。一般物体透射比为 0,则 $\alpha + \rho = 1$,这表明物体如吸收能力强,它的反射比就比较小;反之,反射比强,则吸收比就小。当物体的吸收比为 1,即对于周围照射来的辐射能量百分之百地吸收,这种物体被称为绝对黑体。它在自然界中是不存在的,但是可以用人工的方法近似获得这种效果。

对于具有辐射能力的辐射体来说,在单位时间内、单位面积上所发出的辐射能称为辐照度 M (W/m²)。

(4)**复合换热**

实际换热过程一般是由稳定导热、对流换热及辐射换热中的两种以上同时发生的。例如平板式太阳集热器,太阳以辐射形式向吸热板加热,然后通过固体的吸热板壁以导热形式将热量传导给内壁,再以对流形式在内板壁与水之间进行对流换热,将水温升高。与此同时,还要考虑吸热板与空气接触的一面板壁与空气的自然对流换热。这些都是复合换热。

对于复合换热过程的计算,通常仿照牛顿定律公式给出热流量为:

$$\Phi = h_{tot}A(T_1 - T_2) \text{或} \Phi = \frac{T_1 - T_2}{R_{tot}} \tag{1-155}$$

式中,h_{tot} 及 R_{tot} 分别称为复合换热总换热系数及总热阻。而且可根据具体换热情况,导出它们的计算式。热量从一种流体通过固体壁传到另一种流体的换热过程是复合换热中较为常见的一种情况，称为传热过程。现推导通过单层平壁的传热计算公式。假定有一单层平壁的热导率为 λ，厚度为 δ，在壁的一侧有温度为 t_{f1} 的热流体，另一侧有温度为 t_{f2} 的冷流体。用 t_{b1} 和 t_{b2} 分别表示与热流体和冷流体相接触的壁面温度。热流体一侧的对流换热系数为 h_1，冷流体一侧的对流换热系数为 h_2。传热面积为 A。在稳定传热过程中，显然从热流体到平壁传递的热量等于通过固体壁所传递的热量，也等于从壁面传入冷流体的热量。由式（1－149）、式（1－153）、式（1－154）可写出其热流量

$$\Phi=\frac{t_{f1}-t_{b1}}{R_1}=\frac{t_{b1}-t_{b2}}{R_2}=\frac{t_{b2}-t_{f2}}{R_3} \quad (1-56)$$

式中，R_1，R_2，R_3 分别是热流体一侧对流换热热阻、平壁导热热阻及冷流体一侧对流换热热阻，并可分别写出

$$t_{f1}-t_{b1}=\Phi R_1 \quad (1-157)$$

$$t_{b1}-b_{b2}=\Phi R_2 \quad (1-158)$$

$$t_{b2}-t_{f2}=\Phi R_3 \quad (1-159)$$

将此三式相加可得

$$t_{f1}-t_{f2}=\Phi(R_1+R_2+R_3)\text{ 或 }\Phi=\frac{t_{f1}-t_{f2}}{R_1+R_2+R_3} \quad (1-160)$$

由上述可看出传热过程的总换热系数 h_{tot} 及传热总热阻 R_{tot} 分别为

$$h_{tot}A=\frac{1}{R_1+R_2+R_3} \quad (1-161)$$

$$R_{tot}=R_1+R_2+R_3 \quad (1-162)$$

其中，$R_1=\dfrac{1}{h_1A}$，$R_2=\dfrac{\delta}{\lambda A}$ 及 $R_3=\dfrac{1}{h_2A}$ （1－163）

二、检测判定依据

1. 标准名称及代号

《家用太阳热水系统技术条件》GB/T 19141－2003

《平板型太阳能集热器》GB/T 6424－2007

《真空管型太阳能集热器》GB/T 17581－2007

《太阳能集热器热性能试验方法》GB/T 4271－2007

《家用太阳热水系统热性能试验方法》GB/T 18708－2002

2. 热性能判定指标

（1）平板型太阳能集热器

1）平板型太阳能集热器的瞬时效率截距 $\eta_{0,a}$ 应不低于 0.72；

2）平板型太阳能集热器的总热损系数 U 应不大于 6.0 W/（m^2·℃）；

3）吸热体涂层的吸收比应不低于 0.92。

（2）真空管型太阳能集热器

1）无反射器的真空管型太阳能集热器的瞬时效率截距 $\eta_{0,a}$ 应不低于 0.62；

2）有反射器的真空管型太阳能集热器的瞬时效率截距 $\eta_{0,a}$ 应不低于 0.52；

3）无反射器的真空管型太阳能集热器的总热损系数 U 应不大于 3.0W/（m^2·℃）；

4）有反射器的真空管型太阳能集热器的总热损系数 U 应不大于 2.5W/（m^2·℃）。

（3）贮热水箱容积小于 0.6m^3 的家用热水系统

试验结束时贮水温度　≥45℃

日有用得热量（紧凑式与闷晒式）　≥7.5MJ/m^2

日有用得热量（分离式与间接式）　≥7.0MJ/m^2

平均热损因数（紧凑式与分离式）　≤22W/（m^3·K）

平均热损因数（闷晒式）　≤90W/（m^3·K）

三、检测方法

1. 热性能检测

（1）检测仪器设备

1）一级总日射辐射表；

2）地球辐射表（散射辐射表）；

3）水温测量控制系统；

4）环境温度测量装置；

5）风速仪；

6）太阳直接日射入射角测定仪；

7）水系统 8～80℃可调节的恒温装置。

（2）测量前的准备

1）总辐射表传感器的安装，应与集热器采光口平行，两平面平行度相差应小于 ±1°。在试验期间，总辐射表不得遮挡集热器采光口。总辐射表应安装在能够接受到与集热器相同直射、散射和反射太阳辐射的地方。应将辐射表座体及其外露导线保护起来，以防止被太阳晒热，减少集热器对辐射表的反射和再辐射。对于平板型集热器，应在集热器采光口平面一侧的中间位置安装地球辐射表，以测定集热器采光口上的热辐射照度。

2）集热器试验台架不应遮挡集热器的采光面，不应影响集热器背面、侧面和集热器进出口的隔热保温。台架应采用开放式结构，不影响空气沿集热器各个面的自由流动。集热器的最低边离地面不应小于 0.5m。在屋顶上试验时，台架距屋顶边缘的距离应不大于 2m。试验场地周围应无反射比大于 0.2 的物体。试验期间，周围物体表面不应有明显的太阳辐射反射到集热器上，天空中不应有遮挡阳光直射集热器的物体。邻近集热器物体的表面温度应接近环境温度，以避免周围物体热辐射（红外）对集热器的影响。

3）温度传感器的安装位置距集热器进出口的距离应不大于 200mm，如果温度超过 200mm，应采取措施确保不影响工质温度的测量。可通过加强保温来实现。

4）室外环境温度传感器应安装在距被测集热器 10m 以内的白色百叶箱内。百叶箱的高度应为集热器中间的高度，但距地面高度不应小于 1m。

5）如果平均风速小于 2m/s，宜采用人工送风，在集热器上方距采光口 100mm 的若干均匀分布点上逐点进行测量并取它们的平均值。在风速稳定的条件下测量，应在性能试验前后进行。在有自然风的场所，应在靠近集热器的 5m 以内的位置进行风速测量。

（3）测量准确度

1）集热器采光面积的测量准确度应为 ±0.1%

2）测量仪器及数据记录仪

测量仪器及测量系统的最小刻度不应超出规定准确度的两倍；

数据处理技术或电子积分仪的准确度应等于（或优于）测量值的 ±1.0%；

模拟和数字记录仪的准确度应等于（或优于）总量程的 ±0.5%，时间常数应不大于 1s。峰值信号指示应在总量程的 50% 和 100% 之间。

3）集热器工质流量应由试验中所用的传热工质的质量来表示。测量准确度应为 ±10%。可通过分别测量集热器空时质量和充满工质时的质量来求得，或通过测量装满空集热器所需工质的质量来求得。测量集热器工质容量时工质温度应在 10～25℃范围内。

4）进行室外集热器试验时，空气流速很少为常数，应取试验期间的平均风速，空气流速测量准确度应为 ±0.5m/s。

5）传热工质通过集热器所产生的压力降的测量准确度应为 ±50Pa。

6）工质量流量可以直接测量，或通过所测量的体积流量和温度换算得出。测量准确度应为 ±1%。

7）集热器进出口温度差的测量准确度应为 ±0.1℃。

8）试验前应对集热器进行外观检查，并做好记录。

试验前应对集热器采光口盖板表面、真空管表面或反射器表面进行彻底清洁。

如果集热器部件上有水汽，应使用80℃左右的传热工质在集热器中循环一段时间，烘干隔热材料和集热器外壳。如果进行该项处理，应在检测报告中加以说明。

（4）室外稳态效率试验

1）试验条件

试验期间，集热器采光面上的总太阳辐照度应不小于 700 W/m^2，试验期间总太阳辐照度的变化应不大于 ±50 W/m^2。工质质量流量可以根据生产厂家推荐的流量值进行试验。当生产厂家没有声明时，工质质量流量可根据集热器的总面积设定在 0.02kg/(m^2·s)。在每个试验周期内，流量应稳定在稳定值的 ±1% 以内。不同试验周期的流量变化应不超过设定值的 10%。

2）试验程序

为了测定集热器的效率特性，集热器试验应在晴朗天气条件下集热器的工作温度范围内进行。

对于数据点的选取，应在集热器工作温度范围内至少取四个间隔均匀的工质进口温度。为了获得 η_0，其中一个进口温度应使集热器工质平均温度与环境空气温度之差在 ±3℃之内。应根据集热器的最高工作温度确定最高工质进口温度，对于平板型集热器，集热器最高进口温度不应超过70℃，对于真空管型集热器，最高进口温度与环境温度之差应大于40℃。

对于每个工质进口温度至少取四个独立的数据点，每个瞬时效率点的测定时间间隔应不少于3min。

在试验期间，应按（4）3）中的规定进行测量。在上述时间间隔内，每分钟至少一次定时采集下面3）中的③～⑨测量参数的数据，以其算术平均值作为该参数的测定值。

3）测量参数

① 集热器轮廓采光面积 A_c；

② 工质容量 V_f；

③ 集热器采光面上太阳辐照度 G；

④ 集热器采光面上散射太阳辐照度 G_d；

⑤ 环境空气风速 u；

⑥ 工质质量流量 m；

⑦ 环境空气温度 t_a；

⑧ 工质进口温度 t_i；

⑨ 工质出口温度 t_e；

⑩ 直接日射入射角 θ；直接日射入射角可用入射角测量仪直接读数，也可用计算的方法解决，计算公式：

$$\cos\theta = (\sin\delta\sin\Phi\cos\beta) - (\sin\delta\cos\Phi\sin\beta\cos\gamma) + (\cos\delta\cos\Phi\cos\beta\cos\omega) + (\cos\delta\sin\Phi\sin\beta\cos\gamma\cos\omega) + (\cos\delta\sin\beta\sin\gamma\sin\omega) \quad (1-164)$$

式中　θ——直接日射入射角；

ω——太阳时角；

β——集热器倾角；

γ——集热器方位角；

Φ——试验地点的纬度；

δ——太阳赤纬；一年中第 n 天的太阳赤纬计算式为：

$$\delta = 23.45 sin[360(284+n)/365] \quad (1-165)$$

4）试验周期（稳态）

稳态数据点的试验周期应包括至少 12min 的预备期和至少 12min 的稳态测量周期。

满足稳态状态的基本条件：

太阳辐照度偏离试验平均值的范围在 ±50 W/m² 内，

环境空气温度偏离试验期间平均值在 ±1℃范围内；

工质质量流量偏离试验期间平均值在 ±1% 以内；

集热器进口工质温度偏离在 ±0.1℃以内。

5）试验结果的表示

对试验数据进行整理，形成一组满足稳态运行试验条件的数据点。这些数据点应采用规一化温差 $T_i = (t_i - t_a)/G$ 为横座标，以瞬时效率 η 为纵座标的图形来表示。

6）集热器效率的计算

在稳态条件下运行的太阳能集热器的瞬时效率 η 定义为：在稳态条件下，集热器获得的有用功率与集热器表面接收的太阳辐射功率之比。

$$\dot{Q} = \dot{m} C_f \Delta T \quad (1-166)$$

式中 $\dot{m}$——工质质量流量（kg/s）；

C_f——对应于平均工质温度的传热工质比热容［J/(kg·℃)］；

ΔT——工质进出口温度差，$\Delta T = t_e - t_i$（℃）。

若工质质量流量是由体积测得，则密度和比热容应由流经流量计的工质温度确定。

7）集热器接收的太阳能

对于单层玻璃平板型集热器，入射角不大于 30°时，不需使用入射角修正系数对集热器接收的太阳能进行修正；对于真空管型集热器，入射角不大于 10°，不需使用入射角修正系数对集热器接收的太阳能进行修正。

测试时，主要考虑采光面积，作为集热器的参考面积进行计算，此时集热器接收的太阳辐射总功率为 $A_a G$。则集热器的瞬时热效率为：

$$\eta = \frac{\dot{Q}}{A_a G} \quad (1-167)$$

式中 $\dot{Q}$——集热器获得的有用功率（W）；

Aa——集热器采光面积（m²）；

G——集热器采光面上接收的太阳辐射功率（W/m²）。

集热器的瞬时效率 η 受到太阳辐射功率、环境温度、风量大小、集热器材料本身的保温散热性能等因素的制约，它随着（$t_i - t_a$）的变化而改变，不是一个定值，也不一定是线性关系，它的变化规律是未知的。为了计算统计、绘图和理解的方便，引进归一化温差的概念。

8）归一化温差

当使用集热器进口温度 t_i 时，归一化温差为：

$$T_i^* = \frac{t_i - t_a}{G} \quad (1-168)$$

T_i^* 的单位为 m² · ℃/ W。

9）瞬时效率的结果表示

由于瞬时效率 η 随着（$t_i - t_a$）的变化规律是未知的；可以通过实验的办法，取得一系列的实验数据，利用最小二乘法进行曲线拟合得出它们之间的规律，获得瞬时效率的曲线：

$$\eta = \eta_0 - a_1 T_i^* - a_2 G(T_i^*)^2 \tag{1-169}$$

$$或\ \eta = \eta_0 - UT_i^* \tag{1-170}$$

应根据拟合的紧密程度来选择一次或二次曲线。

对于平板型集热器，在散射太阳辐照度大于总辐照度30%条件下测得的数据点，应采用修正的方法，修正到等效法向日射辐照度。若散射太阳辐照度小于30%，则可以忽略其影响。对于真空管型集热器，则不需要考虑散射太阳辐照对集热器的影响。

若采用归一化温差 T_i^*，基于集热器采光面积的瞬时效率公式为：

$$\eta_a = \eta_{0a} - U_a \frac{t_i - t_a}{G} \tag{1-171}$$

$$或\ \eta_a = \eta_{0a} - a_{1a}\frac{t_i - t_a}{G} - a_{2a}G\left(\frac{t_i - t_a}{G}\right)^2 \tag{1-172}$$

$$\eta_a = \frac{Q}{A_a G} \tag{1-173}$$

（5）集热器时间常数测定

1）检测要求

在室外或太阳模拟器下进行试验，试验时集热器采光面上的太阳辐照度不应小于700W/m²。集热器中传热工质的循环流量应与热效率试验时相同。

试验时，在太阳集热器上方10cm处，用遮阳罩板遮挡住太阳能集热器采光面上的太阳辐射，并使集热器的工质进口温度近似等于环境空气温度。

当达到初次稳态时，移去遮阳罩板，并继续测量直到再次出现稳态。对于该试验，当工质出口温度的变化小于每分钟0.1℃时，即可认为达到稳态。

检测参数：集热器工质进口温度 t_i、集热器工质出口温度 t_e、环境空气温度 t_a。

2）集热器时间常数的计算

以（$t_e - t_a$）为纵坐标，以时间为横坐标，绘出（$t_e - t_a$）随时间的变化曲线。从初始稳态（$t_e - t_a$）$_0$ 绘至在更高温度下的第二稳态（$t_e - t_a$）$_2$，见图1-62。

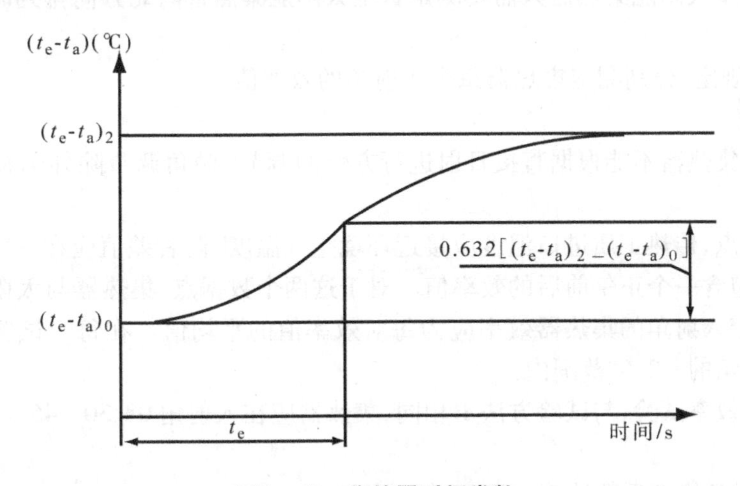

图1-62　集热器时间常数

集热器时间常数的定义为：在太阳辐照度从一开始有阶跃式增加后，集热器出口温度上升到从

$(t_e - t_a)_0$ 至 $(t_e - t_a)_2$ 总增量的63.2%时所用的时间。

(6)集热器入射角修正系数

1)概述

太阳能集热器采光面接收太阳辐射能量时,吸热体受到太阳光线入射角的影响较大,由其是平板型集热器,它的盖板的透射比是随着入射角的增大而减小,这与盖板材料的光学性能有关,光线以大入射角入射时,吸热体受到遮挡,随着入射角增加,集热器效率减小。

在式1-170中引入入射系数 K_θ(图1-63),则集热器的瞬时效率公式为

$$\eta = \eta_0 K_\theta - U\frac{t_i - t_a}{G} \tag{1-174}$$

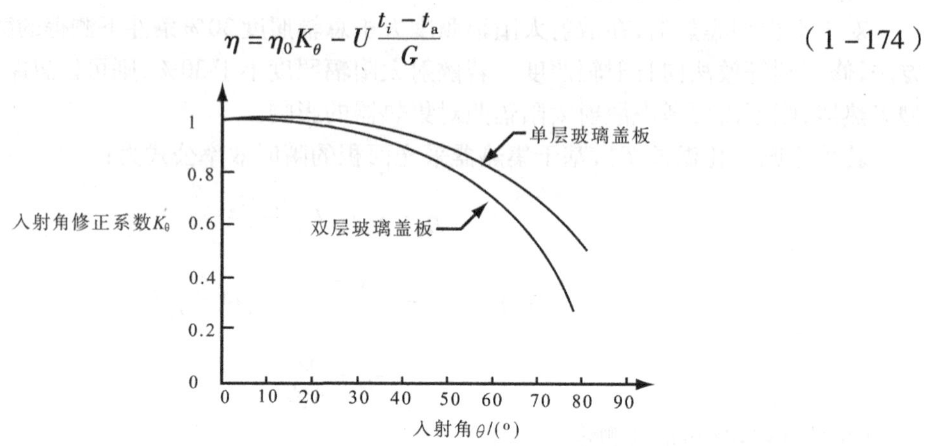

图1-63　两种不同玻璃盖板的集热器入射角修正系数

2)试验方法1

本方法适用于太阳模拟器下的室内试验,也适用于可移动式试验台(可随意跟踪太阳方位角)的室外试验。

每个试验周期都应使集热器的方位保持在该入射角的±2.5°范围内。

对平板型集热器进行四种试验条件的方位调节,这四种调节使试验入射角与直接日射的角度分别约为0°、30°、45°、和60°。数据应在一天内采集完毕。

对真空管型集热器应分别测定真空管太阳能集热管南北向排列时的入射角修正系数 $K_{\theta,N-S}$ 和真空太阳能集热管东西排列时的入射修正系数 $K_{\theta,w-e}$,应使真空太阳能集热管分别沿南北向排列和沿东西向排列。调节集热器试验台架使入射角分别为:0°、30°、45°、和60°。数据应在一天内采集完毕。

热管式真空管型太阳能集热器只需要测定真空太阳能集热管南北方向排列时的入射角修正系数 。

根据(4)2)的规定,分别测定集热器每个入射角的效率值。

3)试验方法2

本方法适用于集热器不能根据直接日射进行方位的调节(倾角调节除外),使用固定式试验台的室外试验。

对于每个数据点,传热工质进口温度应接近环境空气温度(两者差值应在±1℃)。应成对测量效率值,每一对中包含一个正午前后的效率值。对于这两个数据点,集热器与太阳光束之间的平均入射角应相同,给定入射角的集热器效率应为每对效率值的平均值。在每个试验周期使集热器的方位保持在该入射角的±2.5°范围内。

对于集热器的效率试验,与试验方法1相同,集热器应在入射角0°、30°、45°、和60°的情况下采集数据。

4)集热器入射角修正系数计算

对于普通的集热器,只需四个入射角,即0°、30°、45°和60°。由于工质进口温度非常接近环境

空气温度，所以（$t_i - t_a$）接近0。K_θ 与效率之间的关系由式（1－175）表示：

$$K_\theta = \frac{\eta_{0,\theta}}{\eta_{0,\theta}} \qquad (1-175)$$

式中　$\eta_{0,\theta}$——$t_i = t_a$ 时，入射角 θ 下测定的瞬时效率值；

$\eta_{0,n}$——$t_i = t_a$，法向入射时测定的瞬时效率值，$\eta_{0,n}$ 可由效率曲线在 y 轴上的截距获得。

将计算结果标绘在 $K_{0-\theta}$ 图上，得到太阳能集热器入射角修正系数 K_θ 随入射角 θ 的变化曲线。

（7）集热器两端压降

1）试验装置

集热器两端的压力降落，是太阳能热利用系统设计的重要参数，测试使用的工质应同集热器正常使用时相同。传热工质应从集热器进口流向集热器出口，并应特别注意在集热器进、出口选择适当的管子来装配。如图1－64所示，测压点应设置在靠近太阳能集热器，且不受其他配管影响的直管部分。测压孔直径为2～6mm或1/10管径。此处管和孔的内壁表面应光滑无卷边。

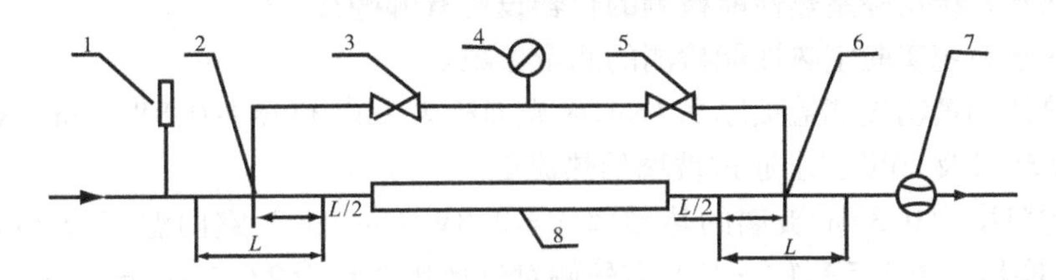

图1－64　压力降落试验装置示意图

1—温度计；　2—进口压力测点；　3—切换阀；　4—压力变送器；　5—切换阀

6—出口压力测点；　7—流量计；　8—太阳能集热器；$L \geqslant 4 \times$ 直管内径。

2）试验程序

对工质进行检查，以确保其中无杂质。应使用排气阀或其他适当方法排出集热器中的空气。

应在太阳能加热系统正常工作的流量范围内测定集热器进、出口之间的压降。

在集热器生产厂没有提供标称流量范围的情况下，应在每平方米集热器总面积0.005～0.04kg/s的流量范围内进行测量。

至少要在整个流量范围内选取均匀间隔的五个流量值上进行测量。

3）测量参数

集热器工质进口温度 t_i；

工质质量流量 m；

集热器进、出口之间工质压降 Δp。

4）由测量装置引起的压降

用来测量工质压力降落的装置自身可能引起压降，应将集热器从工质回路中取出，并将压力测量装置短接，进行压降的零点校准。

5）试验条件

在试验期间，流量应恒定在规定值的±1%以内；

在试验期间，传热工质的进口温度应恒定在±5℃以内；

在试验期间，集热器温度应在环境空气温度±10℃以内。

6）试验结果的计算和表示

压降随每次试验流量变化的函数关系，可用 Δp（kPa）作纵坐标，工质质量流量 m（kg/s）作横坐标，作出曲线来表示。

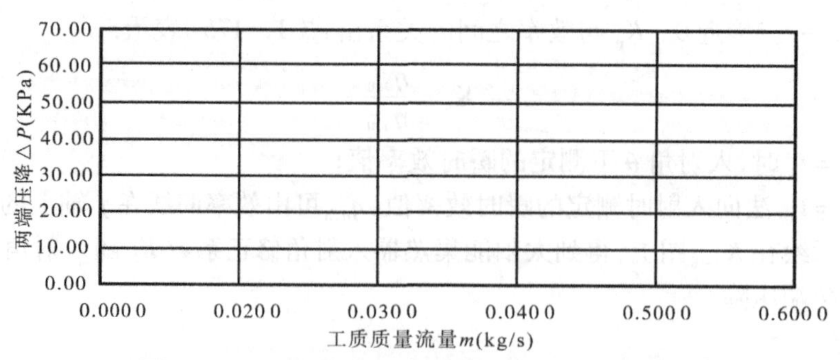

图 1－65　两端压降 Δp 与质量流量 m 的关系曲线

思　考　题

1. 分别叙述太阳能集热器热性能判定指标。

2. 太阳能热水系统实验室热性能检测的仪器设备有哪些?

3. 太阳能热水系统实验室热性能检测的测量参数。

4. 太阳集热器的透明玻璃盖板厚0.4cm,采光面积为$2m^2$,热导率0.8W/(m·K),若玻璃内外表面温度分别为36℃及26℃。求通过玻璃的热流量。

5. 窗玻璃的厚度为0.3cm,玻璃的热导率$\lambda=0.8$W/(m·K),室内温度为20℃,室外温度为6℃,室内侧对流换热系数7.5W/(^{2}·K),室外侧对流换热系数为22.7W/(m^2·K),求通过单位面积($1m^2$)玻璃的热损失。

6、在集热试验中,试验工质进口温度为19.1℃、出口温度为22.4℃,工质流量为0.02kg/s,此时传热工质比热容为,总太阳辐照度为810W/m^2,其集热器的总面积为1.3m^2,集热器采光面积为0.54m^2,请计算分别以集热器总面积和以采光面积时为参考时太阳辐射功率。

7、某真空管太阳集热器热性能试验中:

已知集热器进出口温度分别是38℃、41.2℃,环境温度为19.2℃,总太阳辐照度为823W/m^2,当使用集热器进口温度时,规一化温差为多少?(保留小数点后三位)

第二章　室内环境检测

第一节　室内空气有害物质

一、概念

氡、甲醛、氨、苯及总挥发性有机化合物（TVOC）是室内环境中常见的污染物，挥发性强，许多成分有一定的致癌性，对身体危害较大。

建筑物的使用功能不同，对室内环境的要求就不同，民用建筑根据其使用功能可分为：Ⅰ类民用建筑工程和Ⅱ类民用建筑工程两类，具体如下：

Ⅰ类民用建筑工程：住宅、医院、老年建筑、幼儿园、学校教室等民用建筑工程；

Ⅱ类民用建筑工程：办公楼、商店、旅馆、文化娱乐场所、书店、图书馆、展览馆、体育馆、公共交通等候室、餐厅、理发店等民用建筑工程。

二、检测依据

1. 标准名称及代号

《民用建筑工程室内环境污染控制规范》GB 50325－2001（2006 年版）；

《公共场所空气中甲醛测定方法》GB/T 18204.26－2000；

《公共场所空气中氨测定方法》GB/T 18204.25－2000；

《居住区大气中苯、甲苯和二甲苯卫生检验标准方法——气相色谱法》GB 11737－1989。

2. 控制标准（表 2－1）

民用建筑工程室内环境污染物浓度限量　　表 2－1

检测项目	Ⅰ类民用建筑工程限量值	Ⅱ类民用建筑工程限量值
氡　（Bq/m^3）	≤200	≤400
甲醛　（mg/m^3）	≤0.08	≤0.12
氨　（mg/m^3）	≤0.2	≤0.5
苯　（mg/m^3）	≤0.09	≤0.09
TVOC　（mg/m^3）	≤0.5	≤0.6

三、试验方法

室内空气中氡的检测采用测氡仪直接检测，其余甲醛、氨、苯、TVOC 的检测都要经过现场采样、实验室分析两个过程。

1. 采样

（1）检测点数量

民用建筑工程验收时，应抽检有代表性的房间室内环境污染物浓度，抽检数量不得少于房间总自然间数的5%，且不得少于3间；房间总数少于3间时，应全数检测。民用建筑工程验收时，凡进行了样板间室内环境污染物浓度检测且检测结果合格的，抽检数量减半，但不得少于3间。各房间内检测点应按表2-2设置。

检测点数的抽样表　　　表2-2

房间使用面积（m^2）	检测点数（个）
<50	1
≥50、<100	2
≥100、<500	不少于3
≥500、<1000	不少于5
≥1000、<3000	不少于6
≥3000	不少于9

（2）检测点位置

现场检测点应距内墙面不小于0.5m，距楼地面高度0.8~1.5m。检测点应均匀分布，避开通风道和通风口。检测点的位置要在原始记录上用示意图标明。

（3）采样设备

空气采样器：流量范围0~1.5L/min，流量稳定可调；

大型气泡吸收管：出气口内径为1mm，出气口与管底距离应3~5mm；

活性炭吸附管：具体要求见苯检测部分；

Tenax-TA吸附管：具体要求见TVOC检测部分；

大气压力表；

温度计；

秒表。

（4）采样要求

对采用集中空调的民用建筑工程，应在空调正常运转的条件下进行；对采用自然通风的民用建筑工程，除氡检测应在对外门窗关闭24h后进行，其余应在对外门窗关闭1h后进行。在对甲醛、氨、苯、TVOC取样检测时，装饰装修工程中完成的固定式家具（如固定壁柜、台、床等）应保持正常使用状态，（如家具门正常关闭等）。在室内采样同时，要在室外上风向采集空白样品。采样同时记录现场的温度和大气压力值。大气采样仪在使用前后都应使用皂膜流量计校正流量，流量偏差不应超过5%，各项检测指标的采样要求见表2-3。

各项指标的采样要求　　　**表2-3**

检测项目	采样方法
甲醛	用一个内装5mL酚试剂吸收液的大型气泡吸收管，以0.5L/min流量，采样20min，采气10L。采样后，样品在室温下保存，于24h内分析
氨	用一个内装10mL硫酸吸收液的大型气泡吸收管，以0.5L/min流量，采样10min，采气5L。采样后，样品在室温下保存，于24h内分析
苯	在采样地点打开活性炭吸附管，与空气采样器入气口垂直连接，以0.3~0.5L/min的流量，采集10L空气。采样后，取下吸附管，密封吸附管的两端，做好标识，放入可密封的金属或玻璃容器中。样品可保存5天
TVOC	在采样地点打开Tenax-TA吸附管，与空气采样器入气口垂直连接，以0.1~0.4L/min的流量，采1~5L空气。采样后，取下吸附管，密封吸附管的两端，做好标记，放入可密封的金属或玻璃容器中。样品最长可保存14天

2. 氡浓度测定

(1)方法及仪器

依据《民用建筑工程室内环境污染控制规范》GB 50325－2001 第 6.0.5 条规定:民用建筑工程室内空气中氡的检测,所选用方法的测量结果不确定度不应大于 25%(即置信度为 95%),方法的探测下限不应大于 $10Bq/m^3$。氡浓度的测定方法不限定于《环境空气中氡的标准测量方法》GB/T 14582－93 中的四种,但方法必须满足相关技术要求。

GB/T 14582－93 中规定的四种方法分别为径迹蚀刻法、活性炭盒法、双滤膜法和气球法。从技术原理上分析,这四种方法均能满足测量要求,但从实际工程应用的角度分析,这四种方法都不是十分合适。目前大多数单位采用现场检测的方法,使用较多的仪器有 RAD7 测氡仪和 1027 测氡仪。RAD7 测氡仪操作灵活,采样时间可调,可存储多个测量结果,但价格较高,体积相对较大。1027 测氡仪轻巧灵便,操作简单,价格便宜,但测量周期为 1h 且不可调,只存储一个测量结果,测完一个数据需将存储删除才能进行下一个测量。

(2)检测点数量与位置

空气中氡的检测点设置数量与位置要求与现场采样部分相同。

(3)操作要点

使用连续氡检测仪测定室内氡浓度时,测定周期不得低于 45min。若测量结果接近或超过 $200Bq/m^3$ 或 $400Bq/m^3$ 这两个限量值时,为了确保测量结果的准确,测量时间应根据情况设定为断续或连续 24h、48h 或更长。

人员进出房间取样时,开门的时间要尽可能短,取样点离开门窗的距离要适当远一点。

3. 甲醛的测定

根据 GB 50325－2001 规范第 6.0.7 条规定,民用工程室内空气中甲醛检测有两种方法:酚试剂分光光度法和现场检测法。现场检测所使用的仪器在 0～$0.60mg/m^3$ 测量范围内的不确定度应小于或等于 25%。当发生争议时,应以《公共场所卫生标准检验方法》GB/T 18204.26－2000 中酚试剂分光光度法的测定结果为准。下面主要介绍酚试剂分光光度法。

(1)原理

空气中的甲醛与酚试剂反应生成嗪,嗪在酸性溶液中被高铁离子氧化形成蓝绿色化合物,根据颜色深浅,比色定量。

(2)仪器

具塞比色管:10mL;

天平:0.1mg;

实验室通用玻璃器皿;

分光光度计。

(3)试剂

本法所用的试剂纯度除特别说明外均为分析纯,水为蒸馏水。

吸收原液:称量 0.10g 酚试剂[$C_6H_4SN(CH_3)C:NNH_2 \cdot HCl$,简称 MBTH],加水溶解,置于 100mL 容量瓶中,加水到刻度。放冰箱中保存,可稳定 3d。

吸收液:量取吸收原液 5mL,加 95mL 水,即为吸收液。采样时,临用现配。

硫酸铁铵溶液(1%):称量 1.0g 硫酸铁铵[$NH_4Fe(SO_4)_2 \cdot 12H_2O$]用 0.1mol/L 盐酸溶解,并稀释至 100mL。

碘酸钾标准溶液[$c(1/6KIO_3)=0.1000mol/L$]:准确称量 3.5667g 经 105℃烘干 2h 的碘酸钾(优级纯),溶解于水中,移入 1L 容量瓶中,再用水定容至 1000mL。

盐酸溶液(1mol/L):量取 82mL 浓盐酸加水稀释至 1000mL。

淀粉溶液(0.5%):称取1g可溶性淀粉,加入10mL蒸馏水中,搅拌下注入200mL沸水中,再微沸2min,放置待用(此试剂使用前配制)。

硫代硫酸钠标准溶液:称量25.0g硫代硫酸钠($Na_2S_2O_3 \cdot 5H_2O$),溶于1000mL新煮沸并冷却的水中,此溶液浓度约为0.1mol/L。加入0.2g无水碳酸钠,贮存于棕色试剂瓶中,放置一周后,再按以下方法标定其准确浓度。

精确量取25.00mL[$c(1/6KIO_3)=0.1000$mol/L]碘酸钾标准溶液于250mL碘量瓶中,加入75mL新煮沸后冷却的水,加3g碘化钾及10mL1mol/L盐酸溶液,摇匀后放入暗处静置3min。用硫代硫酸钠标准溶液滴定析出的碘,至淡黄色,加入1mL 0.5%淀粉溶液呈蓝色。再继续滴定至蓝色刚刚褪去,即为终点,记录所用硫代硫酸钠溶液体积,其准确浓度用式(2-1)算:

$$c_1=\frac{0.1000\times25.00}{V} \tag{2-1}$$

式中 c_1——硫代硫酸钠标准溶液的浓度(mol/L);

V——所用硫代硫酸钠溶液体积(mL)。

平行滴定两次,所用硫代硫酸钠溶液体积相差不能超过0.05mL,否则应重新做平行测定。

氢氧化钠溶液(1mol/L):称量20g氢氧化钠,溶于500mL水,贮于塑料瓶中。

硫酸溶液(0.5mol/L):取28mL硫酸,缓慢加入水中,冷却后稀释至1000mL。

碘溶液[$c(1/2I_2)=0.1000$mol/L]:称量40g碘化钾,溶于25mL水中,加入12.7g碘。待碘完全溶解后,用水定容至1000mL。移入棕色瓶中,暗处储存。

甲醛标准贮备溶液:取2.8mL含量为36%~38%甲醛溶液,放入1L容量瓶中,加水稀释至刻度。此溶液1mL约相当于1mg甲醛。其准确浓度用下述碘量法标定。

精确量取20.00mL待标定的甲醛标准贮备溶液,置于250mL碘量瓶中。精确量取20.00mL碘标准溶液[$c(1/2I_2)=0.1000$mol/L]和15mL 1mol/L氢氧化钠溶液,放置15min。加入20mL 0.5mol/L硫酸溶液,再放置15min,用[$c(Na_2S_2O_3)=0.1000$ mol/L]硫酸钠标准溶液滴定,至溶液呈现淡黄色时,加入1mL 0.5%淀粉溶液,继续滴定至恰使蓝色褪去为止,记录所用硫代硫酸钠溶液体积(V_2)。

取20mL蒸馏水,按上述步骤进行空白试验,记录所用硫代硫酸钠溶液体积(V_1)。

甲醛溶液的浓度按式(2-2)计算:

$$\text{甲醛溶液浓度(mg/mL)}=\frac{(V_1-V_2)\times c_1\times15}{20} \tag{2-2}$$

式中 V_1——试剂空白消耗硫代硫酸钠溶液的体积(mL);

V_2——甲醛标准储备溶液消耗硫代硫酸钠溶液的体积(mL);

c_1——硫代硫酸钠溶液的浓度(mol/L);

15——甲醛的当量;

20——所取甲醛标准储备溶液的体积(mL)。

两次平行滴定,误差应小于0.05mL,否则重新标定。

甲醛标准溶液:临用时,将甲醛标准贮备溶液用水稀释成1.00mL含10μg甲醛,立即再取此溶液10.00mL,加入100mL容量瓶中,加入5mL吸收原液,用水定容至100mL,此溶液1.00mL含1.00μg甲醛,放置30min后(此反应受温度影响较大,反应温度应控制在25~30℃,可于水浴或恒温箱中反应,若反应温度低于25℃,则应适当延长反应时间),用于配制标准系列管。此标准溶液可稳定24h。

(4)操作步骤

1)标准曲线的绘制

取10mL具塞比色管,用甲醛标准溶液按表2-4制备标准系列。

甲醛标准系列　表2-4

管　号	0	1	2	3	4	5	6	7	8
标准溶液(mL)	0	0.10	0.20	0.40	0.60	0.80	1.00	1.50	2.00
吸收液(mL)	5.00	4.90	4.80	4.60	4.40	4.20	4.00	3.50	3.00
甲醛含量(μg)	0	0.1	0.2	0.4	0.6	0.8	1.0	1.5	2.0

在各管中加入0.4mL 1%硫酸铁铵溶液，摇匀。放置15min(温度应控制在25~30℃)，用1cm比色皿，于波长630nm处，以水作参比，测定各管溶液的吸光度。以甲醛含量(μg)作横坐标，吸光度为纵坐标，绘制标准曲线，并用最小二乘法计算校准曲线的斜率、截距及回归方程[如式(2-3)所示]用Excel进行线性回归。

$$Y = bX + a \tag{2-3}$$

式中　Y——标准溶液的吸光度；

X——甲醛含量(μg)；

a——回归方程的截距；

b——回归方程的斜率。

以斜率的倒数作为样品测定时的计算因子 B_g(μg/吸光度)。

标准曲线每月校正一次，试剂配制时应重新绘制标准曲线。

2)样品测定

将样品溶液转入具塞比色管中，用少量的水洗吸收管，合并，使总体积为5ml。再按制备标准曲线的步骤测定样品的吸光度(从采样完毕到加入硫酸铁铵之间至少有30min间隔，以保证甲醛和酚试剂完全反应，同时控制反应温度在25~30℃。在每批样品测定的同时测定室外空气样品作为空白。如果样品溶液吸光度超过标准曲线范围，则可用试剂空白稀释样品显色液后再分析。计算样品浓度时，要考虑样品溶液的稀释倍数。

3)数据处理

将采样体积按式(2-4)换算成标准状态下的采样体积：

$$V_0 = V_t \times \frac{T_0}{273 + t} \times \frac{P}{P_0} \tag{2-4}$$

式中　V_0——标准状态下的采样体积(L)；

V_t——采样体积，由采样流量乘以采样时间而得(L)；

T_0——标准状态下的绝对温度(273K)；

P_0——标准状态下的大气压力(101.3kPa)；

P——采样时的大气压力(kPa)；

t——采样时的空气温度(℃)。

空气中甲醛浓度按式(2-5)计算：

$$c = \frac{(A - A_0) \times B_g}{V_0} \tag{2-5}$$

式中　c——空气中甲醛浓度(mg/m^3)；

A——样品溶液的吸光度；

A_0——室外空白样品的吸光度；

B_g——计算因子(μg/吸光度)；

V_0——标准状态下的采样体积(L)。

(5)实例

测定某房间空气中的甲醛浓度，采样温度30℃、压力101.7kPa，测得样品吸光度0.203，空白吸光度0.076，已知甲醛的$B_g=2.76\mu g$/吸光度，则该房间空气中的甲醛含量为：

$$V_0=V_t\times\frac{T_0}{273+t}\times\frac{P}{P_0}=10\times\frac{273}{273+30}\times\frac{101.7}{101.3}=9.05(L)$$

$$c=\frac{(A-A_0)\times B_g}{V_0}=\frac{(0.203-0.076)\times 2.76}{9.05}=0.039(mg/m^3)$$

(6)测定范围、灵敏度

测定范围：用5mL样品溶液，本法测定范围为0.1~1.5μg。采样体积10L时，可测浓度范围为0.01~0.15mg/m^3。

灵敏度：本方法灵敏度为2.8μg/吸光度。

4. 氨的测定

(1)原理

空气中氨吸收在稀硫酸中，在亚硝基铁氰化钠及次氯酸钠存在下，与水杨酸生成蓝绿色的靛酚蓝染料，根据着色深浅，比色定量。

(2)仪器

具塞比色管：10mL；

天平：0.1mg；

实验室通用玻璃器皿；

分光光度计。

(3)试剂

本法所用的试剂均为分析纯，水为无氨蒸馏水(通常情况下，普通蒸馏水即可使用，但应在使用前进行氨本底测定，如本底过高应进行处理)。

吸收液[c(H_2SO_4)=0.005mol/L]：量取2.8mL浓硫酸加入水中，并稀释至1L。临用时再稀释10倍。

氢氧化钠溶液[c(NaOH)=2mol/L]：称取40g氢氧化钠，加水溶解，稀释至500ml。

水杨酸溶液(50g/L)：称取10.0g水杨酸[$C_6H_4(OH)COOH$]和10.0g柠檬钠($Na_3C_6O_7\cdot 2H_2O$)，加水约50mL，再加55mL氢氧化钠溶液[c(NaOH)=2mol/L]，用水稀释至200mL。此试剂稍有黄色，室温下可稳定一个月。

亚硝基铁氰化钠溶液(10g/L)：称取1.0g亚硝基铁氰化钠[$Na_2Fe(CN)_5\cdot NO\cdot 2H_2O$]，溶于100mL水中。贮于冰箱中可稳定一个月。

次氯酸钠溶液[c(NaClO)=0.05mol/L]：取1mL次氯酸钠试剂原液，用碘量法标定其浓度，然后用氢氧化钠溶液[c(NaOH)=2mol/L]稀释成0.05mol/L的溶液。贮于冰箱中可保存两个月。

次氯酸钠浓度标定方法：

称取2g碘化钾于250mL碘量瓶中，加水50mL溶解，加1.00mL次氯酸钠(NaClO)原液，再加0.5mL盐酸溶液[50%(V/V)]，摇匀(由于不同产品的次氯酸钠的含量及游离碱的含量存在明显差异，加入的盐酸量应作合理的调整，具体方法可在滴定到终点的溶液中加入几滴盐酸，如果溶液变成蓝色说明还有碘生成，此时应增加盐酸加入量，但盐酸也不能加入过多，否则可能影响反应定量进行)，暗处放置3min。用硫代硫酸钠标准溶液[c($1/2Na_2S_2O_3$)=0.1000mol/L](硫代硫酸钠标定方法见甲醛测定部分，注意此处硫代硫酸钠溶液的实际浓度是0.0500mol/L，可将0.1mol/L硫代硫酸钠进行稀释)滴定析出的碘。至溶液呈淡黄色时，加1mL新配制的淀粉指示剂(0.5%)，继续滴定至蓝色刚刚褪去，即为终点，记录所用硫代硫酸钠标准溶液体积，按式(2-6)计算次氯酸钠原液的浓度。

$$c(\text{NaClO})=\frac{c(1/2Na_2S_2O_3)\times V}{1.00\times 2} \quad (2-6)$$

式中 $c(\text{NaClO})$——次氯酸钠原液的浓度(mol/L);

$c(1/2Na_2S_2O_3)$—— 硫代硫酸钠标准溶液浓度(mol/L);

V——硫代硫酸钠标准溶液用量(mL)。

氨标准贮备液:称取0.3142g经105℃干燥1h的氯化铵(NH_4Cl),用少量水溶解,移入100mL容量瓶中,用吸收液稀释至刻度。此液1.00mL含1.00mg氨。

氨标准工作液:临用时,将氨标准贮备液用吸收液稀释成1.00mL含1.00μg氨。

(4)操作步骤

1)标准曲线的绘制

取10mL具塞比色管7支,按表2-5制备标准系列管。

氨标准系列 表2-5

管号	0	1	2	3	4	5	6
标准工作液(mL)	0	0.50	1.00	3.00	5.00	7.00	10.00
吸收液(mL)	10.00	9.50	9.00	7.00	5.00	3.00	0
氨含量(μg)	0	0.50	1.00	3.00	5.00	7.00	10.00

在各管中加入0.50mL水杨酸溶液,再加入0.10mL亚硝基铁氰化钠溶液和0.10mL次氯酸钠溶液,混匀,室温下放置1h。用1cm比色皿,于波长697.5nm处,以水作参比,测定各管溶液的吸光度。以氨含量(μg)作横坐标,吸光度为纵坐标,绘制标准曲线,并用最小二乘法计算校准曲线的斜率、截距及回归方程[如式(2-7)所示]可用Excel进行线性回归。

$$Y=bX+a \quad (2-7)$$

式中 Y——标准溶液的吸光度;

X——甲醛含量(μg);

a——回归方程的截距;

b——回归方程的斜率。

标准曲线斜率应为0.081±0.003吸光度/μg氨。以斜率的倒数作为样品测定时的计算因子(B_s)。标准曲线每月校正一次,试剂配制时应重新绘制标准曲线。

2)样品测定

将样品溶液转入具塞比色管中,用少量的水洗吸收管,合并,使总体积为10mL。再按制备标准曲线的步骤测定样品的吸光度。在每批样品测定的同时测定室外空气样品作为空白。如果样品溶液吸光度超过标准曲线范围,则可用试剂空白稀释样品显色液后再分析。计算样品浓度时,要考虑样品溶液的稀释倍数。

(5)数据处理

将采样体积按式(2-8)换算成标准状态下的采样体积:

$$V_0=V_t\times\frac{T_0}{273+t}\times\frac{P}{P_0} \quad (2-8)$$

式中 V_0——标准状态下的采样体积(L);

V_t——采样体积,由采样流量乘以采样时间而得(L);

T_0——标准状态下的绝对温度(273K);

P_0——标准状态下的大气压力(101.3kPa);

P——采样时的大气压力(kPa);

t——采样时的空气温度(℃)。

空气中氨浓度按式(2-9)计算:

$$c(NH_3) = \frac{(A - A_0) \times B_s}{V_0} \tag{2-9}$$

式中 c——空气中氨浓度(mg/m^3);

A——样品溶液的吸光度;

A_0——室外空白样品的吸光度;

B_s——计算因子(μg/吸光度);

V_0——标准状态下的采样体积(L)。

(6)测定范围、灵敏度

测定范围:10mL 样品溶液中含 0.5~10μg 的氨。按本法规定的条件采样 10min,样品可测浓度范围为 0.01~2mg/m^3。

灵敏度:10mL 吸收液中含有 1μg 氨,吸光度应为 0.081±0.003。

5. 苯的测定

(1)原理

空气中苯用活性炭管采集,然后经热解吸或二硫化碳提取,用气相色谱法分析,用氢火焰离子化检测器检验,以保留时间定性,峰高定量。

(2)仪器

空气采样器:采样过程中流量稳定,流量范围 0.1~0.5L/min。

热解吸装置:能对吸附管进行热解吸,解吸温度、载气流速可调。

气相色谱仪:配备氢火焰离子化检测器。

色谱柱:毛细管柱或填充柱。毛细管柱长 30~50m,内径 0.53mm 或 0.32mm 石英柱,内涂覆二甲基聚硅氧烷或其他非极性材料;填充柱长 2m,内径 4mm 不锈钢柱,内填充聚乙二醇 6000-6201 担体(5:100)固定相。

注射器:1μL、10μL、1mL、100mL 注射器若干。

电热恒温箱:可保持 60℃ 恒温(适用于热解吸后手工进样的气相色谱法)。

(3)试剂和材料

活性炭吸附管:内装 100mg 椰子壳活性炭吸附剂的玻璃管或内壁光滑的不锈钢管,使用前应通氮气加热活化,活化温度为 300~350℃,活化时间不少于 10min,活化至无杂质峰(对活化的采样管应进行抽样分析,按样品分析条件操作,检查本底是否符合要求)。活化后应密封两端,于密封容器中保存(由于活性炭吸附能力极强,应在使用前活化,不宜长期保存)。

二硫化碳:分析纯,需经纯化处理(二硫化碳用 5% 的浓硫酸甲醛溶液反复提取,直至硫酸无色为止,用蒸馏水洗二硫化碳至中性再用无水硫酸钠干燥,重蒸馏,贮于冰箱中备用)。

标准品:苯标准溶液、标准气体或色谱纯试剂。

纯氮:纯度不小于 99.999%。

(4)操作步骤

1)绘制标准曲线

色谱分析条件:

色谱分析条件可选用以下推荐值。由于色谱分析条件因实验条件不同而有差异,应根据实验室条件制定最佳的分析条件。

色谱柱温度:90℃(填充柱)或 60℃(毛细管柱);

检测室温度:150℃;

汽化室温度:150℃;

载气：氮气，50mL/min。

根据实际情况可以选用热解吸气相色谱法或二硫化碳提取气相色谱法其中的一种。其中热解吸直接进样法操作简单、灵敏度高，推荐使用。

2）方法一：热解吸气相色谱法

准确抽取浓度约1mg/m³的标准气体100mL、200mL、400mL、1L、2L通过吸附管（苯的标准系列配制方法可以根据实际情况，采用标准气体、标准溶液、色谱纯试剂气化均可）。用热解吸气相色谱法分析吸附管标准系列，以苯的含量（μg）为横坐标，峰高为纵坐标，绘制标准曲线。

根据所使用的热解吸装置不同，可分为直接进样和手工进样两种。

① 热解吸直接进样的气相色谱法

将吸附管置于热解吸直接进样装置中，350℃解吸后，解吸气体直接由进样阀进入气相色谱仪，进行色谱分析，以保留时间定性、峰高定量。

② 热解吸后手工进样的气相色谱法

将吸附管置于热解吸装置中，与100mL注射器（经60℃预热）相连，用氮气以50mL/min的速度于350℃下解吸，解吸体积为50～100mL，于60℃平衡30min，取1mL平衡后的气体注入气相色谱仪，进行色谱分析，以保留时间定性、峰高定量。

3）方法二：二硫化碳提取气相色谱法

①绘制标准曲线

取含量为0.1μg/mL、0.5μg/mL、1.0μg/mL、2.0μg/mL的标准溶液1μL注入气相色谱仪进行分析，保留时间定性，峰高定量，以苯的含量（μg/mL）为横坐标，峰高为纵坐标，分别绘制标准曲线。

②样品分析

热解吸法：每支样品吸附管及未采样管，按标准系列相同的热解吸气相色谱分析方法进行分析，以保留时间定性、峰高定量。

二硫化碳提取法：将活性炭倒入具塞刻度试管中，加1.0mL二硫化碳，塞紧管塞，放置1h，并不时振摇，取1μL注入气相色谱仪进行分析，以保留时间定性、峰高定量。

（5）数据处理

所采空气样品中苯的浓度，应按式（2－10）计算：

$$c = \frac{m - m_0}{V} \tag{2-10}$$

式中　c——所采空气样品中苯浓度（mg/m^3）；

m——样品管中苯的量（μg）；

m_0——未采样管中苯的量（μg）；

V——空气采样的体积（L）。

空气样品中苯的浓度，应按式（2－11）换算成标准状态下的浓度：

$$c_c = c \times \frac{P_0}{P} \times \frac{T_0 + t}{T_0} \tag{2-11}$$

式中　c_c——标准状态下所采空气样品中苯的浓度（mg/m^3）；

T_0——标准状态下绝对温度（273K）；

P_0——标准状态下的大气压力（101.3kPa）；

P——采样时采样点的大气压力（kPa）；

t——采样时采样点的温度（℃）。

当与苯有相同或几乎相同的保留时间的组分干扰测定时，宜通过选择适当的气相色谱柱，或调节分析系统的条件，将干扰减到最低。

6. TVOC 的测定

（1）原理

用 Tenax－TA 吸附管采集一定体积的空气样品，空气中的挥发性有机化合物保留在吸附管中，通过热解吸装置加热吸附管得到挥发性有机化合物的解吸气体，将其注入气相色谱仪，进行色谱分析，以保留时间定性，峰面积定量。

（2）仪器

空气采样器：空气采样过程中流量稳定，流量范围 0.1～0.5L/min；

热解吸装置：能对吸附管进行热解吸，解吸温度、载气流速可调；

气相色谱仪：配备氢火焰离子化检测器；

色谱柱：长 30～50m，内径 0.32mm 或 0.53mm 石英毛细管柱，内涂覆二甲基聚硅氧烷，膜厚 1～5μm；

注射器：1μL、10μL、1mL、100mL 注射器若干；

电热恒温箱：可保持 60℃ 恒温（适用于热解吸后手工进样法）。

（3）试剂和材料

Tenax－TA 吸附管：内装 200mg 粒径为 0.18～0.25mm（60～80 目）Tenax－TA 吸附剂的玻璃管或内壁光滑的不锈钢管，使用前应通氮气加热活化，活化温度应高于解吸温度，活化时间不少于 30min，活化至无杂质峰。（每批活化的吸附管应抽样测定本底，看是否有明显杂峰）。吸附管活化后应将两端密封，于密封容器中保存。

标准溶液：VOCs（苯、甲苯、对（间）二甲苯、邻二甲苯、苯乙烯、乙苯、乙酸丁酯、十一烷）标准溶液或标准气体；

氮气：纯度不小于 99.999%。

（4）操作步骤

1）绘制标准曲线

色谱分析条件：

色谱柱温度：程序升温 50～250℃，初始温度为 50℃，保持 10min，升温速率 5℃/min，至 250℃，保持 2min；

检测室温度：250℃；

汽化室温度：220℃。

由于色谱分析条件因实验条件不同而有差异，检测室温度及汽化室温度应根据实验室条件制定。

配制标准系列可根据实际情况可以选用气体外标法或液体外标法。

方法一：气体外标法

准确抽取气体组分浓度约 1mg/m³ 的标准气体 100mL、200mL、400mL、1L、2L 通过吸附管，为标准系列。

方法二：液体外标法

取单组分含量为 0.05mg/mL、0.1mg/mL、0.5mg/mL、1.0mg/mL、2.0mg/mL 的标准溶液 1～5μL 注入吸附管，同时用 100mL/min 的氮气通过吸附管，5min 后取下，密封，为标准系列。

分析方法根据所使用的热解吸装置不同，可分为直接进样和手工进样两种，当发生争议时，以直接进样为准。

直接进样：将吸附管置于热解吸直接进样装置中，250～325℃解吸后，解吸气体直接由进样阀进入气相色谱仪，进行色谱分析，以保留时间定性，峰面积定量。

手工进样：将吸附管置于热解吸装置中，与 100mL 注射器（经 60℃ 预热）相连，用氮气以 50～60mL/min 的速度于 250～325℃下解吸，解吸体积为 50～100mL，于 60℃平衡 30min，取 1mL 平衡后的气体注入气相色谱仪，进行色谱分析，以保留时间定性，峰面积定量。

用热解吸气相色谱法分析吸附管标准系列，以各组分的含量(μg)为横坐标，峰面积为纵坐标，分别绘制标准曲线，并计算回归方程。色谱工作站通常都有生成外标法标准曲线的功能，具体使用方法请参考说明书。

2)样品分析

每支样品吸附管及未采样管，按标准系列相同的热解吸气相色谱分析方法进行分析，以保留时间定性、峰面积定量。

(5)数据处理

所采空气样品中各组分的浓度，应按式(2-12)计算：

$$c_m = \frac{m_i - m_0}{V} \qquad (2-12)$$

式中 c_m——所采空气样品中 i 组分的浓度(mg/m³)；

m_i——样品管中 i 组分的量(μg)；

m_0——未采管中 i 组分的量(μg)；

V——空气采样体积(L)。

空气样品中各组的浓度，应按式(2-13)换算成标准状态下的浓度：

$$c_c = c_m \times \frac{P_0}{P} \times \frac{t + T_0}{T_0} \qquad (2-13)$$

式中 c_c——标准状态下所采空气样品中 i 组分的浓度(mg/m³)；

T_0——标准状态下绝对温度(273K)；

P_0——标准状态下的大气压力(101.3kPa)；

P——采样时采样点的大气压力(kPa)；

t——采样时采样点的温度(℃)。

所采空气样品中总挥发性有机化合物(TVOC)的浓度，应按式(2-14)计算：

$$C_{TVOC} = \sum_{i=1}^{i=n} c_c \qquad (2-14)$$

式中 C_{TVOC}——标准状态下所采空气样品中总挥发性有机化合物(TVOC)的浓度(mg/m³)；

c_c——标准状态下所采空气样品中 i 组分的含量(mg/m³)。

对未识别峰，可以甲苯计。

当与挥发性有机化合物有相同或几乎相同的保留时间的组分干扰测定时，宜通过选择适当的气相色谱柱，或通过用更严格的选择吸收管和调节分析系统的条件，将干扰减到最低。

四、结果判定

当室内环境污染物浓度的全部检测结果符合 GB 50325-2001 的规定时，可判定该工程室内环境质量合格，即指各种污染物检测结果及各房间检测点检测值的平均值均全部符合规定，否则不能判定为室内环境质量合格。

当室内环境污染物浓度检测结果不符合本规范的规定时，应查找原因并采取措施进行处理，并可对不合格项进行再次检测。再次检测时，抽检数量增加1倍，并应包含同类型房间及原不合格房间。再次检测结果全部符合 GB 50325-2001 的规定时，判定为室内环境质量合格。

思 考 题

1. 分析甲醛时，对环境条件有什么要求？
2. 测定某房间空气中的氨浓度，采样温度27℃，压力101.1kPa，测得样品吸光度0.122，空白吸光度0.068,已知氨的 $Bs=12.25\mu g$/吸光度,则该房间是否符合Ⅰ类民用建筑的标准要求?

3. 活性炭、Tenax-TA吸附剂的解吸温度分别是多少?

第二节　土壤有害物质

一、概念

土壤中有害物质很多,这里根据《民用建筑工程室内环境污染控制规范》GB 50325-2001(2006年版)的要求,主要对土壤中氡气进行介绍。

氡是一种放射性惰性气体,被人体吸收后,在体内形成照射,使呼吸道细胞受损,从而引发患肺癌的可能性。室内空气中的氡气主要有以下两个来源:一是建筑物所用的水泥、砂石和砖等无机建筑材料;二是地下土壤。所以要进行土壤中氡气的检测,保障公众健康。

根据规范的要求,新建、扩建的民用建筑工程设计前,应进行建筑工程场地土壤中氡气浓度或土壤氡析出率测定。

我国南方部分地区地下水位浅(特别是多雨季节),难以进行土壤中氡气浓度的测定;有些地方土壤层很薄,或基层全为石头,同样难以进行土壤中氡气浓度的测定。在这种情况下,可以进行氡气析出率的测定。

二、检测依据

《民用建筑工程室内环境污染控制规范》GB 50325-2001(2006年版)。

三、仪器设备及环境

1. 仪器及辅助用品:测氡仪及α放射源、氡气的聚集罩及测量设备、秒表;
2. 环境:使用温度-10~40℃;相对湿度≤90%。

四、取样

1. 取样数量及要求

(1)检测土壤中氡气浓度时,在工程地质勘察范围内以10m间距做网格,各网格交叉点即为检测点(当遇到较大石块时,可偏离±2m),但布置点数不应少于16个,布点位置应覆盖基础工程范围。

检测土壤中氡气析出率时,在工程地质勘察范围内以20m间距做网格,各网格交叉点即为检测点(当遇到较大石块时,可偏离±2m)。

(2)在每个检测点,应采用专用钢钎打孔(土质较软的地区,可将取样器直接插入土壤中),孔径宜为20~40mm,孔的深度宜为500~800mm,但在地下水位较浅的地区,深度可适当减小。

(3)测定氡气析出率的地面,应去除腐殖质,地面应平整,尽量不破坏土壤与大气的原有连接气孔。

2. 检测条件及要求

(1)检测时间宜在8:00~18:00之间,如遇雨天,应在雨后24h后进行。

(2)检测氡气浓度时应配备α放射源,在每次土壤氡气测量前、后均应对测氡仪进行校正,以检验仪器的稳定性,确保检测数据的准确。

(3)测定氡气析出率时,应在无风或微风的条件下进行。

五、操作步骤

1. 土壤中氡气浓度的测定

目前用于土壤检测的测氡仪不止一种，虽然原理基本相同，但使用方法差别较大。下面以 FD－3017 RaA 测氡仪为例（其他仪器操作按其说明书进行），其操作步骤如下：

（1）用 α 放射源校正 FD－3017 RaA 测氡仪，记录计数率（工程检测完成后，回单位再用 α 放射源校正 FD－3017 RaA 测氡仪，记录计数率，检查仪器前后的差别，相差较大时分析原因或进行维修）。

（2）到达工程所在地后，将操作台固定在抽气筒上，并用专用电缆线连接操作台和抽筒上的高压插座。

在安装时、首先用脚踩住抽泵下面的脚蹬，以防仪器倾倒。然后将操作台壁上的三个挂钩套入抽筒的挂板，再向右移，使其落进固紧槽内。取出时，仅将操作台往上抬，再左移向上即可。

（3）按标准要求布点后，用钢钎打一个导向眼插入取样器，用脚踩实上部松土，防止空气渗入，然后用橡皮管连接干燥器。

（4）放片：将样片盒向外拉开，放入“新”的收集片，有符号的面向上，光面朝下。

（5）抽气：将阀门置于“抽气”的位置，提拉抽气筒至第二个定位槽（0.5L）处，把橡皮管内及取样器内的残留气体抽入筒内，然后将阀门置于“排气”位置，压下抽气泵，将气体排出，接着可开始抽取地下土壤中气体，当抽气筒提升至最上端（1.5L）位置时，即向右方向旋转一定角度使之固定，马上关闭阀门，使筒内气体与外界空气隔绝。

（6）启动高压收集 RaA：RaA 为氡气衰变产生的子体，它在初始形成的瞬间是带正电的离子，采用加电场的方式对氡子体进行收集，使 RaA 离子在电场作用下被浓集到带负高压的金属收集片上，收集时间为 2min。

（7）移点：在启动高压后，即可拔出取样器，将仪器移至下一个检测点，待高压 2min 后，仪器会自动发出报警讯号。

（8）取片：当高压报警讯号发出后，马上取出收集片，同时把它放到操作台的测量盒内。取片过程应控制在 15s 内完成。

不要用手擦摸朝下的收集面，且收集片的光面应向上。

（9）排气、放片、抽气、启动高压：当收集片放入操作台的测量盒后，在等待测量报警讯号期间，即可把筒内氡气排掉，然后重复上述的操作，完成第二个检测点的操作。

（10）移点：在第二个检测点上按下高压启动按钮后，又可把仪器移至第三个点，等第一个检测点的收集片测量讯号报警后，读取脉冲计数（$N\alpha$），并把已测过的收集片从测量盒中取出，放入贮片筒内，待次日重复使用。

2. 土壤中氡气析出率的测定

（1）按“取样数量及要求”布点后，将检测点地面清扫干净，去除腐殖质。

（2）把聚集罩扣在平整后的地面上，连接好聚集罩与氡气测量仪之间的气路（抽取取样器内气体检测的仪器，气路保持关闭状态）、电路（直接对取样器内气体检测的仪器，电路保持关闭状态），用泥土将取样器周围密封，防止漏气。然后开始计时（t），1h 后，打开气路、电路开始测量。

将聚集罩罩在地面上后，土壤中析出的氡气即在罩内积累，氡元素的半衰期较长（3.82d），在数小时内氡的衰减量很少，因此在较短时间段内，罩内的氡积累量与时间成正比。

六、数据处理与结果判定

1. 数据处理

（1）土壤中氡气浓度计算

每台仪器都有它标定的计算因子，将 $N\alpha$ 乘以仪器的计算因子即为该检测点土壤中氡气的浓度，单位为 Bq/m^3。

(2)土壤中氡气析出率计算

土壤中氡气析出率按式(2-15)计算:

$$R = \frac{N_t \cdot V}{A \cdot t} \tag{2-15}$$

式中 R——氡气析出率[Bq/(m²·s)];

N_t——t时刻测得的聚集罩内氡气浓度(Bq/m³);

V——聚集罩与地面所围住的空间体积(m³);

A——聚集罩所覆盖的地面面积(m²);

t——聚集罩封闭至测量的时间段(s)。

在某一工程检测完成后,计算出工程的氡气浓度(或析出率)平均值,根据下面的“结果判定”判断该工程的氡气是否符合标准要求,对不符合标准要求的提出相应措施。

2. 结果判定

(1)当民用建筑工程地点土壤中氡气浓度不大于20000Bq/m³或氡气析出率不大于0.05Bq/(m²·s)时,工程设计可不采取防氡工程措施。

(2)当民用建筑工程地点土壤中氡气浓度大于20000Bq/m³、但小于30000Bq/m³时或氡气析出率大于0.05Bq/(m²·s)、但小于0.1Bq/(m²·s)时,工程设计应采取建筑物内底层地面抗开裂措施。

(3)当民用建筑工程地点土壤中氡气浓度不小于30000Bq/m³、但小于50000Bq/m³时或氡气析出率不小于0.1Bq/(m²·s)、但小于0.3Bq/(m²·s)时,工程设计除采取建筑物内底层地面抗开裂措施外,还必须按现行国家标准《地下工程防水技术规范》GB 50108-2008中的一级防水要求,对基础进行处理。

(4)当民用建筑工程地点土壤中氡气浓度不小于50000Bq/m³或氡气析出率不小于0.3Bq/(m²·s)时,工程设计中除采取以上防氡处理措施外,必要时还应参照国家标准《新建低层住宅建筑设计与施工中氡控制导则》(GB/T17785)的有关规定,采取综合建筑构造防氡措施。

(5)若I类民用建筑工程地点土壤中氡气浓度不小于50000Bq/m³或氡气析出率不小于0.3Bq/(m²·s)时,应进行建筑工程场地土壤中放射性核素镭(Ra)-226、钍(Th)-232、钾(K)-40的比活度测定。当内照射指数I_{Ra}大于1.0或外照射指数I_r大于1.3时,建筑工程场地土壤不得作为工程回填土使用。

思 考 题

1. 简述土壤中氡气检测布点的原则?
2. 一般情况下,检测点的深度及孔径是多少?
3. 检测土壤氡气析出率时,对被测地表有何要求?

第三节 人造木板

一、概念

人造木板在制造过程中使用胶粘剂,我国最常用的胶粘剂是酚醛树脂和脲醛树脂,这两种胶粘剂均含有游离甲醛,甲醛存在于木板中,释放到室内对空气造成污染。

目前我国人造木板的检测方法有干燥器法、穿孔萃取法和气候箱法等。

人造木板主要有以下两类:

1. 人造板:木质纤维原料经机械加工分离成各种形状的单元材料,再经组合压制而成的各种板材。一般常见的有胶合板、细木工板、刨花板、纤维板等。

（1）胶合板：用多层薄板纵横交错排列胶合而成的板材。

（2）细木工板：以木板条拼接或空心板作芯板，两面覆盖两层或多层胶合板，再施胶压制而成的板材。

（3）刨花板：用木材加工剩余物或小径木做原料，经专门机床加工成刨花，加入一定数量的胶粘剂，再经成型、热压而成的板材。

（4）纤维板：以植物纤维为原料，经过纤维分离、成型、热压（或干燥）等工序而制成的板材。

2. 饰面人造板：以人造板为基材，经涂饰或以各种装饰材料饰面而成的板材。

二、检测依据

1. 标准名称及代号

《室内装饰装修材料 人造板及其制品中甲醛释放限量》GB 18580－2001；

《人造板及饰面人造板理化性能试验方法》GB/T 17657－1999。

2. 标准限值（表 2－6）

人造板及其制品中甲醛释放量试验方法及限量　　**表 2－6**

产品名称	试验方法	限量值	使用范围	限量标志
中密度纤维板；高密度纤维板；刨花板；定向刨花板等	穿孔法	≤9mg/100g	可直接用于室内	E_1
		≤30mg/100g	必须饰面处理后可允许用于室内	E_2
胶合板；细木工板；装饰单板贴面胶合板等	干燥器法	≤1.5mg/L	可直接用于室内	E_1
		≤5.0mg/L	必须饰面处理后可允许用于室内	E_2
饰面人造板（包括浸渍纸层压木质地板、实木复合地板、竹地板、浸渍胶膜纸饰面人造板）等	气候箱法	≤0.12mg/m^3	可直接用于室内	E_1
	干燥器法	≤1.5mg/L		

注：1. 仲裁时采用气候箱法。
2. E_1 为可直接用于室内的人造板；E_2 为必须饰面处理后允许用于室内的人造板。

3. 取样及判定规则

按《室内装饰装修材料人造板及其制品中甲醛释放限量》（GB 18580－2001）要求，在同一地点、同一类别、同一规格的人造板及其制品中随机抽取三份，并用不会释放和不含甲醛的包装材料将样品密封待测。

在随机抽取的三份样品中，任取一份检测，若检测结果符合标准规定的要求，则判为合格；若检测结果不符合标准要求，则对另外两份再进行检测，两份样品检测结果均符合标准要求，则判定为合格，否则判定为不合格。

4. 标准要求

一张板的甲醛释放量是同一张板内两个试件甲醛释放量的算术平均值，干燥器法和穿孔萃取法测定结果精确至 0.1mg；气候箱法测定结果精确至 0.01mg。

三、溶液配制及标准曲线绘制

1. 试剂

（1）优级纯试剂

重铬酸钾、乙酰丙酮、乙酸铵等。

(2)分析纯试剂

碘化钾、硫代硫酸钠、碘化汞、硫酸、盐酸、无水碳酸钠、氢氧化钠、碘、可溶性淀粉、甲醛等。

2. 溶液配制

(1)硫酸(1mol/L):量取54mL浓硫酸在搅拌下缓缓倒入适量水中,搅匀,冷却后放置在1L容量瓶中,加蒸馏水至刻度,摇匀。

(2)氢氧化钠(1mol/L):称取40g氢氧化钠溶于600mL新煮沸并冷却的蒸馏水中,后定容至1000mL,贮存于小口塑料瓶中。

(3)淀粉指示剂(0.5%):称取0.5g淀粉,加入10mL蒸馏水,搅拌下注入100mL沸水,再微沸2min,放置待用(使用前配制)。

(4)硫代硫酸钠标准溶液(0.1mol/L)

配制:称取26g硫代硫酸钠放于500mL烧杯中,加入新煮沸并已冷却的蒸馏水至完全溶解后,加入0.05g碳酸钠(防止分解)及0.01g碘化汞(防止发霉),然后再用新煮沸并冷却的蒸馏水定容至1000mL,盛于棕色细口瓶中,摇匀,放8~10d天后再标定。

标定:称取在120℃下烘至恒重的重铬酸钾 m(0.10~0.15g),精确至0.0001g,然后置于500mL碘价瓶中,加25mL蒸馏水,摇动使之溶解,再加2g碘化钾及5mL浓盐酸,立即塞上瓶塞,液封瓶口,摇匀于暗处放置10min,再加蒸馏水150mL,用待标定的硫代硫酸钠滴定至草绿色,加淀粉指示剂3mL,继续滴定至突变为亮绿色为止,记下硫代硫酸钠用量 V(mL)。

计算:硫代硫酸钠标准溶液的浓度由下式(2-16)计算:

$$c(Na_2S_2O_3)=\frac{m}{\frac{V}{1000}\times 49.04}=\frac{m}{V\times 0.04904} \qquad (2-16)$$

式中　c——硫代硫酸钠溶液的浓度(mol/L);

m——重铬酸钾质量(g);

49.04——重铬酸钾($\frac{1}{6}K_2Cr_2O_7$)的摩尔质量(g/mol)。

(5)碘标准溶液[$c(1/2I_2)=0.1$mol/L]:称取碘13.00g和碘化钾30.00g,同置于洗净的玻璃研钵中,加少量蒸馏水磨至碘完全溶解。也可以将碘化钾溶于少量蒸馏水中,然后在不断搅拌下加入碘,使其完全溶解后转至1L的棕色容量瓶中,稀释至刻度,摇匀,贮存于暗处。

(6)乙酰丙酮溶液(体积百分浓度0.4%):用吸取4.00mL乙酰丙酮于1L棕色容量瓶中,稀释至刻度,摇匀,贮存于暗处。

(7)乙酸铵溶液(质量百分浓度20%):称取200.00g乙酸铵,加蒸馏水溶解后转至1L棕色容量瓶中,定容后存于暗处。

3. 标准曲线绘制

(1)甲醛溶液的标定

把约2.8mL甲醛溶液(浓度35%~40%)移至1000mL容量瓶中,并用蒸馏水稀释至刻度。甲醛标准溶液用下述方法标定:

移取20mL甲醛溶液与25mL碘标准溶液(0.1mol/L)、10mL氢氧化钠标准溶液(1mol/L)于250mL带塞的三角烧瓶中混合。于暗处放置15min后,加1mol/L硫酸溶液15mL,多余的碘用0.1mol/L硫代硫酸钠溶液滴定,近终点时加几滴0.5%淀粉指示剂,继续滴定到溶液呈无色为止,同时用20mL蒸馏水做空白试验。

甲醛溶液浓度按下式(2-17)计算:

$$C_1=(V_0-V)\times 15\times C_2\times 1000/20 \qquad (2-17)$$

式中　C_1——甲醛浓度(mg/L);

V_0——滴定空白液所用的硫代硫酸钠标准溶液的体积(mL);

V——滴定甲醛溶液所用的硫代硫酸钠标准溶液的体积(mL);

C_2——硫代硫酸钠溶液的浓度(mol/L)。

(2)甲醛校定溶液

按标定确定的甲醛溶液浓度,计算含有15mg甲醛的甲醛溶液体积,用移液管移取该体积数到1000mL容量瓶中,用蒸馏水稀释至刻度。则该溶液甲醛含量为15μg/mL。

(3)标准曲线的绘制

把0mL、5mL、10mL、20mL、50mL和100mL的甲醛校定溶液分别移加到100mL容量瓶中,并用蒸馏水稀释至刻度。以上为标准系列溶液。

分别量取10mL乙酰丙酮(体积百分浓度为0.4%)和10mL乙酸铵溶液(质量百分浓度为20%)于50mL带塞三角烧瓶中,然后分别从容量瓶中准确吸取10mL标准溶液到烧瓶中。塞上瓶塞,摇匀,再放到(40±2℃)的恒温水浴锅中加热15min,然后把这黄绿色的溶液静置暗处,冷却至室温(18~28℃),约1h。在分光光度计上412nm处,以蒸馏水作为参比溶液,调零,用厚度为0.5cm的比色皿测定吸收液的吸光度A_s,同时用蒸馏水代替吸收液作空白试验,确定空白值A_b。

以甲醛浓度为纵坐标,吸光度为横坐标绘制标准曲线,计算斜率f,保留四位有效数字。

曲线斜率每月校正一次,新配制乙酰丙酮、乙酸铵溶液时必须校正。

甲醛溶液可购买标准品,以减少标定步骤。

四、试验方法

1. 干燥器法

(1)原理

干燥器法甲醛释放量测定分为以下两个步骤:

第一步:甲醛收集——在干燥器底部放置盛有蒸馏水的结晶皿,在其上方固定的金属支架上放置试样,释放出的甲醛被蒸馏水吸收,作为试样溶液。

第二步:测定甲醛浓度——用分光光度计测定试样溶液的吸光度,由预先绘制的标准曲线求得甲醛的浓度。

(2)仪器设备

1)干燥器;金属支架;

2)分光光度计;

3)恒温箱,恒温灵敏度1℃,温度范围0℃~60℃;

4)分析天平:感量为0.1mg;

5)水浴锅。

(3)样品制备

将样品边缘50mm的试件截去,然后按长$l=150\pm2$mm;宽$b=50\pm1$mm的尺寸截取,四周用不含甲醛的铝胶带密封,待测。

(4)甲醛的收集

在直径为240mm(容积9~11L)的干燥器底部放置直径为120mm、高度为60mm的结晶皿,在结晶皿内加入300mL蒸馏水。在干燥器上半部分放置金属支架,支架上固定试件,试件之间互不接触,测定装置在20±2℃下放置24h,蒸馏水吸收从试件中释放的甲醛,此溶液为待测液。

(5)甲醛浓度测定

按标准曲线绘制中所述要求测定溶液吸光度。

(6)甲醛释放量按下式(2-18)计算,精确至0.1mg/mL。

$$c = f \times (A_s - A_b) \tag{2-18}$$

式中　c——甲醛浓度(mg/mL);

A_s——待测液的吸光度;

A_b——蒸馏水的吸光度;

f——标准曲线的斜率(mg/mL)。

(7)饰面人造板甲醛测定

1)样品制备

将样品边缘 50mm 的试件截去,截取被测表面积 450cm² 的试件,四周用不含甲醛的铝胶带密封。密封于乙烯树脂袋中,放置在温度为 20±2℃的恒温箱中至少 1d。

2)甲醛的收集

在容积 40L 的干燥器底部放置吸收容器,在吸收容器内加入 20mL 蒸馏水。试件放置于吸收容器上面,测定装置在 20±2℃下放置 24h,蒸馏水吸收从试件中释放的甲醛,此溶液为待测液。

3)甲醛浓度测量方法及计算

按前面所述要求进行测定和计算。

2. 穿孔萃取法

(1)原理

穿孔萃取法甲醛含量测定基于下面两个步骤:

第一步:穿孔萃取—把游离甲醛从板材中全部分离出来。首先将甲苯与试件共热,通过液—萃取使甲醛从板材中溶解出来,然后将溶有甲醛的甲苯通过穿孔器与水进行液—液萃取,把甲醛转溶于水中。

第二步:测定甲醛水溶液的浓度。在乙酰丙酮和乙酸铵的混合溶液中,甲醛与乙酰丙酮反应生成二乙酰基二氢卢剔啶,在波长 412nm 处,它的吸光度最大。

(2)仪器设备

1)穿孔萃取仪;

2)分光光度计;

3)恒温干燥箱,温度范围 40~200℃;

4)分析天平:感量为 0.1mg;

5)水浴锅。

(3)样品制备

将样品边缘 50mm 的试件截去,然后按长 $l=100\pm1$mm、宽 $b=100$mm ±1mm 的尺寸截取两份试件各 50.00g(m_0),测定含水率 H。截取 $l=20$mm;宽 $b=20$mm 的试件 105~110g,精确至 0.01g(M_0)测定甲醛含量。

(4)含水率测定

称取试件(m_0)50g 在温度 103±2℃条件下烘干至恒重,放置在干燥器内冷却,称量(m_1),精确至 0.01g,则试件含水率 H 为(2-19)(精确至 0.01%):

$$H = \frac{m_0 - m_1}{m_1} \times 100(\%) \tag{2-19}$$

(5)甲醛测定

1)仪器校验

将穿孔萃取仪安装好。采用套式恒温器加热烧瓶。将 500mL 甲苯加入 1000mL 具有标准磨口的圆底烧瓶中,另将 100mL 甲苯及 1000mL 蒸馏水加入萃取管内,然后开始蒸馏。调节加热器,使回流速度保持为每分钟 30mL,回流时萃取管中温度不得超过 40℃,否则采取降温措施,以保证甲醛在水中的溶解。

2）萃取操作

关上萃取管底部的活塞，加入约1L蒸馏水，同时加入100mL蒸馏水于有液封装置的三角烧瓶中。将600mL甲苯倒入圆底烧瓶中，并加入105～110g试件，精确至0.01g（M_0），安装妥当，打开冷却水，进行加热，使甲苯沸腾开始回流，记下第一滴甲苯冷却下来的准确时间，继续回流2h，保持30mL/min的回流速度，这样一可防止液封三角烧瓶中的水虹吸回到萃取管中，二可使穿孔器中的甲苯液柱保持一定高度，使冷凝下来的带有甲醛的甲苯从穿孔器底部穿孔而出并溶于水中。萃取过程持续2h。

开启萃取管底部的活塞，将甲醛吸收液全部转移至2000mL容量瓶中，再加入两份200mL蒸馏水到三角烧瓶中，并让它虹吸回到萃取管中，合并转移至2000mL容量瓶中，稀释至刻度，定容摇匀，待测。

3）吸光度测定

吸光度测定同干燥器法。

4）计算

甲醛释放量按下式（2－20）计算，精确至0.1mg。

$$E = \frac{(A_s - A_b) \times f \times (100 + H) \times V}{M_0} \tag{2-20}$$

式中 E——每100g试件释放甲醛毫克数（mg/100g）；

A_s——萃取液的吸光度；

A_b——蒸馏水的吸光度；

f——标准曲线的斜率（mg/mL）；

H——试件含水率（%）；

M_0——用与萃取试验的试件质量（g）；

V——容量瓶体积（2000mL）。

在向萃取管加水时，萃取管中水的液面距虹吸管保持10mm高度，防止水被虹吸到烧瓶中。

3. 气候箱法

（1）原理

将样品放入温度、相对湿度、空气流速和空气置换率控制在一定值的气候箱内，甲醛从样品中释放出来，与箱内空气混合，定期抽取气候箱内一定量的空气，将抽出的空气通过盛有蒸馏水的吸收瓶，空气中的甲醛全部溶入水中，用乙酰丙酮分光光度法测定溶液中甲醛含量，计算出箱内空气中甲醛浓度，以mg/m^3表示。抽气是周期性的，直到气候箱内空气中甲醛浓度达到稳定状态为止。

（2）仪器设备

1）气候箱；

2）分光光度计；

3）水浴锅；

4）分析天平：感量为0.1mg。

（3）样品制备

将样品边缘50mm的试样截去，然后按承载率$1.0 \pm 0.02 m^2/m^3$的比例截取试样，四边用不含甲醛的铝胶带密封，待测。

（4）试验程序

1）试验过程中气候箱内保持下列条件：

温度:23 ±0.5℃;

相对湿度:45 ±3%;

承载率:1.0 ±0.02m^2/m^3;

空气置换率:1.0 ±0.05h^{-1};

试样表面空气流速:0.1 ~0.3m/s。

2)试样检测及终值判断

试样在气候箱的中心垂直放置,表面与空气流动方向平行。气候箱检测持续时间至少为10d,第7天开始测定。甲醛释放量的测定每天1次,直至达到稳定状态。当测试次数超过4次,最后2次测定结果的差异小于5%时,即认为达到稳定状态。最后2次测定结果的平均值即为最终测定值。如果在28d内仍未达到稳定状态,则将第28天的测定值作为稳定状态时的甲醛释放量测定值。

3)甲醛采集及测定

空气取样和分析时,先将空气抽样系统与气候箱的空气出口相连接。两个吸收瓶(100ml)中各加入25ml蒸馏水吸收气体中的甲醛,开动抽气泵,抽气速率控制在2L/min左右,每次至少抽取100L空气。

将两个吸收瓶中的吸收液各取10.0mL分别移入50.0mL的具塞三角烧瓶中,再加入10.0mL乙酰丙酮(体积百分浓度0.4%)和10.0mL乙酸铵(质量百分浓度20%)溶液,摇匀,上塞,放在40℃的水浴中加热15min,再将溶液放在暗处冷至室温(约1h),用分光光度计在412nm处测定吸光度,同时做空白实验。根据甲醛的浓度计算出100L空气中甲醛含量,得出气候箱内空气中甲醛的浓度,以mg/m^3表示。

第四节 胶粘剂有害物质

一、概念

胶粘剂主要由胶结基料、填料、溶剂(或水)及各种配套助剂组成。由于胶粘剂使用面积大,而粘结后又被材料覆盖,有害物质散发时间长,无法通过简单的通风措施短期内排出。因此,胶粘剂对室内空气的污染危害比涂料还要大。必须严格控制胶粘剂中的有害物质含量。

二、检测依据

1. 标准名称及代号

《室内装饰装修材料 胶粘剂中有害物质限量》GB 18583-2001;

《化学试剂 水分测定通用方法 卡尔·费休法》GB/T 606-2003;

《胶粘剂不挥发物含量的测定》GB/T 2793-1995;

《液态胶粘剂密度的测定 重量杯法》GB/T13354-1992。

2. 控制标准

溶剂型胶粘剂中有害物质限量值 表2-7

项 目		指 标		
		橡胶胶粘剂	聚氨酯类胶粘剂	其他胶粘剂
游离甲醛(g/kg)	≤	0.5	-	-
苯(g/kg)	≤	5		
甲苯+二甲苯(g/kg)	≤	200		

续表

项　目	指　标		
	橡胶胶粘剂	聚氨酯类胶粘剂	其他胶粘剂
甲苯二异氰酸酯(g/kg)　≤	—	10	—
总挥发性有机物(g/L)　≤	750		

注:苯不能作为溶剂使用,作为杂质其最高含量不得大于本表的规定。

水基型胶粘剂中有害物质限量值　表2-8

项　目	指　标				
	缩甲醛类胶粘剂	聚乙酸乙烯酯胶粘剂	橡胶类胶粘剂	聚氨酯类胶粘剂	其他胶粘剂
游离甲醛(g/kg)　≤	1	1	1	-	1
苯(g/kg)　≤	0.2				
甲苯+二甲苯(g/kg)　≤	10				
总挥发性有机物(g/L)　≤	50				

三、试验方法

1. 取样

同一批产品中随机抽取三份样品,每份不小于0.5kg,一份检测,两份保存。

2. 游离甲醛(乙酰丙酮分光光度法)

(1)检验原理

水基型胶粘剂用水溶解,溶剂型胶粘剂先用乙酸乙酯溶解后,再加水溶解。在酸性条件下将溶解于水中的甲醛随水蒸出。在pH值为6的乙酸-乙酸铵缓冲溶液中馏出液中甲醛与乙酰丙酮作用,在沸水浴条件下迅速生成稳定的黄色化合物,冷却后在415.40处测其吸光度,根据标准曲线计算出试样中游离甲醛含量。

(2)仪器设备

蒸馏装置:500mL蒸馏瓶、直形冷凝管、馏分接收器皿;

容量瓶:250mL、200mL、25mL;

移液管:1mL、2mL、5mL、10mL;

水浴锅;

天平:精确至0.0001g;

分光光度计;

碘量瓶。

(3)试剂

除非另有说明,在分析中仅使用确认为分析纯的试剂和蒸馏水或去离子水或相当纯度的水。

乙酸铵。

冰乙酸。

乙酰丙酮溶液:0.25%(体积分数),称取乙酸铵25g,加50mL水溶解,加3mL冰乙酸和0.25mL乙酰丙酮试剂,移入100mL容量瓶中,稀释至刻度,调整pH值至6.0,此溶液在pH值=2~5下保存,可稳定一个月。

盐酸溶液:1+5(V+V)。

氢氧化钠溶液:30g/100mL。

甲醛：浓度约37%。

淀粉指示剂（1.0%）：称取1g淀粉，加入10mL蒸馏水，搅拌下注入100mL沸水，再微沸2min，放置待用（使用前配制）。

硫代硫酸钠标准溶液（0.1mol/L）：称取26g硫代硫酸钠放于500mL烧杯中，加入新煮沸并冷却的蒸馏水至完全溶解后，加入0.05g碳酸钠（防止分解）及0.01g碘化汞（防止发霉），然后再用新煮沸并冷却的蒸馏水定容至1000mL，盛于棕色细口瓶中，摇匀，放8～10d天后再按下述方法标定。

称取在120℃下烘至恒重的重铬酸钾 m（0.10～0.15g），精确至0.0001g，然后置于500mL碘量瓶中，加25mL蒸馏水，摇动使之溶解，再加2g碘化钾及5mL浓盐酸，立即塞上瓶塞，液封瓶口，摇匀于暗处放置10min，再加蒸馏水150mL，用待标定的硫代硫酸钠滴定至草绿色，加淀粉指示剂3mL，继续滴定至突变为亮绿色为止，记下硫代硫酸钠用量 V。硫代硫酸钠标准溶液的浓度由下式（2-21）计算：

$$c(Na_2S_2O_3) = m/(V \times 0.04904) \quad (2-21)$$

式中　c——硫代硫酸钠溶液的浓度（mol/L）；

m——重铬酸钾质量（g）。

碘标准溶液[$c(I_2) = 0.1000$mol/L]：称取碘13.00g和碘化钾30.00g，同置于洗净的玻璃研钵中，加少量蒸馏水磨至碘完全溶解。也可以将碘化钾溶于少量蒸馏水中，然后在不断搅拌下加入碘，使其完全溶解后转至500mL的棕色容量瓶中，稀释至刻度，摇匀，贮存于暗处。

磷酸。

乙酸乙酯。

甲醛标准溶液：取10.0mL甲醛（浓度约37%），用水稀释至500mL。按下述方法标定浓度：

精确量取5.0mL待标定的甲醛标准溶液，置于250mL碘量瓶中，加入30mL[$c(I_2) = 0.1000$mol/L]碘溶液，立即逐滴加入30g/100mL的氢氧化钠溶液至颜色褪至淡黄色为止（约0.7mL），静置10min后，加100mL新煮沸并已冷却的水，用标定好的0.1mol/L硫代硫酸钠溶液滴定，至溶液呈淡黄色时加1.0%淀粉指示剂1mL，继续滴至蓝色刚刚消失为终点，同时用5.0mL蒸馏水做平行试验。甲醛溶液浓度按式（2-22）计算：

$$C_1 = (V_0 - V) \times C_2 \times 15/5 \quad (2-22)$$

式中　C_1——甲醛浓度（mg/mL）；

V_0——滴定空白液所用的硫代硫酸钠标准溶液的体积（mL）；

V——滴定甲醛溶液所用的硫代硫酸钠标准溶液的体积（mL）；

C_2——硫代硫酸钠溶液的浓度（mol/L）。

（4）绘制标准工作曲线

按表2-9规定量取甲醛标准贮备液，分别加入六只25mL的容量瓶中，各加5.0mL乙酰丙酮溶液，用水稀释至刻度后混匀，置于沸水中加热3min，取出冷却至室温，用10mm吸收池，以空白液为参比，于波长415nm处测定吸光度，以吸光度 A 为纵坐标，以甲醛浓度 c（g/mL）为横坐标，绘制标准曲线，或用最小二乘法计算其回归方程。

甲醛标准溶液体积与对应的甲醛浓度　　**表2-9**

甲醛标准贮备液取样量（mL）	10.00	7.50	5.00	2.50	1.25	0.00
稀释后甲醛浓度（μ/mL）	4.0	3.0	2.0	1.0	0.5	0.0

说明：表中稀释后甲醛的浓度值为参考值，应根据甲醛标准贮备液的实际浓度进行计算。

甲醛标准工作曲线每月绘制一次，即乙酰丙酮溶液新配置时绘制。

（5）样品测定

蒸馏装置如2－1图，馏分接收器皿中预先加入适量的水，浸没馏分出口，馏分接收器皿的外部加冰冷却。

1）水基型胶粘剂

称取试样5.0g（精确至0.1mg）置于500mL的蒸馏瓶中，加250mL水将其溶解，再加5mL磷酸，摇匀。

装好蒸馏装置，在油浴中蒸馏，蒸至馏出液为200mL，停止蒸馏，将馏出液转移到一250mL容量瓶中，用水稀释至刻度。

取10mL定容后的溶液于25mL的容量瓶中，加5mL乙酰丙酮溶液，用水稀释至刻度，摇匀。将其置于沸水浴中煮3min，取出冷却至室温，然后测其吸光度。

2）溶剂型胶粘剂

称取试样5.0g（精确至0.1mg）置于500mL的蒸馏瓶中，加适量乙酸乙酯将其溶解，再加250mL水，再加5mL磷酸，摇匀。

装好蒸馏装置，在油浴中蒸馏，蒸至馏出液为200mL，停止蒸馏，将馏出液转移到一250mL容量瓶中，用水稀释至刻度。

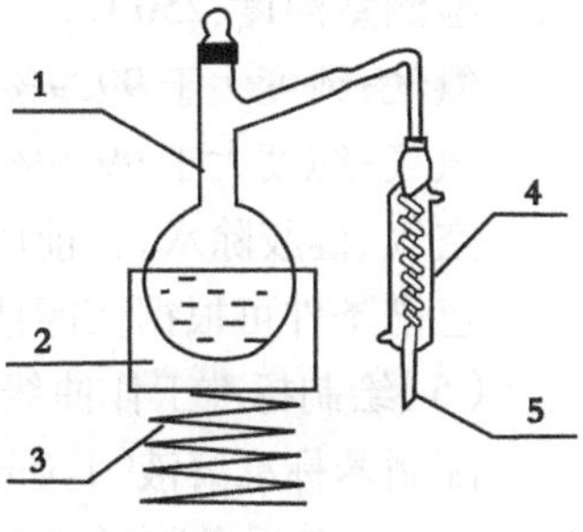

图2－1　蒸馏装置示意图

1—蒸馏瓶；2—加热加置；
3—升降台；4—冷凝管；
5—连接接收装置

取10mL定容后的溶液于25mL的容量瓶中，加5mL乙酰丙酮溶液，用水稀释至刻度，摇匀。将其置于沸水浴中煮3min，取出冷却至室温，然后测其吸光度。

（6）结果计算

样品中游离甲醛含量按下式（2－23）计算：

$$X = \frac{V \times f(c_t - t_b)}{1000m} \tag{2-23}$$

式中　X——游离甲醛的含量（g/kg）；

V——馏出液定容后的体积（mL）；

f——试样溶液的稀释因子；

c_t——从标准曲线上读出的试样溶液中甲醛浓度（μ/mL）；

c_b——从标准曲线上读出的空白溶液中甲醛浓度（μ/mL）；

m——试样质量（g）。

说明：样品溶液若未经过其他稀释，则$f=2.5$，$V=250$。

3. 苯

（1）检验原理

试样用适当的溶剂稀释后，直接用微量注射器将稀释后的试样溶液注入进样装置，并被载气带入色谱柱。在色谱柱内被分离成相应的组分，用氢火焰离子化检测器检测并记录色谱图，用外标法计算试样溶液中苯的含量。

（2）仪器设备

气相色谱仪：带氢火焰离子化检测器；

进样器：微量注射器，5μL；

色谱柱：大口径毛细管柱：DB－1（30m×0.53mm×1.5μm），固定液为二甲基聚硅氧烷。

（3）试剂

苯，色谱纯；

N，N－二甲基甲酰胺，分析纯。

（4）色谱条件

程序升温：初始温度30℃，保持时间3min，升温速率20℃/min，最终温度150℃，保持时间

5min。

汽化室温度:200℃;

检测室温度:250℃;

氮气:纯度大于99.9%,硅胶除水,柱前压为70kPa(30℃);

氢气:纯度大于99.9%,硅胶除水,柱前压为65kPa;

空气:硅胶除水,柱前压为55kPa。

色谱条件可根据实际情况做适当调整。

(5)绘制标准工作曲线

配制苯标准溶液(1.0mg/mL):称取0.1000g苯(精确到0.1mg),置于100mL的容量瓶中,用N,N-二甲基甲酰胺稀释至刻度,摇匀。

配制系列标准溶液:按表2-10中所列苯标准溶液的体积,分别加到六个25mL的容量瓶中,用N,N-二甲基甲酰胺稀释至刻度,摇匀。

系列标准溶液的体积与相应苯的浓度　表2-10

移取的体积(mL)	相应苯的浓度(μ/mL)
15.00	600
10.00	400
5.00	200
2.50	100
1.00	40
0.50	20

注:表中苯的浓度为参考值,实际操作中应按苯的质量换算。

测定系列标准溶液峰面积:开启气相色谱仪,对色谱条件进行设定,待基线稳定后,用5μL的注射器取2μL标准溶液进样,测定峰面积,每一标准溶液进样五次,取其平均值。

绘制标准曲线:以峰面积A为纵坐标,相应浓度c(μg/mL)为横坐标,即得标准曲线。

(6)样品测定

称取0.2~0.3g(精确至0.1mg)的试样,置于50mL容量瓶中,用N,N-二甲基甲酰胺溶解并稀释至刻度,摇匀。用5μL注射器取2μL进样,测其峰面积。若试样溶液的峰面积大于标准曲线中最大浓度的峰面积,用移液管准确移取V体积的试样溶液于50mL容量瓶中,用N,N-二甲基甲酰胺稀释至刻度,摇匀后再测。

(7)结果计算

根据峰面积直接从标准曲线上读取试样溶液中苯的浓度。

试样中苯含量X,计算公式(2-24)为:

$$X = \frac{c_t \times V \times f}{1000 \times m} \qquad (2-24)$$

式中　X——试样中苯含量(g/kg);

c_t——从标准曲线上读取的试样溶液中苯浓度(μg/mL);

V——试样溶液的体积(mL);

m——试样的质量(g)。

f——稀释因子。

4. 甲苯、二甲苯

(1)检验原理

试样用适当的溶剂稀释后，直接用微量注射器将稀释后的试样溶液注入进样装置，并被载气带入色谱柱。在色谱柱内被分离成相应的组分，用氢火焰离子化检测器检测并记录色谱图，用外标法计算试样溶液中甲苯和二甲苯的含量。

(2)仪器设备

气相色谱仪：带氢火焰离子化检测器；

进样器：微量注射器，5μL；

色谱柱：大口径毛细管柱：DB－1(30m×0.53mm×1.5μm)，固定液为二甲基聚硅氧烷。

(3)试剂

甲苯：色谱纯；

间二甲苯和对二甲苯：色谱纯；

邻二甲苯：色谱纯；

乙酸乙酯：分析纯。

(4)色谱条件

程序升温：初始温度30℃，保持时间2min，升温速率20℃/min，最终温度150℃，保持时间5min。

汽化室温度：200℃；

检测室温度：250℃；

氮气：纯度大于99.9%，硅胶除水，柱前压为70kPa(30℃)；

氢气：纯度大于99.9%，硅胶除水，柱前压为65kPa；

空气：硅胶除水，柱前压为55kPa。

色谱条件可根据实际情况做适当调整。

(5)绘制标准工作曲线

配制甲苯、对二甲苯和间二甲苯、邻二甲苯标准溶液(1.0mg/mL)：称取0.1000g甲苯、0.1000g对二甲苯和间二甲苯、0.1000g邻二甲苯(精确到0.1mg)，置于100mL的容量瓶中，用乙酸乙酯稀释至刻度，摇匀。

配制系列标准溶液：按表2－11中所列标准溶液的体积，分别加到六个25mL的容量瓶中，用乙酸乙酯稀释至刻度，摇匀。

系列标准溶液的体积与相应的浓度 **表2－11**

移取的体积(mL)	对应甲苯的浓度(μg/mL)	对应间二甲苯和对二甲苯的浓度(μg/mL)	对应邻二甲苯的浓度(μg/mL)
15.00	600	600	600
10.00	400	400	400
5.00	200	200	200
2.50	100	100	100
1.00	40	40	40
0.50	20	20	20

注：表中浓度为参考值，实际操作中应按实际质量换算。

测定系列标准溶液峰面积：开启气相色谱仪，对色谱条件进行设定，待基线稳定后，用5μL的注射器取2μL标准溶液进样，测定峰面积，每一标准溶液进样五次，取其平均值。

绘制标准曲线：以峰面积A为纵坐标，相应浓度c(μg/mL)为横坐标，即得标准曲线。

(6)样品测定

称取0.2～0.3g(精确至0.1mg)的试样,置于50mL容量瓶中,用乙酸乙酯溶解并稀释至刻度,摇匀。用5μL注射器取2μL进样,测其峰面积。若试样溶液的峰面积大于标准曲线中最大浓度的峰面积,用移液管准确移取V体积的试样溶液于50mL容量瓶中,用乙酸乙酯稀释至刻度,摇匀后再测。

(7)结果计算

根据峰面积直接从标准曲线上读取试样溶液中甲苯或二甲苯的浓度。

试样中甲苯或二甲苯含量X,计算公式(2-25)为:

$$X=\frac{c_t\times V\times f}{1000\times m} \tag{2-25}$$

式中 X——试样中甲苯或二甲苯含量(g/kg);

c_t——从标准曲线上读取的试样溶液中甲苯或二甲苯浓度(μg/mL);

V——试样溶液的体积(mL);

m——试样的质量(g);

f——稀释因子。

5. 甲苯二异氰酸酯

(1)检验原理

试样用适当的溶剂稀释后,加入正十四烷作内标物。将稀释后的试样溶液注入进样装置,并被载气带入色谱柱,在色谱柱内被分离成相应的组分,用氢火焰离子化检测器检测并记录色谱图,用内标法计算试样溶液中甲苯二异氰酯酯的含量。

(2)仪器设备

气相色谱仪:带氢火焰离子化检测器;

进样器:微量注射器,5μL;

色谱柱:大口径毛细管柱:DB-1(30m×0.53mm×1.5μm),固定液为二甲基聚硅氧烷。

(3)试剂

乙酯乙酯:加入1000g 5A分子筛,放置24h后过滤;

甲苯二异氰酸酯;

正十四烷:色谱纯;

5A分子筛:在500℃的高温炉中加热2h,置于干燥器中冷却备用。

(4)色谱条件

汽化室温度:160℃;

检测室温度:200℃;

柱箱温度:135℃;

氮气:纯度大于99.9%,硅胶除水,柱前压为100kPa(135℃);

氢气:纯度大于99.9%,硅胶除水,柱前压为65kPa;

空气:硅胶除水,柱前压为55kPa。

色谱条件可根据实际情况做适当调整。

(5)测定相对校正因子

内标溶液的制备:称取1.0006g正十四烷于100mL的容量瓶中,用除水的乙酸乙酯稀释至刻度,摇匀。

相对质量校正因子的测定:称取0.2～0.3g甲苯二异氰酸酯于50mL的容量瓶中,加入5mL内标物,用适量的乙酸乙酯稀释,取1μL进样,测定甲苯二异氰酸酯和正十四烷的色谱峰面积。按式

（2－26）计算相对质量校正因子f'：

$$f'=\frac{W_i \times A_s}{W_s \times A_i} \qquad (2-26)$$

式中　W_i——甤苯二异氰酸酯的质量（g）；

W_s——所加内标物质量（g）；

A_i——甲苯二异氰酸酯的峰面积；

A_s——所加内标物的峰面积。

（6）样品测定

称取2～3g样品于50mL容量瓶中，加入5mL内标物，用适量的乙酸乙酯稀释，取1μL进样，测定试样溶液中甲苯二异氰酸酯和正十四烷的色谱峰面积。

（7）结果计算

试样中游离甲苯二异氰酸酯含量X，计算公式如下：

$$X=f' \times \frac{A_i}{A_s} \times \frac{W_s}{W_i} \times 1000 \qquad (2-27)$$

式中　X——试样中甲苯二异氰酸酯含量（g/kg）；

f'——相对质量校正因子；

W_i——待测试样的质量（g）；

W_s——所加内标物的质量（g）；

A_i——待测试样的峰面积；

A_s——所加内标物的峰面积。

注意事项：由于甲苯二异氰酸酯对水分比较敏感，测定过程中除了使用的玻璃器皿都必须烘干并存放于干燥器中，对于测定时室内空气的湿度也应进行控制，可使用空调抽湿功能，最好将湿度控制在60%以下。配好的样品必须当天分析。

6. 总挥发性有机物

（1）检验原理

将适量的胶粘剂置于恒定温度的鼓风干燥箱中，在规定的时间内，测定胶粘剂总挥发物含量。用卡尔·费休法测定其中水分的含量，胶粘剂总挥发物含量扣除其中水分的量，即得胶粘剂中总挥发性有机物的含量。

（2）挥发物及不挥发物测定

1）检验原理

涂料在105℃加热3h，通过加热前后的重量变化，计算挥发物的量。

2）仪器及设备

蒸发皿/培养皿、玻璃棒、干燥器；

鼓风恒温烘箱；

天平：感量为0.001g。

3）测定方法

① 在105±2℃的烘箱内，干燥玻璃棒及蒸发皿，在干燥器内冷却至室温，称量带有玻璃棒的蒸发皿，准确到1mg，然后以同样的准确度在蒸发皿中称量受试产品2±0.2g，确保产品均匀的分布在蒸发皿中。若产品含高挥发性的溶剂（溶剂型木器涂料多见这种情况），则采用减量法从一带塞称量瓶称样至蒸发皿内，然后在热水浴上缓缓加热到大部分溶剂挥发完为止。

② 把盛玻璃棒、试样的蒸发皿放入105±2℃的烘箱内放保持3h。经短时间加热后从烘箱中取出，用玻璃棒搅拌试样，把表面结皮破碎，再烘。

③ 烘到规定的时间后，在干燥器中冷却至室温，称量，精确至 1mg。

4）结果计算

以被测产品的重量百分数来计算挥发物的含量（V）（式 2－28）或不挥发物的含量（NV）（式 2－29）。

$$V = 100 \times \frac{m_1 - m_2}{m_1} \tag{2-28}$$

$$NV = 100 \times \frac{m_2}{m_1} \tag{2-29}$$

式中　m_1——加热前试样的重量（mg）；

m_2——加热后试样的重量（mg）。

同一试样至少进行两次测定，以算术平均值（精确到 1 位小数）报告结果，相对误差小于 1%。

（3）密度的测定

1）检验原理

在 20 ℃下，用容量为 37.00mL 的重量杯所盛液态胶粘剂的质量除以 37. 00mL 得到液态胶粘剂的密度。

2）仪器设备

重量杯：20℃下容量为 37.00ml 的金属杯；

注：国产的符合的重量杯名为“QI313 比重杯”。

恒温浴或恒温室：能保持 23 ±1℃。

天平：感量为 0.001g。

温度计：0～50℃，分度 1℃。

3）试验步骤

① 准备足以进行三次试验的胶粘剂样品。

② 用挥发性溶剂清洗重量杯并干燥之。

③ 在 25℃以下把搅拌均匀的胶粘剂试样装满重量杯，然后将盖子盖紧，并使溢流口保持开启，随即用挥发性溶剂擦去溢出物。

④ 将盛有胶粘剂试样的重量杯置于恒温浴或恒温室中，使试样恒温至 23 ±1℃。

⑤ 用溶剂擦去溢出物，然后用重量杯的配对祛码称重装有试样的重量杯，精确至 0.001g。

⑥ 每个胶粘剂样品测试三次，以三次数据的算术平均值作为试验结果。

4）结果计算

液态胶粘剂的密度 ρ_t 按下式（2－30）计算。

$$\rho_t = \frac{m_2 - m_0}{V} \tag{2-30}$$

式中　m_0——空重量杯的质量（g）；

m_2——装满胶粘剂试样的重量杯的质量（g）；

V——重量杯容量（mL）。

（4）水分测定（卡尔·费休法）

胶粘剂水分测定按《化学试剂 水分测定通用方法　卡尔·费休法》GB/T 606－2003 规定的方法进行测定。目前市场上已有卡尔·费休法水分测定仪及商品卡尔·费休试剂出售，使用者可按仪器性能进行选用。

1）检验原理

使浸入溶液中的两铂电极有一定电位差，当溶液中存在水时，阴极极化反抗电流通过，由阴极极化伴随着突然增加的电流(由电流测定装置示出)指示滴定终点。

2)仪器设备

卡尔·费休滴定装置。

微量注射器:10μL。

分析天平:精确至0.1mg。

注射器:1mL、30mL。

3)试验步骤

不同型号的水分滴定仪,其操作步骤可能有所不同,应以相应的使用说明书为准。

① 卡尔·费休试剂的标定

用注射器将25mL甲醇注入到滴定瓶中,打开磁力搅拌器,按“滴定开始”键,仪器自动滴定,蜂鸣器响为滴定终点,此步骤将加入甲醇所含的少量水分去除。

用微量注射器加入10μL纯水(约0.010g),用减量法称量纯水的质量 m_1。用待标定的卡尔·费休试剂滴定,按“滴定开始”键,仪器自动滴定,蜂鸣器响为滴定终点。记录消耗卡尔·费休试剂的体积 V_1。

卡尔·费休试剂的水当量表示为(2-31):

$$T=\frac{m_1}{V_1} \quad (2-31)$$

式中 T——卡尔·费休试剂的水当量(mg/mL);

m_1——加入水的质量(mg);

V_1——消耗卡尔·费休试剂的体积(mL)。

② 样品水含量的测定

试样以注射器注入滴定瓶,以减量法称取试样质量 m_0,称准至0.0001g。按标定卡尔·费休试剂同样的步骤测定样品。记录消耗卡尔.费休试剂的体积 V_2。

(5)试样水含量的计算

试样水含量 X 以质量百分数表示,见下式(2-32):

$$X=\frac{V_2\times T}{m_0\times 10} \quad (2-32)$$

式中 m_0——试样的质量(g);

V_2——测定试样时消耗卡尔·费休试剂的体积(mL);

T——卡尔·费休试剂的水当量(mg/mL)。

(6)总挥发性有机物测定

胶粘剂中总挥发有机物按下式(2-33)计算:

$$VOC=(V-X)\times\rho\times 1000 \quad (2-33)$$

式中 VOC——总挥发有机物含量(g/L);

V——挥发物含量(%);

X——水分含量(%);

ρ——密度(g/mL)。

第五节 涂料有害物质

一、概念

涂料主要由胶结基料、颜料、填料、溶剂(或水)及各种配套助剂组成。按类型可分为水性涂料和溶剂型涂料。装饰装修中使用的各种涂料是室内空气污染的重要来源。必须对其有害物质含量加以控制。

二、检测依据

1. 标准名称及代号

《室内装饰装修材料 内墙涂料中有害物质限量》GB 18582－2008；

《室内装饰装修材料 溶剂型木器涂料中有害物质限量》GB18581－2001；

《色漆和清漆 密度的测定 比重瓶法》GB/T 6750－2007；

《色漆、清漆和塑料 不挥发物含量册测定》GB/T1725－2007。

2. 控制标准

（1）内墙涂料（表2－12）

内墙涂料 **表2－12**

项目		限量值	
		水性墙面涂料	水性墙面腻子
挥发性有机化合物含量（VOC）	≤	120g/L	15g/kg
苯、甲苯、乙苯、二甲苯总和（mg/kg）	≤	300	
游离甲醛（mg/kg）	≤	100	

注：1. 涂料产品所有项目均不考虑稀释配合比。

2. 膏状腻子所有项目均不考虑稀释配合比；粉状腻子按产品规定的配合比将粉体与水或胶粘剂等其他液体混合后测试。如配比为某一范围时，应按照水用量最小、胶粘剂等其他液体用量最大的配合比混合后测试。

（2）溶剂型木器涂料（表2－13）

溶剂型木器涂料 **表2－13**

项目		限量值		
		硝基漆类	聚氨酯漆类	醇酸漆类
挥发性有机化合物（VOC）①（g/L）	≤	750	光泽（60°）≥80，600 光泽（60°）<80，700	550
苯②（%）	≤	0.5		
甲苯和二甲苯②（%）	≤	45	40	10
游离甲苯二异氰酸酯（TDI）③（%）	≤	–	0.7	–

① 按产品规定的配比和稀释比例混合后测定。如稀释剂的使用量为某一范围时，应按照推荐的最大稀释量稀释后进行测定。

② 如产品规定了稀释比例或产品由双组分或多组分组成时，应分别测定稀释剂和各组分中的含量，再按产品规定的配合比计算混合后涂料中的总量。如稀释剂的使用量为某一范围时，应按照推荐的最大稀释量进行计算。

③ 如聚氨酯漆类规定了稀释比例或由双组分或多组分组成时，应先测定固化剂（含甲苯二异氰酸酯预聚物）中的含量，再按产品规定的配比计算混合后涂料中的含量。如稀释剂的使用量为某一范围时，应按照推荐的最小稀释量进行计算。

三、试验方法

1. 内墙涂料挥发性有机化合物含量及苯、甲苯、乙苯、二甲苯总和

（1）挥发性有机化合物及苯、甲苯、乙苯和二甲苯总和

1）检验原理

试样经稀释后，通过气相色谱分析技术使样品中各种挥发性有机化合物分离，定性鉴定被测化

合物后，用内标法测试其含量。

2）仪器及设备

① 气相色谱仪，具有以下配置：

分流装置的进样口，并且汽化室内衬可更换。

程序升温控制器。

检测器：可以使用下列三种检测器中的任意一种：火焰离子化检测器（FID）；已校准并调谐的质谱仪或其他质量选择检测器；已校准的傅立叶变换红外光谱仪（FT－IR光谱仪）。

如果选用后两种检测器对分离出的组分进行定性鉴定，仪器应与气相色谱仪相连并根据仪器制造商的相关说明进行操作。

色谱柱：聚二甲基硅氧烷毛细管柱或6%腈丙苯基＋94%聚二甲基硅氧烷毛细管柱、聚乙二醇毛细管柱。

② 进样器：微量注射器，10μL。

③ 配样瓶：约20mL的玻璃瓶，具有可密封的瓶盖。

④ 天平：精度0.1mg。

3）材料和试剂

① 载气：氮气，纯度≥99.995%。

② 燃气：氢气，纯度≥99.995%。

③ 助燃气：空气。

④ 辅助气体（隔垫吹扫和尾吹气）：与载气具有相同性质的氮气。

⑤ 内标物：试样中不存在的化合物，且该化合物能够与色谱图上其他成分完全分离。纯度至少为99%，或已知纯度。例如：异丁醇、乙二醇单丁醚、乙二醇二甲醚、二乙二醇二甲醚等。

⑥ 校准化合物

校准化合物包括甲醇、乙醇、正丙醇、异丙醇、正丁醇、异丁醇、苯、甲苯、乙苯、二甲苯、三乙胺、二甲基乙醇胺、2－氨基－2－甲基－1－丙醇、乙二醇、1,2－丙二醇、1,3－丙二醇、二乙二醇、乙二醇单丁醚、二乙二醇单丁醚、二乙二醇乙醚醋酸酯、二乙二醇丁醚醋酸酯、2,2,4－三甲基－1,3－戊二醇。纯度至少为99%，或已知纯度。

⑦ 稀释溶剂：用于稀释试样的有机溶剂，不含有任何干扰测试的物质。纯度至少为99%，或已知纯度。例如：乙腈、甲醇或四氢呋喃等溶剂。

⑧ 标记物：用于按VOC定义区分VOC组分与非VOC组分的化合物。GB 18582－2008中为己二酸二乙酯（沸点251℃）。

4）气相色谱测试条件

① 色谱条件1

色谱柱（基本柱）：聚二甲基硅氧烷毛细管柱，30m×0.32mm×1.0μm；

进样口温度：260℃；

检测器：FID，温度：280℃；

柱温：程序升温，45℃保持4min，然后以8℃/min升至230℃保持10min；

分流比：分流进样，分流比可调；

进样量：1.0μL。

② 色谱条件2

色谱柱（基本柱）：6%腈丙苯基＋94%聚二甲基硅氧烷毛细管柱，60m×0.32mm×1.0μm；

进样口温度：250℃；

检测器：FID，温度：260℃；

柱温：程序升温，80℃保持1min，然后以10℃/min升至230℃保持15min；

分流比：分流进样，分流比可调；

进样量：1.0μL。

③ 色谱条件3

色谱柱（确认柱）：聚乙二醇毛细管柱，30m×0.25mm×0.25μm；

进样口温度：240℃；

检测器：FID，温度：250℃；

柱温：程序升温，60℃保持1min，然后以20℃/min升至240℃保持20min；

分流比：分流进样，分流比可调；

进样量：1.0μL。

注：也可根据所用气相色谱仪的性能及待测试样的实际情况选择最佳的气相色谱测试条件。

5）测试步骤

① 色谱仪参数优化

按4）中的色谱条件，每次都应该使用已知的校准化合物对其进行最优化处理，使仪器的灵敏度、稳定性和分离效果处于最佳状态。

② 定性分析

定性鉴定试样中有无校准化合物中的化合物。优先选用的方法是气相色谱仪与质量选择检测器或FT－IR光谱仪联用，并使用4）中给出的气相色谱测试条件。也可利用气相色谱仪，采用火焰离子化检测器（FID）和色谱柱，并使用4）中给出的气相色谱测试条件，分别记录校准化合物在两根色谱柱（所选择的两根柱子的极性差别应尽可能大，例如6%腈丙苯基＋94%聚二甲基硅氧烷毛细管柱和聚乙二醇毛细管柱）上的色谱图；在相同的色谱测试条件下，对被测试试样做出色谱图后对比定性。

③ 校准

校准样品的配制：分别称取一定量（精确至0.1mg）②鉴定出的各种校准化合物于配样瓶中，称取的质量与待测试样中各自的含量应在同一数量级；再称取与待测化合物相同数量级的内标物于同一配样瓶中，用稀释溶剂稀释混合物，密封配样瓶并摇匀。

相对校正因子的测试：在与测试试样相同的色谱测试条件下按①的规定优化仪器参数。将适当数量的校准化合物注入气相色谱仪中，记录色谱图。按式（2－34）分别计算每种化合物的相对校正因子：

$$R_i = \frac{m_{ci} \times A_{is}}{m_{is} \times A_{ci}} \tag{2-34}$$

式中 R_i——化合物 i 的相对校正因子；

m_{ci}——校准混合物中化合物i的质量（g）；

m_{is}——校准混合物中内标物的质量（g）；

A_{is}——内标物的峰面积；

A_{ci}——化合物 i 的峰面积。

R_i 值取两次测试结果的平均值，其相对偏差应小于5%，保留3位有效数字。

若出现校准化合物之外的未知化合物色谱峰，则假设其相对于异丁醇的校正因子为1.0。

④ 试样的测试

a. 试样的配制：称取搅拌均匀后的试样1g（精确至0.1mg）以及与被测物质量近似相等的内标物于配样瓶中，加入10mL稀释溶剂稀释试样，密封配样瓶并摇匀。

b. 按校准时的最优化条件设定仪器参数。

c. 将标记物注入气相色谱仪中，记录其在聚二甲基硅氧烷毛细管柱或6%腈丙苯基+94%聚二甲基硅氧烷毛细管柱上的保留时间，以便按标准规定的挥发性有机化合物的定义确定色谱图中的积分终点。

d. 将1μL配制的试样注入气相色谱仪中，记录色谱图并记录各种保留时间低于标记物的化合物峰面积（除稀释溶剂外），然后按式（2-35）分别计算试样中所含的各种化合物的质量分数。

$$W_i = \frac{m_{is} \times A_i \times R_i}{m_s \times A_{is}} \quad (2-35)$$

式中　W_i——测试试样中被测化合物 i 的质量分数（g/g）；

R_i——被测化合物 i 的相对校正因子；

m_{is}——内标物的质量（g）；

m_s——测试试样的质量（g）；

A_{is}——内标物的峰面积；

A_i——被测化合物 i 的峰面积。

平行测试两次，W_i 值取两次测试结果的平均值。

（2）密度

1）原理

用比重瓶装满被测产品，从比重瓶内产品的质量和已知的比重瓶体积计算出被测产品的密度。试验温度23±0.5℃。也可在其他商定的温度下进行试验。

2）仪器设备

① 比重瓶

a. 金属比重瓶：容积为50mL或100mL，是用精加工的防腐蚀材料制成的横截面为圆形的圆柱体，上面带有一个装配合适的中心有一个孔的盖子。盖子内侧呈凹形（见图2-2）。

b. 玻璃比重瓶：容积为10mL或100mL（盖伊-芦萨克比重瓶或哈伯德比重瓶）（见图2-3和图2-4）。

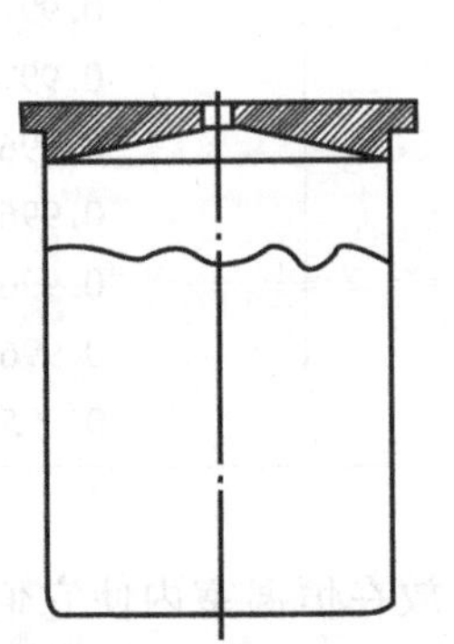

图2-2　金属比重瓶

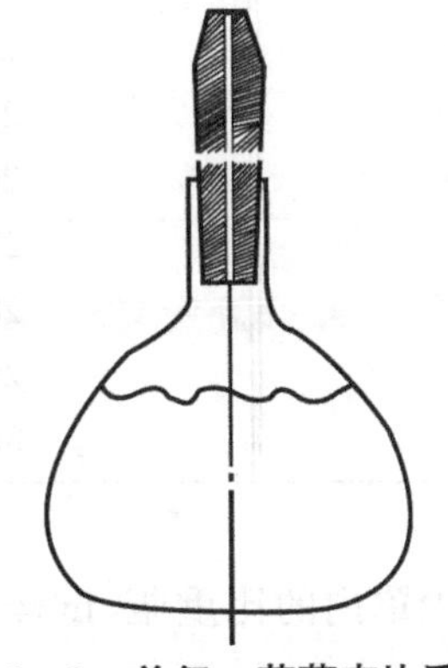

图2-3　盖伊-芦萨克比重瓶

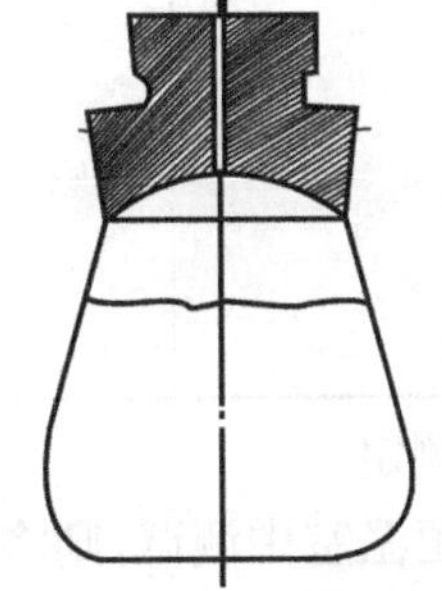

图2-4　哈伯德比重瓶

② 分析天平：50mL以下的比重瓶精确到1mg，50～100mL的比重瓶精确到10mg。

③ 温度计：精确到0.2℃，分度为0.2℃或更小。

④ 恒温室或水浴：恒温室应能够调节并维持天平、比重瓶或被测产品处于规定或商定的温度，水浴应能够维持比重瓶和被测试样处于规定或商定的温度。

⑤ 防尘罩。

3）操作步骤

① 比重瓶校准

a. 使用金属比重瓶时，用蒸发后不留残余物的溶剂小心清洗其内外侧，并将它完全干燥。避免在比重瓶上留有手印，因为它们会影响平衡读数。

b. 为了让比重瓶保持恒重，将其放入防尘罩内30min，达到室温后称重（m_1）。

c. 在比重瓶内注满预先煮沸过的蒸馏水或2级去离子水，在试验温度下水温不应超过1℃，然后塞住或盖上比重瓶，注意防止产生气泡。将比重瓶放入水浴或恒温室中，使其达到试验温度。用有吸收性材料（布或纸），擦去溢流物质。

d. 将比重瓶从水浴或恒温室中取出，擦干其外部。防止比重瓶再受热并确保水不再溢出，立即称重注满水的比重瓶（m_2）。

如果手直接操作，会使比重瓶温度增高并引起更多的溢流，且也会留下手印。因此，建议用钳子或纤维衬料保护的手来操作比重瓶。

由于水可通过溢流孔蒸发，所以为了使质量损失减小到最低限度，建议立即快速地称量注满水的比重瓶。

e. 比重瓶容积计算

通过式（2-36）计算在温度 t_T 下比重瓶的体积，以毫升（mL）表示：

$$V_t=(m_2-m_1)/(\rho_W-0.0012)\times 0.99985 \quad (2-36)$$

式中 m_1 ——空比重瓶的质量（g）；

m_2 ——试验温度 t_T 下，装满蒸馏水的比重瓶的质量（g）；

ρ_W ——试验温度 t_T 下纯水的密度（g/mL）；

0.0012 ——空气的密度（g/mL）；

0.99985 ——校正系数，（1-空气的密度 ρ_A/所用天平砝码的密度 ρ_G）。

样品密度测定与校准比重瓶均应在测试温度下进行，因为比重瓶的体积随温度的变化而变化。比重瓶每隔一段时间重新校准，例如大约测试100次或发现比重瓶有变化时。

无空气的纯水的密度　　表2-14

温度（℃）	密度（g/mL）	温度（℃）	密度（g/mL）
15	0.9991	23	0.9975
16	0.9989	24	0.9973
17	0.9987	25	0.9970
18	0.9986	26	0.9968
19	0.9984	27	0.9965
20	0.9982	28	0.9962
21	0.9980	29	0.9960
22	0.9978	30	0.9957

② 样品测定

a. 如在恒温室中测试，则将放入防尘罩内的比重瓶、试样、天平放在恒温室内使它们处于规定或商定的温度。

b. 如用恒温水浴，而不是在恒温室内测试，则将放入防尘罩内的比重瓶和试样放入恒温水浴中使它们处于规定或商定的温度，大约30min能使温度达到平衡。

c. 用温度计测试试样的温度 t_T，在整个测试过程中检查恒温室和水浴的温度是否保持在规定的范围内。

d. 称量比重瓶并记录其质量 m_t，容量为50~100mL的比重瓶精确到10mg，小于50mL的精确到1mg。

e. 将被测产品注满比重瓶，注意防止比重瓶中产生气泡。塞住或盖上比重瓶，用有吸收性的材料擦去溢出物，并擦干比重瓶的外部，然后用脱脂棉球轻轻擦拭。记录注满被测产品的比重瓶的

质量 m_2。

粘附于玻璃比重瓶的磨口玻璃表面或金属比重瓶的盖子和杯体接触面上的液体都会引起称量读数偏高。为了使误差减至最小，接口应密封严密，防止产生气泡。

③ 结果计算

通过式（2-37）来计算在试验温度 t_T 下试样的密度，以 g/mL 表示：

$$\rho_t = \frac{m_2 - m_0}{V} \tag{2-37}$$

式中 m_0 ——空比重瓶的质量（g）；

m_2 ——试验温度 t_T 下，装满试样的比重瓶的质量（g）；

V ——试验温度 t_T 下，测得比重瓶的体积（ml）。

空气浮力对此结果的影响不用校正，因为大多数注罐机控制程序需要未校正的值，而且校正值（0.0012g/mL）对此方法的精度而言，也是可以忽略不计的。

（3）水分含量

标准中规定的水分含量采用气相色谱法或卡尔·费休法测试，气相色谱法为仲裁。考虑到卡尔·费休法的使用比较普遍，故在此着重介绍卡尔·费休法。关于气相色谱法的操作，可参考相关标准。同时由于卡尔·费休滴定仪种类比较多，具体的操作应遵照对应设备的使用说明。

1）实验原理

使浸入溶液中的两铂电极有一定电位差，当溶液中存在水时，阴极极化反抗电流通过，由阴极极化伴随着突然增加的电流（由电流测定装置示出）指示滴定终点。

2）仪器设备

卡尔·费休水分滴定仪。

天平：精度 0.1mg；1mg。

微量注射器：10μL。

滴瓶：30mL。

磁力搅拌器。

烧杯：100mL。

培养皿。

3）试剂

① 蒸馏水：符合三级水要求。

② 卡尔·费休试剂：选用合适的试剂（对于不含醛酮化合物的试样，试剂主要成分为碘、二氧化硫、甲醇、有机碱。对于含有醛酮化合物的试样，应使用醛酮专用试剂，试剂主要成分为碘、咪唑、二氧化硫、2-甲氧基乙醇、2-氯乙醇和三氯甲烷）。

4）试验步骤

① 卡尔·费休滴定剂浓度的标定

在滴定仪的滴定杯中加入新鲜卡尔·费休溶剂至液面覆盖电极端头，以卡尔·费休滴定剂滴定至终点（漂移值 $<$ 10μg/min）。用微量注射器将 10μL 蒸馏水注入滴定杯中，采用减量法称得水的质量（精确至 0.1mg），并将该质量输入到滴定仪中，用卡尔·费休滴定剂滴定至终点，记录仪器显示的标定结果。

进行重复标定，直至相邻两次的标定值相差小于 0.01mg/mL，求出两次标定的平均值，将标定结果输入到滴定仪中。

当检测环境的相对湿度小于 70% 时，应每周标定一次；相对湿度大于 70% 时，应每周标定两次；必要时，随时标定。

② 样品处理

若待测样品黏度较大，在卡尔·费休溶剂中不能很好分散，则需要将样品进行适量稀释。在烧杯中称取经搅拌均匀后的样品20g（精确至1mg），然后向烧杯加入约20%的蒸馏水，准确记录称样量及加水量。将烧杯盖上培养皿，在磁力搅拌器上搅拌10～15min。然后将稀释样品倒入滴瓶中备用。

对于在卡尔·费休溶剂中能很好分散的样品，可直接测试样品中的水分含量。对于加水20%后，在卡尔·费休溶剂中仍不能很好分散的样品，可逐步增加稀释水量。

③ 样品测定

在滴定仪的滴定杯中加入新鲜卡尔·费休溶剂至液面覆盖电极端头，以卡尔·费休滴定剂滴定至终点。向滴定杯中加入1滴试样，采用减量法称得加入的样品质量（精确到0.1mg），并将该样品质量输入到滴定仪中。用卡尔·费休滴定剂滴定至终点，记录仪器显示的测试结果。

平行测试两次，测试结果取平均值。两次测试结果的相对偏差小于1.5%。

测试3～6次后应及时更换滴定杯中的卡尔·费休溶剂。

④ 结果计算

样品经稀释处理后测得的水分含量按式（2－38）计算：

$$W_w = \frac{W'_w \times (m_s + m_w) - m_w}{m_s} \times 100 \tag{2-38}$$

式中 W_w——样品中实际水分含量的质量分数（%）；

W'_w——稀释样品测得的水分含量的质量分数平均值（%）；

m_s——稀释时所称样品的质量（g）；

m_w——稀释时所加水的质量（g）。

计算结果保留3位有效数字。

（4）VOC含量计算

1）腻子产品按式（2－39）计算VOC含量：

$$W_{VOC} = \sum W_i \times 1000 \tag{2-39}$$

式中 W_{VOC}——腻子产品的VOC含量（g/kg）；

W_i——测试试样中被测化合物 i 的质量分数（g/g）；

1000——转换因子。

测试方法检出限：1g/kg。

2）涂料产品按式（2－40）计算VOC含量：

$$\rho_{VOC} = \frac{\sum W_i}{1 - \rho_s \times \frac{W_w}{\rho_w}} \times \rho_s \times 1000 \tag{2-40}$$

式中 ρ_{VOC}——涂料产品的VOC含量（g/L）；

W_i——测试试样中被测化合物 i 的质量分数（g/g）；

W_w——测试试样中水的质量分数（g/g）；

ρ_s——试样的密度（g/mL）；

ρ_w——水的密度（g/mL）；

1000——转换因子。

测试方法检出限：2g/L。

（5）苯、甲苯、乙苯、二甲苯总和含量计算

1）涂料和腻子产品按式（2－41）计算苯、甲苯、乙苯、二甲苯含量的总和：

$$W_b = \sum W_i \times 10^6 \tag{2-41}$$

式中 W_b——产品中苯、甲苯、乙苯、二甲苯总和的含量(mg/kg);

W_i——测试试样中被测组分 i(苯、甲苯、乙苯和二甲苯)的质量分数(g/g);

10^6——转换因子。

2)测试方法检出限:4 种苯系物总和 50mg/kg。

2. 内墙涂料游离甲醛

(1)试验原理

采用蒸馏的方法将样品中的游离甲醛蒸出。在 pH 值 =6 的乙酸 - 乙酸铵缓冲溶液中,馏分中的甲醛与乙酰丙酮在加热的条件下反应生成稳定的黄色络合物,冷却后在波长 412nm 处进行吸光度测试。根据标准工作曲线,计算试样中游离甲醛的含量。

(2)仪器设备

蒸馏装置:100mL 蒸馏瓶、蛇型冷凝管等。

具塞刻度管:50mL。

移液管:1mL、5mL、10mL、20mL、25mL。

加热设备:电加热套、水浴锅。

天平:精度 1mg。

可见分光光度计。

(3)试剂

分析测试中仅采用已确认为分析纯的试剂,所用水符合三级水的要求。

1)乙酸铵。

2)冰乙酸:1.055g/mL。

3)乙酰丙酮:0.975g/mL。

4)乙酰丙酮溶液:体积分数为 0.25%,称取 25g 乙酸铵,加适量水溶解,加 3mL 冰乙酸和 0.25mL 已蒸馏过的乙酰丙酮试剂,移入 100ml 容量瓶中,用水稀释至刻度,调整 pH 值 =6。此溶液于 2~5℃下贮存,可稳定一个月。

5)碘溶液:$c(1/2I_2)=0.1$mol/L。

6)氢氧化钠溶液:1mol/L。

7)盐酸溶液:1mol/L。

8)硫代硫酸钠标准溶液:$c(Na_2S_2O_3)=0.1$mol/L。浓度标定的方法可参考胶粘剂有害物质甲醛检测部分。

9)淀粉溶液:1g/100mL,称取 1g 淀粉,用少量水调成糊状,加入 100mL 沸水,呈透明溶液,临用时配制。

10)甲醛溶液:质量分数约为 37%。

11)甲醛标准溶液:1mg/mL,移取 2.8mL 甲醛溶液,置于 1000mL 容量瓶中,用水稀释至刻度。按下述方法标定:

移取 20mL 待标定的甲醛标准溶液,置于 250mL 碘量瓶中,准确加入 25.00mL 碘溶液,再加入 10mL 氢氧化钠溶液,摇匀,于暗处静置 5min 后,加 11mL 盐酸溶液,用硫代硫酸钠标准溶液滴定至淡黄色,加 1mL 淀粉溶液,继续滴定至蓝色刚刚消失为终点,记录所耗硫代硫酸钠标准溶液体积 V_2(mL)。同时做空白样,记录所耗硫代硫酸钠标准溶液体积 V_1(mL)。按式(2-42)计算甲醛标准溶液的质量浓度。

$$\rho_{(HCHO)}=\frac{(V_1-V_2)\times c_{(Na_2S_2O_3)}\times 15}{20} \quad (2-42)$$

式中 $\rho_{(HCHO)}$——甲醛标准溶液的质量浓度(mg/mL);

V_1 ——空白样滴定所耗的硫代硫酸钠标准溶液体积(mL);

V_2 ——甲醛溶液标定所耗的硫代硫酸钠标准溶液体积(mL);

$c_{Na_2S_2O_3}$ ——硫代硫酸钠标准溶液的浓度(mol/L);

15 ——甲醛摩尔质量的1/2;

20 ——标定时所移取的甲醛标准溶液体积(mL)。

12)甲醛标准稀释液:10μg/mL,移取10mL甲醛标准溶液,置于1000mL容量瓶中,用水稀释至刻度。

(4)试验步骤

1)标准工作曲线绘制

取数支具塞刻度管,分别移入0.10mL、0.20mL、0.50mL、1.00mL、3.00mL、5.00mL、8.00mL甲醛标准稀释液,加水稀释至刻度,加入2.5mL乙酰丙酮溶液,摇匀。在60℃恒温水浴中加热30min,取出后冷却至室温,用10mm比色皿(以水为参比)在紫外可见分光光度计上于412nm波长处测试吸光度。

以具塞刻度管中的甲醛质量(μg)为横坐标,相应的吸光度为纵坐标,绘制标准工作曲线。

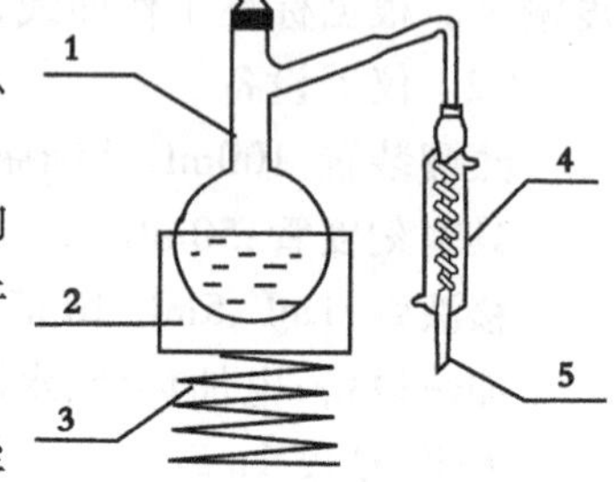

图2-5　蒸馏装置示意图
1—蒸馏瓶;2—加热装置;3—升降台;4—冷凝管;5—连接接收装置

2)样品游离甲醛测试

称取搅拌均匀后的试样2g(精确至1mg),置于50mL容量瓶中,加水摇匀,稀释至刻度。再用移液管移取10mL容量瓶中的试样水溶液,置于已预先加入10mL水的蒸馏瓶中,在馏分接收器中预先加入适量的水,浸没馏分出口,馏分接收器的外部用冰水浴冷却,蒸馏装置见图2-5。加热蒸馏,使试样蒸至近干,取下馏分接收器,用水稀释至刻度,待测。

若待测试样在水中不易分散,则直接称取搅拌均匀后的试样0.4g(精确至1mg),置于已预先加入20mL水的蒸馏瓶中,轻轻摇匀,再进行蒸馏过程操作。

在已定容的馏分接收器中加入2.5mL乙酰丙酮溶液,摇匀。在60℃恒温水浴中加热30min,取出后冷却至室温,用10mm比色皿(以水为参比)在紫外可见分光光度计上于412nm波长处测试吸光度。同时在相同条件下做空白样(水),测得空白样的吸光度。

将试样的吸光度减去空白样的吸光度,在标准工作曲线上查得相应得甲醛质量。

如果试验溶液中甲醛含量超过标准曲线最高点,需重新蒸馏试样,并适当稀释后再进行测试。

(5)结果计算

1)游离甲醛含量按式(2-43)计算:

$$W = \frac{m}{m'} \times f \tag{2-43}$$

式中　W ——游离甲醛含量(mg/kg);

m ——从标准工作曲线上查得的甲醛质量(μg);

m'——样品质量(g);

f ——稀释因子。

2)测试方法检出限:5mg/kg。

3. 溶剂型木器涂料挥发性有机化合物

(1)挥发物含量

1)检验原理

在规定的试验条件下,通过样品挥发前后的重量变化,计算挥发物的量。

2)仪器及设备

① 普通实验室仪器和设备。

② 适用于色漆、清漆、色漆与清漆用漆基和聚合物分散体

金属或玻璃的平底皿,直径为75±5mm,边缘高度至少为5mm。

胶乳样品,建议使用带盖的皿。

黏稠的聚合物分散体或乳液,建议使用约0.1mm厚的铝箔。裁成可以对折的大小约为(70±10)mm×(120±10)mm的矩形,经过轻轻挤压对折的两部分而使黏稠液体完全铺开。

③ 适用于液态交联树脂(酚醛树脂)

金属或玻璃的平底皿,底面的内径为75±1mm,边缘高度至少为5mm。

也可使用不同直径的皿,此时用式(2-44)计算用于试验的样品质量m,单位为克(g)。

$$m=3\times\left(\frac{d}{75}\right)^2 \quad (2-44)$$

式中 d——皿底的直径(mm);

3——试验的标准样品量(g);

75——皿的标准直径(mm)。

④ 烘箱

能在安全条件下进行试验。对于最高温度150℃的情况,能保存在规定或商定温度的±2℃范围内;对于温度在150~200℃的情况,能保持在规定或商定温度的±3.5℃的范围内。烘箱应装有强制通风装置。酚醛树脂例外,此时可以使用在烘箱1/3高度的位置装有孔的金属搁板的能自然对流的烘箱。

警告:为了防止爆炸或起火,对于含有易挥发性物质的样品应小心处理。应按国家有关规定执行。

某些用途的样品,在真空条件下干燥更好,此时试验条件应商定或按GB/T 8298-2001规定的方法进行。仲裁试验,所有各方都应使用构造相同的烘箱。

⑤ 分析天平:能准确称量至1mg、0.1mg。

⑥ 干燥器:装有适宜的干燥剂,例如用氯化钴浸过的干燥硅胶。

3)测定方法

① 除油和清洗皿。

② 为了提高测量精度,建议在烘箱中于规定或商定的温度下将皿干燥规定或商定的时间(见表2-15,表2-16)。然后放置在干燥器中直至使用。

③ 称量洁净干燥的皿的质量m_0,称取待测样品m_1至皿中铺匀(全部称量精确至1mg)。对高黏度样品或结皮样品,用一个已称重的金属丝(如未涂漆的弯曲纸质回形针)将试样铺平。如有必要,可另加2mL合适的溶剂。

④ 用于色漆和清漆及其他用途(如研磨剂,摩擦衬片,铸造用胶粘剂,制模材料)的缩聚树脂称取较多的试样量,因为这些用途的材料需采用较厚的涂层进行测试以便缩聚树脂的单体能发生交联反应。对于比较试验,待测样品在皿中的涂层厚度应相同。因此皿的直径应为75±1mm,或按式2-44进行计算。

待测样品是否完全铺平及铺平的时间对不挥发物含量影响很大,如果待测样品由于黏度大等原因而未完全铺平,则表观不挥发物含量会增大。

⑤ 为了提高测量精度,测试色漆、清漆和色漆与清漆用漆基时,建议另加2mL易挥发的适宜的溶剂。建议在称量过程中,应盖住皿。

⑥ 对于易挥发性的样品,建议将充分混匀的样品放入一个带塞的瓶中或放入可称重的吸管或

10mL 的不带针头的注射器中，用减量法称取试样（精确至 1mg）至皿中，并在皿底铺平。

⑦ 如果加入溶剂，建议将盛有试样的皿于室温下放置 10～15min。

⑧ 水性体系例如聚合物分散体和胶乳加热时会溅出。这是因为表面会结皮，而结皮也会受到烘箱中的温度、空气流速以及相对湿度的影响，在这种情况下，皿中的材料层厚度要尽可能地薄。

⑨ 称量完毕并加入稀释剂后，将皿转移至事先调节到规定或商定温度（表 2－15、表 2－16）的烘箱中，保持规定或商定的加热时间（见表 2－15，表 2－16）。

⑩ 加热时间结束后，将皿转移至干燥器中使之冷却至室温，或者放置在无灰尘的大气中冷却。不使用干燥器会影响方法的精密度。

⑪称量皿和剩余物的质量 m_2，精确至 1mg。

⑫进行两次平行测定。

色漆、清漆、色漆与清漆用漆基和液态酚醛树脂的试验参数 **表 2－15**

加热时间（min）	温度（℃）	试样量（g）	产品类别示例
20	200	1±0.1①	粉末树脂
60	80	1±0.1①	硝酸纤维素，硝酸纤维素喷漆，多异氰酸酯树脂②
60	105	1±0.1①	纤维素衍生物，纤维素漆，空气干燥型漆，多异氰酸酯树脂②
60	125	1±0.1①	合成树脂（包括多异氰酸酯树脂②），烘烤漆，丙烯酸树脂（首选条件）
60	150	1±0.1①	烘烤型底漆，丙烯酸树脂
30	180	1±0.1①	电泳漆
60	135③	3±0.5	液态酚醛树脂

① 试样量经有关方商定可以不是 1g。若是这种情况，建议试样量不要超过 2±0.2g。对于含有沸点为 160～200℃溶剂的树脂。建议烘箱温度为 160℃。如有更高沸点的溶剂，试验条件应由有关方商定。

② 试验参数根据待测的多异氰酸酯树脂各自的类型而定。

③ 可使用交替的温度，建议交替的温度为 120℃和 150℃。

聚合物分散体的试验参数 **表 2－16**

加热时间（min）	温度（℃）	试样量（g）	方法①
120	80	1±0.2②	A
60	105	1±0.2②	B
60	125	1±0.2②	C
30	140	1±0.2②	D

① 试验条件根据待测的聚合物分散体和乳液的类型而定，应选择有关方商定的条件。

② 试样量经有关方商定可以不是 1g，然而不能超过 2.5g。试样量也可为 0.2～0.4g，精确至 0.1mg。在这种情况下，试验时间可以减少（由待测分散体的类型而定），只要所得到的结果与本表中所给的条件下获得的结果相同。

4）结果的表示

用式（2－45）计算挥发物的质量分数 w，数值以%表示。

$$w=\left(1-\frac{m_2-m_0}{m_1-m_0}\right)\times 100 \tag{2-45}$$

式中 m_0——空皿的质量（g）；

m_1——皿和试样的质量（g）；

m_2——皿和剩余物的质量（g）。

如果色漆、清漆和漆基的两个结果（两次测定）之差大于2%（相对平均值）或者聚合物分散体的两个结果之差大于0.5%，例如53.7%和53.1%，则需重做。

计算两个有效结果（两次测定）的平均值，报告其试验结果，准确至0.1%。

（2）密度的测定

1）仪器设备

比重瓶：25ml。

温度计：分度为0.1℃，精确到0.2℃。

水浴或恒温室：保持试验温度的0.5℃范围内。

分析天平：精确至0.2mg。

2）测定程序

① 比重瓶的校准

用铬酸溶液、蒸馏水和蒸发后不留下残余物的溶剂依次清洗玻璃比重瓶，并使其充分干燥。

将比重瓶放置到室温，并将它称重。反复洗涤干燥，直至两次相继的称量差不超过0.5mg。在低于试验温度23±0.5℃不超过1℃的温度下，在比重瓶中注满蒸馏水。

塞住比重瓶，使溢流孔开口，严格防止在比重瓶中产生气泡。

将比重瓶放置在恒温室中，直至瓶的温度和瓶中所含物的温度恒定为止，用有吸收性的材料（建议用绵纸或滤纸）擦去溢出物质，并用吸收性材料彻底擦干比重瓶的外部。要注意，直接用手操作时，比重瓶会增高温度而引起溢流孔产生更多的溢流，且也会留下指印，因此建议只能用钳子和用干净、干燥的吸收性材料保护的手来操作比重瓶。

不再擦去继后任何溢出物。

立即称量该注满蒸馏水的比重瓶，精确到其质量的0.001%。

比重瓶容积按式（2-46）计算：

$$V = \frac{m_1 - m_0}{\rho} \tag{2-46}$$

式中　V——比重瓶容积（mL）；

m_0——空比重瓶的质量（g）；

m_1——比重瓶及水的质量（g）；

ρ——水在23℃的密度（0.9975）（g/mL）。

② 产品密度的测定

用产品代替蒸馏水，重复上述操作步骤。用沾有适合溶剂的吸收材料擦掉比重瓶外部的色漆残余物，并用干净的吸收材料擦试，使其完全干燥。

a. 当使用装有含颜料的产品的玻璃比重瓶时，难以擦掉残余的颜料，特别难以从毛玻璃表面上擦掉，这样的残余物能通过在水或溶剂槽中的超声振荡而除去。

b. 为了使误差减至最小，接口应牢固地装好。为了精确的测定，最好用玻璃比重瓶。对于为控制生产而需要的密度测定，通常使用金属比重瓶（质量/体积杯）。

c. 如果试样中留有在静止时不容易消散的气泡，本标准中所叙述的方法是不适宜的。

3）密度计算

按式（2-47）计算产品密度：

$$\rho_i = \frac{m_2 - m_0}{V} \tag{2-47}$$

式中　m_0——空比重瓶的质量（g）；

m_2——比重瓶及产品的质量（g）；

V——在试验温度下测得比重瓶的体积(ml);

t——试验温度(23℃或其他商定的温度)。

同一试样进行两次测定,求其平均值,修约到小数点后一位。

4)重复性

由同一操作人员,用同样的设备,在相同的操作条件下,对于相同的试验材料,在短时间间隔内,得到的相继的结果之差,应不超过0.0006g/mL,其置信水平为95%。

(3)挥发性有机化合物含量计算

溶剂型木器涂料中挥发性有机化合物含量按式(2-48)计算:

$$VOC = w \times \rho \times 1000 \tag{2-48}$$

式中 VOC——涂料中挥发性有机化合物含量(g/L);

w——涂料中挥发物质质量分数;

ρ——涂料在23±0.5℃时的密度(g/mL)。

4. 溶剂型木器涂料苯、甲苯和二甲苯总和

(1)检验原理

样品经稀释后,在色谱柱中将苯、甲苯、二甲苯(包括乙苯)与其他组份分离,用氢火焰离子化检测器检测,以内标法定量。

(2)仪器设备

气相色谱仪:带氢火焰离子化检测器;

进样器:微量注射器,10μL,50μL;

配样瓶:容积约为5mL,具有可密封瓶盖;

色谱柱1:聚乙二醇(PEG)20M柱,长2m,固定相为10% PEG20M涂于Chromosrob WAW125μm~149μm担体上。

色谱柱2:阿匹松M柱,长3m,固定相为10%阿匹松M涂于Chromosrob WAW149μm~177mm担体上。

(3)试剂和材料

载气:氮气,纯度不小于99.8%;

燃气:氢气,纯度不小于99.8%;

助燃气:空气;

乙酸乙酯:分析纯;

苯、甲苯、二甲苯:分析纯;

内标物:正戊烷,色谱纯。

(4)色谱测定条件

1)柱温

① 聚乙二醇(PEG)20M柱:初始温度60℃,恒温10min,再进行程序升温,升温速率15℃/min,最终温度180℃,保持至基线走直。

② 阿匹松M柱:初始温度120℃,恒温15min,再进行程序升温,升温速率15℃/min,最终温度180℃,保持5min,保持至基线走直。

2)检测器温度:200℃。

3)汽化室温度:180℃。

4)载气流速:30 mL/min。

5)燃烧气流速:50mL/min。

6)助燃气流速:500mL/min。

7)进样量:$1\mu L$。

也可根据所用气相色谱仪的性能及样品实际情况另外选择最佳的色谱测定条件.如也可选择正庚烷等作为内标物、SE-30等作为固定液、$177\mu m \sim 250\mu m$的Chromosorb WAW等作为担体。

(5)相对校正因子测定

1)配制标准样品:

在5mL样品瓶中分别称取苯、甲苯、二甲苯及内标物正戊烷各0.02g(精确至0.0002g),加入3mL乙酸乙酯作为稀释剂,密封并摇匀。注意每次称量后应立即将样品瓶盖紧,防止样品挥发损失。(对于瓶盖可刺穿的样品瓶,可先加入乙酸乙酯,用$50\mu L$注射器取$20 \sim 25\mu L$苯、甲苯、二甲苯,$40\mu L$正戊烷分别加入样品瓶中。)

2)测定相对校正因子

待仪器稳定后,吸取$1\mu L$标准样品注入汽化室,记录色谱图和色谱数据。在聚乙二醇(PEG)20M柱和阿匹松M柱上分别测定相对校正因子。

3)计算相对校正因子:

苯、甲苯、二甲苯各自对正戊烷的相对校正因子f_i按下式(2-49)分别计算:

$$f_i = \frac{m_i \times A_{c_5}}{m_{c_5} \times A_i} \tag{2-49}$$

式中: f_i——苯、甲苯、二甲苯各自对正戊烷的相对校正因子;

m_i——苯、甲苯、二甲苯各自的质量(g);

A_{c_5}——正戊烷的峰面积;

m_{c_5}——正戊烷的质量(g);

A_i——苯、甲苯、二甲苯各自的峰面积。

标准样品应配制两组,分别测定苯、甲苯、二甲苯各自对正戊烷的相对校正因子f_i,平行样品的相对偏差均应小于10%。

(6)样品测定

将样品搅拌均匀后,在样品瓶中称入2g样品和0.02g正戊烷(均精确至0.0002g),加入2mL乙酸乙酯(以能进样为宜,测稀释剂时不再加乙酸乙酯),密封并摇匀(配制样品时可先加样品,再加稀释剂,最后从瓶盖打入正戊烷)。

在相同于测定相对校正因子的色谱条件下对样品进行测定,记录各组份在色谱柱上的色谱图和色谱数据。如遇特殊情况不能明确定性时,分别记录两根柱上的色谱图和色谱数据。根据苯、甲苯、二甲苯各自对正戊烷的相对保留时间进行定性。

(7)结果计算

苯、甲苯、二甲苯各自的质量分数(%)分别按式(2-50)计算:

$$X_i = f_i \times \frac{m_{c_5} \times A_i}{m \times A_{c_5}} \times 100 \tag{2-50}$$

式中 X_i——试样中苯、甲苯、二甲苯各自的质量分数;

f_i——苯、甲苯、二甲苯各自对正戊烷的相对校正因子;

A_{c_5}——正戊烷的峰面积;

m_{c_5}——正戊烷的质量(g);

A_i——苯、甲苯、二甲苯各自的峰面积;

m——试样的质量(g)。

取平行测定两次结果的算术平均值作为试样中苯、甲苯、二甲苯的测定结果。

(8)重复性

同一操作者两个平行样品的测定结果的相对偏差小于10%。

（9）注意事项

如产品规定了稀释比例或产品由双组分或多组分组成时，应分别测定稀释剂和各组分中的含量，再按产品规定的配合比计算混合后涂料中的总量。如稀释剂的使用量为某一范围时，应按照推荐的最大稀释量进行计算。

样品图谱中在苯的位置可能会有干扰峰，应仔细辨别其是否为苯，可通过与正戊烷及甲苯、二甲苯的保留时间比较来进行判断，若仍无法确定，可取10μL苯蒸气进行同条件分析，根据苯的保留时间进行判断。

5. 甲苯二异氰酸酯检测

（1）检验原理

试样用适当的溶剂稀释后，加入1,2,4—三氯代苯作为内标物，直接进样，在色谱柱中被分离成相应的组分，用氢火焰离子化检测器检测并记录色谱图，用内标法计算试样溶液中甲苯二异氰酸酯的含量。

（2）仪器设备

气相色谱仪：带火焰离子化检测器。

进样器：微量注射器，10μL。

色谱柱：内径3mm，长1m或2m，不锈钢。固定相：固定液，甲基乙烯基硅氧烷树脂（UC－W982）。载体：Chromosorb W HP 180～150μm（80～100目）。

关于色谱柱的选择，GB/T 18446－2001中使用的是填充柱，在进样口端需加装衬管保护色谱柱，由于设备限制部分气相色谱仪的填充柱进样口无法安装衬管，而直接柱上进样对色谱柱有很大损伤。因此可参考胶粘剂中TDI检测的方法，采用可安装衬管的毛细管柱进行分析。DB－1大口径毛细管柱完全可以满足分析要求。

分析天平：准确至0.1mg。

由于甲苯二异氰酸酯容易与水反应，实验过程中使用的通用玻璃器皿，均应在烘箱中干燥除去水分，放置于装有无水硅胶的干燥器内冷却待用。

（3）试剂

载气：氮气，纯度不小于99.8%，硅胶除水。

燃气：氢气，纯度不小于99.8%，硅胶除水。

助燃气：空气，硅胶除水。

乙酸乙酯：分析纯，经5A分子筛脱水、脱醇，水的质量分数小于0.03%，醇的质量分数小于0.02%。

甲苯二异氰酸酯（TDI）：分析纯（80/20）。TDI一般为2,4位和2,6位的混合物。

1,2,4－三氯代苯（TCB）：分析纯。

5Å分子筛：在500℃的高温炉中加热2h，置于干燥器中冷却备用。

（4）色谱测定条件

1）柱温：150℃；

2）气化室温度：150℃；

3）检测器温度：200℃；

4）氮气流速：50mL/min；

5）氢气流速：90mL/min；

6）空气流速：500mL/min；

7）进样量：1μL。

上述色谱条件可根据实际情况做适当调整。

（5）测定相对校正因子

1）配制A溶液：称取1g（准确至0.1mg）1,2,4－三氯代苯，放入干燥的容量瓶中，用乙酸乙酯稀释至100mL。

2）配制B溶液：称取0.25g（准确至0.1mg）甲苯二异氰酸酯，放入干燥的容量瓶中，加入10mLA溶液，将样品充分摇匀，密封，静止20min（该溶液保存期1d）。待仪器稳定后，按上述色谱条件进行分析。按下式（2－51）计算甲苯二异氰酸酯的相对质量校正因子。

$$f_w = \frac{A_s \times W_i}{A_i \times W_s} \tag{2-51}$$

式中　f_w——甲苯二异氰酸酯的相对质量校正因子；

A_s——内标物1,2,4－三氯代苯的峰面积；

W_i——样品溶液中甲苯二异氰酸酯的质量（g）；

A_i——甲苯二异氰酸酯的峰面积；

W_s——内标溶液中1,2,4－三氯代苯的质量（g）。

（6）样品测定

1）样品配制

样品中含有0.1%～1%为反应的甲苯二异氰酸酯时，称取5g试样（准确至0.1mg）放入25mL的干燥容量瓶中，用移液管取1mL内标溶液和10mL乙酸乙酯移入容量瓶中，密封后充分混合均匀，待测。

样品中含有1%～10%为反应的甲苯二异氰酸酯时，称取5g试样（准确至0.1mg）放入25mL的干燥容量瓶中，用移液管取10mL内标溶液，密封后充分摇匀（此时不需加乙酸乙酯），待测。

2）样品分析

注入1μL配好的样品溶液进行分析，分析条件与测定校正因子的分析条件相同。

（7）结果计算

按式（2－52）计算甲苯二异氰酸酯（TDI）质量分数（%）：

$$W_{TDI} = \frac{M_s \times A_i \times f_w}{M_i \times A_s} \times 100 \tag{2-52}$$

式中　W_{TDI}——样品中游离甲苯二异氰酸酯的质量分数（%）；

M_s——内标物1,2,4－三氯代苯的质量（g）；

A_i——游离甲苯二异氰酸酯的峰面积；

M_i——游离甲苯二异氰酸酯的质量（g）；

f_w——甲苯二异氰酸酯的相对质量校正因子；

A_s——内标物1,2,4－三氯代苯的峰面积。

取两个平行样品测定结果的平均值，精确至0.01%。

如聚氨酯漆类规定了稀释比例或由双组分或多组分组成时，应先测定固化剂（含甲苯二异氰酸酯预聚物）中的含量，再按产品规定的配合比计算混合后涂料中的含量。如稀释剂的使用量为某一范围时，应按照推荐的最小稀释量进行计算。

（8）重复性

同一操作者两个平行样本的测定结果之差应不大于0.06%。

（9）注意事项

由于甲苯二异氰酸酯对水分比较敏感，测定过程中除了使用的玻璃器皿都必须烘干并于干燥器中存放，对于测定时室内空气的湿度也应进行控制，可使用空调抽湿功能，最好将湿度控制在

60% 以下。配好的样品必须当天分析。

第六节　建筑材料中放射性核素镭、钍、钾

一、概念

民用建筑工程所使用的无机非金属建筑材料、无机非金属装修材料均含有天然放射性核素镭(Ra)-226、钍(Th)-232、钾(K)-40。

放射性对人体的危害主要有两个方面,即内照射和外照射。

1. 内照射

放射性核素进入人体并从人体内部照射人体的现象。

2. 外照射

放射性核素从人体外部照射人体的现象。

3. 术语和定义

(1)放射性活度:放射性核素在单位时间内发生衰变的原子核数目称为放射性活度,即衰变率,单位为贝可(Bq)。

(2)放射性比活度:建筑材料中某种天然放射性核素放射性活度除以该建筑材料的质量而得的商,按式(2-53)计算。

$$C = \frac{A}{m} \tag{2-53}$$

式中　C——放射性比活度(Bq/kg);

A——建筑材料中核素的放射性活度(Bq);

m——建筑材料的质量(kg)。

(3)内照射指数:建筑材料中天然放射性核素镭(Ra)-226 的放射性比活度,除以 200 而得的商,按式(2-54)计算。

$$I_{Ra} = \frac{C_{Ra}}{200} \tag{2-54}$$

式中　I_{Ra}——内照射指数;

C_{Ra}——建筑材料中天然放射性核素镭-226 的放射性比活度(Bq/kg);

200——仅考虑内照射情况下,国家标准规定的建筑材料中天然放射性核素镭-226 的放射性比活度限量(Bq/kg)。

(4)外照射指数:建筑材料中天然放射性核素镭-226、钍-232 和钾-40 的放射性比活度,分别除以其各自单独存在时国家标准规定的限量而得的商之和,按式(2-55)计算。

$$I_r = \frac{C_{Ra}}{370} + \frac{C_{Th}}{260} + \frac{C_K}{4200} \tag{2-55}$$

式中　I_r——外照射指数;

C_{Ra}、C_{Th}、C_K——分别为建筑材料中天然放射性核素镭-226、钍-232 和钾-40 的放射性比活度(Bq/kg);

370、260、4200——分别仅考虑外照射情况下,国家标准规定的建筑材料中天然放射性核素镭-226、钍-232 和钾-40 在其各自单独存在时的放射性比活度限量(Bq/kg)。

二、检测依据

1.《民用建筑工程室内环境污染控制规范》GB 50325-2001(2006 年版);

2.《建筑材料放射性核素限量》GB 6566－2001。

三、仪器设备及环境

1. 仪器

低本底多道 γ 能谱仪及配套计算机、打印机；

粉碎机；

天平：最大称量500g，感量1g；

样品盒；

标准筛（70目）；

经国家法定计量部门检验确认的标准物质。

2. 环境

使用温度5～30℃；相对湿度不大于85%。

四、取样及制备要求

（1）取样：随机抽取样品两份，每份不少于3kg，一份作为检验样品，一份密封保存（用于复检）。

（2）制样：将检验样品粉碎，磨细至样品粒径不大于0.16mm（70目）。将其放入与标准样品几何形态一致的样品盒中，称重（精确至1g），待测。

五、操作步骤

考虑到目前检测材料放射性的仪器较多，各自仪器的使用方法也略有差别，但主要过程基本一致。下面以瑞康－1型（碘化钠探头）低本底多道 γ 能谱仪为例讲解放射性检测的操作过程，仪器的操作步骤如下（其他型号的仪器按其说明书要求操作）。

1. 开机

首先用酒精棉擦净探测器的顶部，保持探头的清洁。然后打开计算机和低本底多道 γ 能谱仪预热约1h，使仪器在此环境下稳定，此时采取措施保证室内温度变化在±2℃，湿度变化在±5%范围内，否则，峰位会漂移，影响测量结果的准确性。

2. 本底测量

铅室空置，关好铅室门，设置测量时间为24h，测量结束后，保存图谱文件，文件名为：本底＋测量日期。

3. 镭、钍、钾标准源测量

将镭标准源直接放在探测器顶部正中央，关好铅室门，设置测量时间为16h，测量结束后，保存图谱文件，文件名为：镭标准源＋测量日期。

用同样的方法得到钍和钾的标准源图谱。

4. 特征峰峰位确定，记录能量—峰位（道址）

每一个放射性核素图谱都有其特征峰和对应的能量，下面将镭、钍、钾的特征峰及对应的能量进行记录，为能量刻度（标准曲线）做准备。

打开镭标准图谱，将光标移到351.92kev峰位，寻找计数值最大的那一道（X_1），按能量—峰位格式记录351.92kev—X_1，将光标移到609.32kev峰位，寻找计数值最大的那一道（X_2），按能量—峰位格式记录609.32kev—X_2，关闭镭标准图谱。

打开钍标准图谱，将光标移到238.63kev峰位，寻找计数值最大的那一道（X_3），按能量—峰位格式记录238.63kev—X_3，将光标移到583.19kev峰位，寻找计数值最大的那一道（X_4），按能量—峰位格式记录583.19kev—X_4，将光标移到2614.7kev峰位，寻找计数值最大的那一道（X_5），按能量—峰位格式记录2614.7kev—X_5，关闭钍标准图谱。

打开钾标准图谱，将光标移到1460.75kev峰位，寻找计数值最大的那一道（X_6），按能量—峰位格式记录1460.75kev—X_6，关闭钾标准图谱。

5. 存储新的本底谱、标准谱为计算用标准谱

将新测量的本底图谱、镭标准图谱、钍标准图谱、钾标准图谱存为标准图谱，并根据菜单的提示输入相应的标准源活度，单位为Bq。

6. 能量刻度（标准曲线）

点击刻度菜单，点击能量刻度子菜单，清除旧的能量刻度表，将6个新的“能量—道址”输入后，点击“刻度”，图中显示一条直线，新的能量刻度完成。

7. 样品检测

完成以上操作后，开始对无机建筑材料样品进行放射性检测。

在测量完成后，点击“分析”菜单，输入样品净重及样品信息，然后点击“成份分析”，计算机会自动给出该样品镭、钍、钾放射性元素比活度、测量不确定度及内、外照射指数。一般来说，镭-226、钍-232和钾-40的单个放射性比活度大于30Bq/kg时，测量不确定度应小于20%，即符合技术要求，否则重新测量，并延长测量时间。

当内照射指数或外照射指数值接近标准限值以及仲裁检测时，为使检测数据更加准确，可将样品放置15d以上，使镭和氡达到平衡，再进行测量。

六、数据处理与结果判定

1. 数据处理

根据计算机给出的样品测量结果，按下面“结果判定”判断数据是否符合标准限量要求。

2. 结果判定

（1）建筑主体材料

当建筑主体材料中天然放射性核素镭（Ra）-226、钍（Th）-232、钾（K）-40的放射性比活度同时满足I_{Ra}不大于1.0和I_r不大于1.0时，其产销和使用范围不受限制。

对于空心率大于25%的建筑主体材料，其天然放射性核素镭（Ra）-226、钍（Th）-232、钾（K）-40的放射性比活度同时满足I_{Ra}不大于1.0和I_r不大于1.3时，其产销和使用范围不受限制。

（2）装修材料

A类装修材料：装修材料中天然放射性核素镭（Ra）-226、钍（Th）-232、钾（K）-40的放射性比活度同时满足I_{Ra}不大于1.0和I_r不大于1.3要求的为A类装修材料，其产销和使用范围不受限制。

B类装修材料：不满足A类装修材料要求，但同时满足I_{Ra}不大于1.3和I_r不大于1.9要求的为B类装修材料。B类装修材料不可用于Ⅰ类民用建筑工程的内饰面，但可用于Ⅰ类民用建筑工程的外饰面及其他一切建筑物的内、外饰面。

C类装修材料：不满足A、B类装修材料要求，但同时满足I_r不大于2.8要求的为C类装修材料。C类装修材料只可用于建筑物的外饰面及室外其他用途。

对I_r大于2.8的花岗石只可用于碑石、海堤、桥墩等人类很少涉及到的地方。

Ⅰ类民用建筑工程包括住宅、医院、老年建筑、幼儿园、学校教室等。

Ⅱ类民用建筑工程包括办公楼、商店、旅馆、文化娱乐场所、书店、图书馆、展览馆、体育馆、公共交通等候室、餐厅、理发店等。

七、实例

首先把被测样品用铁锤砸成小块，再用粉碎机粉碎。按“取样及制备要求”一节的操作进行，平衡后的样品放在探测器顶部的正中央，室内环境温度、湿度调节到与测量标准源时相同的条件。仪器预热1h后即可测量，测量时间为4h，测量结果见表2－17。

样品检测结果表　　**表2－17**

项　目	镭－226	钍－232	钾－40
测量值（Bq/kg）	79.26	116.79	532.32
内照射指数I_{Ra}	0.40		
外照射指数I_r	0.79		

从以上检测数据可知，该样品可用于各类建筑，使用范围不受限制。

思考题

1. 要使镭和氡达到平衡，样品需放置多长时间？
2. 在测量期间，仪器对室内的温度和湿度有什么要求？
3. 测量样品的粒径应不大于多少？
4. 已知某样品中镭－226、钍－232和钾－40的放射性比活度分别为76Bq/kg、112Bq/kg、426Bq/kg，试分别计算该样品的内照射指数和外照射指数。

附录一　发射率与气体特性的确定

(1) 标准发射率 ε_n 的确定

镀膜表面的标准发射率 ε_n 是在接近正常入射状态下，利用红外光谱仪测出其谱线反射曲线，按照下列步骤计算出来。

按照(1)给出的30个波长值，在283±0.5K测定相应的反射系数 $R_n(\lambda_i)$ 曲线，并算其算术平均值，得到283K温度下的常规反射率。

$$R_n = \frac{1}{30}\sum_{i=1}^{30} R_n(\lambda_i)$$

283K的标准发射率由下式得出：

$$\varepsilon_n = 1 - R_n$$

用于测定283K下标准反射率 R_n 的波长(单位：μm)　附表1-1

序号	波长	序号	波长
1	5.5	16	14.8
2	6.7	17	15.6
3	7.4	18	16.3
4	8.1	19	17.2
5	8.6	20	18.1
6	9.2	21	19.2
7	9.7	22	20.3
8	10.2	23	21.7
9	10.7	24	23.3
10	11.3	25	25.2
11	11.8	26	27.7
12	12.4	27	30.9
13	12.9	28	35.7
14	13.5	29	43.9
15	14.2	30	50.0①②

①选择50μm是因为这是普通商品化红外光谱仪的极限波长，这样的近似值给计算精度带来的影响是可以忽略不计的。

②如果25μm以上波长的反射谱线无法得到，可以用更高的波长点代替。只有反射率响应曲线达到理想稳定状态时，这样做才有效。采用这种做法时应在检测报告中注明。

(2) 校正发射率 ε 的确定

用下表给出的系数乘以标准发射率 ε_n，即得出校正发射率 ε。

校正发射率与标准发射率之间的关系　附表1-2

标准发射率	系数①	标准发射率	系数①
0.03	1.22	0.5	1.00
0.05	1.18	0.6	0.98
0.1	1.14	0.7	0.96
0.2	1.10	0.8	0.95
0.3	1.06	0.89	0.94
0.4	1.03		

①其他值可以通过线性插值或外推获得

（3）气体特性

中空多层玻璃的有关气体参数列示 附表1-3

气体	温度T（℃）	密度（kg/m^3）	动态黏度μ [10^{-5}kg/(m·s)]	导热率λ [10^{-2}W/(m·K)]	比热c J/kg（kg．k）
空气	-10	1.326	1.661	2.336	1.008
	0	1.277	1.711	2.416	
	+10	1.232	1.761	2.496	
	+20	1.189	1.811	2.576	
氩气	-10	1.829	2.038	1.584	0.519
	0	1.762	2.101	1.634	
	+10	1.699	2.164	1.684	
	+20	1.640	2.228	1.734	
氟化硫	-10	6.844	1.383	1.119	0.614
	0	6.602	1.421	1.197	
	+10	6.360	1.459	1.275	
	+20	6.118	1.497	1.354	
氪气	-10	3.832	2.260	0.842	0.245
	0	3.690	2.330	0.870	
	+10	3.560	2.400	0.900	
	+20	3.430	2.470	0.926	

附录二　热流系数标定

（1）标定内容

热箱外壁热流系数 M_1 和试件框热流系数 M_2。

（2）标准试件

1）标准试件应使用材质均匀、不透气、内部无空气层、热性能稳定的材料制作。宜采用经过长期存放、厚度为50mm左右的聚苯乙烯泡沫塑料板，其密度不小于18kg/m^2。

2）标准试件热导率 Λ[W/(m^2·K)]值，应在与标定试验温度相近的温差条件下，采用单向防护热板仪进行测定。

（3）标定方法

1）单层窗（包括单玻窗和双玻窗）

① 标准试件与安装

用与试件洞口面积相同的标准试件安装在洞口上，位置与单层窗安装位置相同。标准试件周边与洞口之间的缝隙用聚苯乙烯泡沫塑料条塞紧，并密封。在标准板两表面分别均匀布置9个铜—康铜热电偶。

② 标定试验在冷箱空气温度分别为 -10 ± 1℃和 -20 ± 1℃，在其他检测条件与窗户保温性能试验条件相近的两种不同工况下各进行一次。当传热过程达到稳定之后，每隔30min测量一次有关参数，共测6次，取各测量参数的平均值，按下面两式联解求出热流系数 M_1 和 M_2。

$$Q-M_1\cdot\Delta\theta_1-M_2\cdot\Delta\theta_2=S_b\cdot\Lambda_b\cdot\Delta\theta_3 \quad （附2-1）$$

$$Q'-M_1\cdot\Delta\theta'_1-M_2\cdot\Delta\theta'_2=S_b\cdot\Lambda_b\cdot\Delta\theta'_3 \quad （附2-2）$$

式中　Q、Q'——分别为两次标定试验的热箱电暖气加热功率（W）；

$\Delta\theta_1$、$\Delta\theta'_1$——分别为两次标定试验的热箱外壁内、外表面面积加权平均温差（K）；

$\Delta\theta_2$、$\Delta\theta'_2$——分别为两次标定试验的试件框热侧与冷侧表面面积加权平均温差（K）；

$\Delta\theta_3$、$\Delta\theta'_3$——分别为两次标定试验的标准试件两表面之间平均温差（K）；

Λ_b——标准试件的热导率[W/(m^2·K)]；

S_b——标准试件面积（m^2）。

Q、$\Delta\theta_1$、$\Delta\theta_2$、$\Delta\theta_3$ 为第一次标定试验测量的参数，右上角标有“′”的参数，为第二次标定试验测量的参数。$\Delta\theta_1$、$\Delta\theta_2$、$\Delta\theta_3$ 及 $\Delta\theta'_1$、$\Delta\theta'_2$、$\Delta\theta'_3$ 的计算见附录四。

A3.2　双层窗

A3.2.1　双层窗热流系数 M_1 值与单层窗标定结果相同。

A3.2.2　双层窗的热流系数 M_2 应按下面方法进行标定：在试件洞口上安装两块标准试件。第一块标准试件的安装位置与单层窗标定试验的标准试件位置相同，并在标准试件两侧表面分别均匀布置9个铜—康铜热电偶。第二块标准试件安装在距第一块标准试件表面不小于100mm的位置。标准试件周边与试件洞口之间的缝隙按（3）要求处理，并按1）规定的试验条件进行标定试验，将测定的参数 Q、$\Delta\theta_1$、$\Delta\theta_2$、$\Delta\theta_3$ 及标定单层窗的热流系数 M_1 值代入式（附2-1），计算双层窗的热流系数 M_2。

2）两次标定试验应在标准板两侧空气温差相同或相近的条件下进行，$\Delta\theta_1$ 和 $\Delta\theta'_1$ 的绝对值不应小于4.5K，且 $|\Delta\theta_1-\Delta\theta'_1|$ 应大于9.0K，$\Delta\theta_2$、$\Delta\theta'_2$ 尽可能相同或相近。

3）热流系数 M_1 和 M_2 应每年定期标定一次。如实验箱体构造、尺寸发生变化，必须重新标定。

4）新建窗户保温性能检测装置，应进行热流系数 M_1 和 M_2 标定误差和窗户传热系数 K 值检测误差分析。

附录三　铜—康铜热电偶的校验

（1）**铜—康铜热电偶的筛选**

外窗保温性能检测装置上使用的铜—康铜热电偶必须进行筛选。取被筛选的热电偶与分辨率为1/100℃的铂电阻温度计捆在一起，插入油温为20℃的广口保温瓶中。另一支热电偶插入装有冰、水混合物的广口保温瓶中，作为零点。热电偶与温度计的感应头应在同一平面上。感应头插入液体的深度不宜小于200mm。瓶中液体经充分搅拌搁置10min后，用不低于0.05级的低电阻直流电位差计或数字多用表测量热电偶的热电势 。

如果$\left|1/n\sum_{i=1}^{n}e_i-e_k\right|\leqslant 4\mu V$ 则第k个热电偶满足要求。

（2）**铜—康铜热电偶的校验采用比对试验方法**

外窗保温性能检测装置上使用的铜—康铜热电偶，必须进行比对试验。

1）热电偶比对试验方法

① 从经过筛选的铜—康热铜电偶中任选一支送计量部门检定，建立热电势与温差的关系式：

$$\Delta t<0℃\text{时}\quad e_j=a_{10}+a_{11}\Delta t+a_{12}\Delta t^2+a_{13}\Delta t^3 \qquad (附3-1)$$

$$\Delta t>0℃\text{时}\quad e_j=a_{20}+a_{21}\Delta t+a_{22}\Delta t^2+a_{23}\Delta t^3 \qquad (附3-2)$$

式中　a——铜—康铜热电偶温差与热电势的转换系数。

② 被比对的热电偶感应头应与分辨率为1/100℃的铂电阻温度计感应头捆在同一平面上，插入广口保温瓶中，瓶中油温与试件检测时所处的温度相近。另一支热电偶插入装有冰、水混合物的广口保温瓶中，作为零点。感应头插入液体的深度不宜小于200mm。瓶中液体经充分搅拌搁置10min后，用不低于0.05级的低电阻直流电位差计或多用数字表计测量热电偶的热电势和两个保温瓶中液体之间的温度差 。

③ 按式（附3-1）或式（附3-2）计算在温差Δt时热电偶的热电势e_j，如果$|e_c-e_j|\leqslant 4\mu V$，则热电偶满足测温要求。

2）固定测温点和非固定测温点的比对试验

① 非固定测温点（试件和填充板表面测温点）的热电偶，应按（2）1）规定的方法，定期进行比对试验。

② 固定测温点（热箱外壁和试件框表面测温点及冷、热箱空气测温点）热电偶的比对试验方法如下：

a. 取经过比对的热电偶，按与固定测温点相同的粘贴方法粘贴在固定测温点旁，作为临时固定点；

b. 在与外窗保温性能检测条件相近的情况下，用不低于0.05级的低电阻直流电位差计或多用数字表计测量固定点和临时固定点热电偶的热电势；

c. 如果固定点和临时固定点热电偶的热电势之差绝对值小于或等于4μV，则固定点热电偶合格，否则应予以更换。

3）热电偶比对试验应定期进行，每年一次。

附录四　加权平均温度的计算

热箱外壁内、外表面面积加权平均温度之差 $\Delta\theta_1$ 及试件框热侧、冷侧表面面积加权平均温度之差 $\Delta\theta_2$，按下列公式进行计算：

$$\Delta\theta_1 = t_{jp1} - t_{jp2}$$

$$\Delta\theta_2 = t_{jp3} - t_{jp4}$$

$$t_{jp1} = \frac{t_1 \cdot s_1 + t_2 \cdot s_2 + t_3 \cdot s_3 + t_4 \cdot s_4 + t_5 \cdot s_5}{s_1 + s_2 + s_3 + s_4 + s_5}$$

$$t_{jp2} = \frac{t_6 \cdot s_6 + t_7 \cdot s_7 + t_8 \cdot s_8 + t_9 \cdot s_9 + t_{10} \cdot s_{10}}{s_6 + s_7 + s_8 + s_9 + s_{10}}$$

$$t_{jp3} = \frac{t_{11} \cdot s_{11} + t_{12} \cdot s_{12} + t_{13} \cdot s_{13} + t_{14} \cdot s_{14}}{s_{11} + s_{12} + s_{13} + s_{14}}$$

$$t_{jp4} = \frac{t_{15} \cdot s_{11} + t_{16} \cdot s_{12} + t_{17} \cdot s_{13} + t_{18} \cdot s_{14}}{s_{11} + s_{12} + s_{13} + s_{14}}$$

式中　t_{jp1}、t_{jp2}——热箱外壁内、外表面面积加权平均温度(℃)；

t_{jp3}、t_{jp4}——试件框热侧表面与冷侧表面面积加权平均温度(℃)；

t_1、t_2、t_3、t_4、t_5——分别为热箱五个外壁的内表面平均温度(℃)；

s_1、s_2、s_3、s_4、s_5——分别为热箱五个外壁的内表面面积(m^2)；

t_6、t_7、t_8、t_9、t_{10}——分别为热箱五个外壁的外表面平均温度(℃)；

s_6、s_7、s_8、s_9、s_{10}——分别为热箱五个外壁的外表面面积(m^2)；

t_{11}、t_{12}、t_{13}、t_{14}——分别为试件框热侧表面平均温度(℃)；

t_{15}、t_{16}、t_{17}、t_{18}——分别为试件框冷侧表面平均温度(℃)；

s_{11}、s_{12}、s_{13}、s_{14}——垂直于热流方向划分的试件框面积，见下图 1(m^2)。

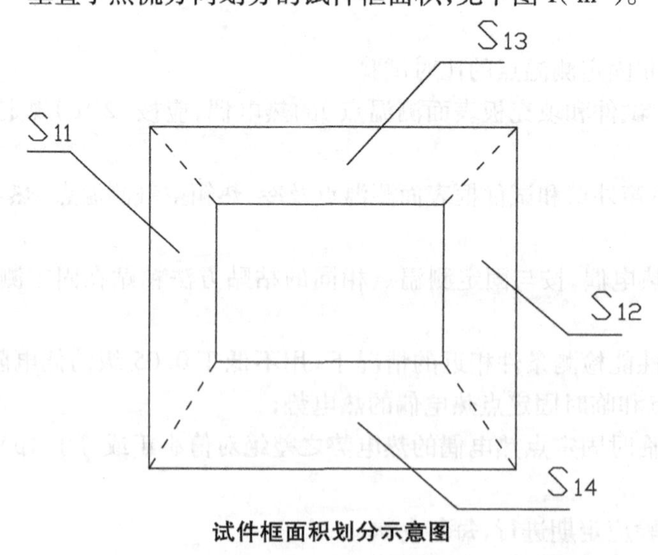

试件框面积划分示意图

参 考 文 献

1.《绝热用模塑聚苯乙烯泡沫塑料》GB/T10801.1－2002
2.《绝热用挤塑聚苯乙烯泡沫塑料(XPS)》GB/T10801.2－2002
3.《膨胀聚苯板薄抹灰外墙外保温系统》JG 149－2003
4.《胶粉聚苯颗粒外墙外保温系统》JG 158－2004
5.《水泥基复合保温砂浆建筑保温系统技术规程》DGJ32/J22－2006
6.《建筑节能工程施工质量验收规程》DGJ32/J19－2007
7.《外墙外保温工程技术规程》JGJ 144－2004
8.《建筑保温砂浆》GB/T20473－2006
9.《泡沫塑料与橡胶 线性尺寸的测定》GB/T6342－1996
10.《泡沫塑料和橡胶 表观(体积)密度的测定》GB/T6343－1995
11.《硬质泡沫塑料吸水率的测定》GB/T 8810－2005
12.《硬质泡沫塑料尺寸稳定性试验方法》GB/T 8811－2008
13.《硬质泡沫塑料压缩性能的测定》GB/T 8813－2008
14.《绝热材料稳态热阻及有关特性的测定 防护热板法》GB/T 10294－1988
15.《矿物棉制品吸水性试验方法》GB/T16401－1996
16.《聚氨酯硬泡沫外墙外保温工程技术导则》
17.《硬泡聚氨酯保温防水工程技术规范》GB50404－2007
18.《建筑物隔热用硬质聚氨酯泡沫塑料》QB/T3806－1999
19.《墙体屋面绝热材料》化学工业出版社,2008年3月
20. 邹宁宇编著. 王喜元等编. 民用建筑工程室内环境污染控制规范辅导教材. 北京:中国计划出版社,2002
21. 夏玉宇等编. 化验员实用手册. 北京:化学工业出版社,1999
22.《民用建筑工程室内环境污染控制规范》GB50325－2001(2006版)